机电工程新技术系列丛书

大型场馆和超高层建筑工程安装新技术

上海市安装行业协会　编著

U0202519

中国建筑工业出版社

图书在版编目（CIP）数据

大型场馆和超高层建筑工程安装新技术 / 上海市安装行业协会编著. — 北京 ：中国建筑工业出版社，2024.4

（机电工程新技术系列丛书）

ISBN 978-7-112-29730-6

Ⅰ．①大… Ⅱ．①上… Ⅲ．①体育场-机电工程-设备安装②超高层建筑-机电工程-设备安装 Ⅳ.
①TU245.1②TU97

中国国家版本馆 CIP 数据核字（2024）第 071649 号

责任编辑：李笑然　牛　松
责任校对：姜小莲

机电工程新技术系列丛书
大型场馆和超高层建筑
工程安装新技术
上海市安装行业协会　编著

*

中国建筑工业出版社出版、发行（北京海淀三里河路 9 号）
各地新华书店、建筑书店经销
北京鸿文瀚海文化传媒有限公司制版
天津安泰印刷有限公司印刷

*

开本：787 毫米×960 毫米　1/16　印张：28½　字数：571 千字
2024 年 6 月第一版　2024 年 6 月第一次印刷
定价：**98.00** 元
ISBN 978-7-112-29730-6
（42789）

《大型场馆和超高层建筑工程安装新技术》编委会

顾　问：杜伟国　亓立刚　秦夏强　刘洪亮　刘福建　邓文龙
　　　　尚修民　张家春
主　任：刘建伟
副主任：祎丽婷
委　员：（排名不分先后）
　　　　冯　强　岳　坤　陆　巍　张　涛　王文海　张正洪
　　　　陈伟东　芦　涛　李恩东　傅春雨　熊中兰　江　平
　　　　卢子琪　郁　松　张鋆峰　丁文军　姜　峰　周德忠

主编单位：上海市安装行业协会
　　　　　上海建设工程绿色安装促进中心
参编单位：（排名不分先后）
　　　　　上海市安装工程集团有限公司
　　　　　上海建工一建集团有限公司
　　　　　上海建工二建集团有限公司
　　　　　中建八局总承包建设有限公司
　　　　　中建二局安装工程有限公司
　　　　　中国建筑第八工程局有限公司上海分公司
　　　　　中建安装集团有限公司上海分公司
　　　　　上海宝冶集团有限公司
　　　　　中国二十冶集团有限公司
　　　　　中国核工业华兴建设有限公司
　　　　　五冶集团上海有限公司
　　　　　上海一建安装工程有限公司
　　　　　上海建工四建集团有限公司
　　　　　上海建工五建集团有限公司

上海建工七建集团有限公司

中建三局安装工程有限公司

中建五局安装工程有限公司

中建八局装饰工程有限公司

中建三局第二建设安装有限公司

主要审核人员：（排名不分先后）

梅晓海	陈洪兴	匡礼毅	朱跃忠	余　飞
王学军	唐卫新	潘　健	陈　星	张锦武
刘　飞	王少华	李蔚萱	宋赛中	王小豹
冉　隆	乔　宁	张余星	黄佳海	张　辉
姚　君	欧阳国安	朱　季	洪之钧	

编写分工

章　节		组织单位	编写人员
第1篇			
第1章	1.1	上海建工二建集团有限公司	曾鲁淇　陈致远
	1.2	中国建筑第八工程局有限公司上海分公司	霍泽瑞　徐晨仪　康怀振
	1.3	中国建筑第八工程局有限公司上海分公司	陈　豪　华智扬　张曾水
	1.4	中建八局总承包建设有限公司	曾候辉　高　维　陈德华
	1.5	中建二局安装工程有限公司	蒲鸿征　陈昭宇　陈慧星
	1.6	中国二十冶集团有限公司	臧传聪　陈　雷　张博陆
	1.7	中建三局第二建设安装有限公司	黄正凯　腾　龙　宋　濮
	1.8	中建三局第二建设安装有限公司	蔡春良　吴开镇　管书涵
	1.9	中建三局第二建设安装有限公司	李德来　窦　臻　李敏之
第2章	2.1	上海建工一建集团有限公司	王　成　赵　钱　郭海宇
	2.2	中建安装集团有限公司上海分公司	冯　满　严　俊　何　嘉
	2.3	中建安装集团有限公司上海分公司	冯　满　严　俊　何　嘉
	2.4	中国建筑第八工程局有限公司上海分公司	徐晨仪　林文彪　梅思涛
	2.5	中建八局总承包建设有限公司	何杰义　谌鸿星　江海洋
	2.6	中建八局总承包建设有限公司	何杰义　金泽浩　谢选民
	2.7	中国二十冶集团有限公司	张博陆　刘文泽　臧传聪
		中国核工业华兴建设有限公司	蒋　新　周　帅　粟登祥
第3章	3.1	上海市安装工程集团有限公司	卢佳华　汤　毅　许光明
	3.2	上海建工一建集团有限公司	刘　毅　张　骁　吕震东
	3.3	中建安装集团有限公司上海分公司	冯　满　朱家栋　严　俊
	3.4	中建八局总承包建设有限公司	刘　虎　梁　栋　朱文杰
	3.5	中国二十冶集团有限公司	马永达　金辽东　刘文泽
	3.6	中建三局第二建设安装有限公司	张珊珊　黄　伟　郑国赞
第4章	4.1	中建安装集团有限公司上海分公司	冯　满　严　俊　何　嘉
	4.2	中建安装集团有限公司上海分公司	冯　满　朱家栋　严　俊
	4.3	中建二局安装工程有限公司	宁焕昌　樊　炜　杨翠翠
第5章	5.1	上海市安装工程集团有限公司	朱　赟　徐一堃　陆　飞
	5.2	上海建工一建集团有限公司	冯　文　瞿家欢　金　松
	5.3	上海宝冶集团有限公司	孟献民　侯振峰　姚怡鑫
第6章	6.1	上海市安装工程集团有限公司	施　强　卢佳华　邢　磊

5

	6.2	上海建工一建集团有限公司	武秋红	章峥	陆永斌
	6.3	中建安装集团有限公司上海分公司	冯满	朱家栋	严俊
	6.4	中建八局总承包建设有限公司	赵振海	朱文杰	梁栋
	6.5	中建二局安装工程有限公司	孙小强	高辰冬	梁延斌
	6.6	中建二局安装工程有限公司	范玉峰	陈峰	朱沈来
	6.7	中建二局安装工程有限公司	陈峰	蔡金志	郝海龙
	6.8	中建二局安装工程有限公司	杨子良	高辰冬	谢一鸣
	6.9	中建三局安装工程有限公司	李建锋		
	6.10	上海宝冶集团有限公司	杨应军	程博	秦冠楠
第7章	7.1	上海市安装工程集团有限公司	汤毅	朱进林	曹晓程
	7.2	上海市安装工程集团有限公司	汤毅	朱杰克	刘潇晗
	7.3	中建安装集团有限公司上海分公司	冯满	严俊	何嘉
	7.4	中建安装集团有限公司上海分公司	冯满	朱家栋	严俊
	7.5	中建三局安装工程有限公司	李建锋		

第2篇

第8章	8.1	上海市安装工程集团有限公司	李旻	刘森成	汤毅
	8.2	上海建工一建集团有限公司	吴天同	杨凯	汪军
	8.3	中建安装集团有限公司上海分公司	冯满	严俊	何嘉
	8.4	中建二局安装工程有限公司	蒲鸿征	周明	陈昭宇
	8.5	中国核工业华兴建设有限公司	谢爱武	张强	刘湛
	8.6	中建三局第二建设安装有限公司	伍学智	陈禹	阚闯
	8.7	中建三局第二建设安装有限公司	乔磊	郑立	黄冠
	8.8	中建三局第二建设安装有限公司	明杰	王殿奎	饶军
第9章	9.1	上海市安装工程集团有限公司	汤毅	乔培华	姜慧娜
		中建安装集团有限公司上海分公司	冯满	朱家栋	严俊
	9.2	中建三局第二建设安装有限公司	黄尹	石国堃	赵永辉
第10章	10.1	中建三局第二建设安装有限公司	孙林峰	邓从容	王路扬
	10.2	中建三局第二建设安装有限公司	廖虎	刘校心	李力壮
		上海宝冶集团有限公司	王迪		
第11章	11.1	上海市安装工程集团有限公司	汤毅	乔培华	姜慧娜
	11.2	中国核工业华兴建设有限公司	黄祥	刘伟	刘嘉麒
第12章	12.1	上海市安装工程集团有限公司	许光明	苏建国	沈慧华
		中建安装集团有限公司上海分公司	冯满	朱家栋	严俊
	12.2	中建三局第二建设安装有限公司	聂文波	倪志伟	单阆
		中建安装集团有限公司上海分公司	冯满	朱家栋	严俊
	12.3	中建三局安装工程有限公司	李建锋	罗锐	邓世军
第13章	13.1	上海市安装工程集团有限公司	乔培华	汤毅	姜慧娜
	13.2	上海一建安装工程有限公司	鞠彬	胡涤凡	武义丹

13.3	上海一建安装工程有限公司	吴晓晨	戴怿肖	陆 一
13.4	中建安装集团有限公司上海分公司	冯 满	严 俊	何 嘉
13.5	中国核工业华兴建设有限公司	刘 伟	黄 祥	刘 湛
13.6	中建三局第二建设安装有限公司	刘 宇	毛青柏	元绍鑫
13.7	中建三局第二建设安装有限公司	宋根远	胡健闻	冯云静
13.8	中建三局第二建设安装有限公司	任 震	胡 平	刘 越
13.9	中建三局第二建设安装有限公司	王继永	宋登晶	王 胤
第14章	14.1	上海市安装工程集团有限公司	李 旻	乔培华	应 寅
	14.2	上海市安装工程集团有限公司	许光明	汤 毅	陈晓文
	14.3	上海建工一建集团有限公司	张雷磊	海国龙	麦永湛
	14.4	中国核工业华兴建设有限公司	杨梁春	王元祥	戚国栋

序　言

　　创新是引领发展的第一动力，安装行业企业作为我国建设领域的重要生力军，需要不断创新，才能适应新时代高质量发展的要求。近年来，随着国家行政体制改革和社会主义市场经济的发展，行业企业秉持新发展理念，主动融入建筑产业现代化的发展改革浪潮中，不断增强技术创新能力。在建设工程机电安装过程中，行业企业自主创新企业管理和施工技术，加快行业关键核心技术的研发创新，采用新技术、新工艺、新设备提升安装工程质量，积极推动了行业技术进步，促进了安装行业高质量可持续健康发展。

　　上海市安装行业协会积极响应国家创新驱动发展的号召，认真践行"代表性、服务性、权威性、引领性"的协会理念，为了及时总结先进的机电工程施工技术，展示机电安装行业各领域取得的"高、大、精、尖、特"的技术成果，积极推广新技术应用，组织协会专家编写了"机电工程新技术系列丛书"，内容涵盖建筑、市政、轨道交通、冶金、石油化工、电子、电力等工程领域，为安装行业工程建设提供指导和借鉴，对全面提升安装行业施工技术水平和工程安装质量管理水平具有积极作用。

　　《大型场馆和超高层建筑工程安装新技术》为"机电工程新技术系列丛书"之一。本书分为"大型场馆工程"和"超高层建筑工程"两部分，每部分均立足于机电安装的管道、电气、通风与空调三大专业施工、设备施工、机电系统调试中总结提炼的新技术及专有技术，从技术内容、技术指标、适用范围、应用工程等方面对各项新技术进行了介绍，言简意赅、层次清晰、内容全面。本书面向从事大型场馆和超高层建筑工程机电安装的各级工程技术人员，同时对其他行业机电安装技术人员也有一定的借鉴和指导作用，具有较好的先进性和适用性。

　　本书编写过程中得到了有关领导和各会员单位的大力支持和帮助，在此表示衷心感谢！并对所有参与该书编撰工作的人员付出的辛勤劳动深表谢意！

上海市安装行业协会会长

目　录

第1篇　大型场馆工程

第1章　管道工程 ·· 2

1.1　钢桁架内机电管线支架安装技术 ······················ 2

1.2　复杂钢结构屋盖下虹吸雨水管道施工技术 ·············· 8

1.3　场馆密集弧形管道模块化施工技术 ···················· 13

1.4　深埋复杂管线施工关键技术 ·························· 19

1.5　屋面桁架内机电管线快速施工技术 ···················· 25

1.6　管道冲洗施工专业技术 ····························· 30

1.7　中央制冷机房模块化施工技术 ······················· 36

1.8　机房落地支架施工技术 ····························· 39

1.9　弧形机电综合管线精度控制施工技术 ·················· 41

第2章　电气工程 ·· 47

2.1　大空间网架结构灯具预制安装技术 ···················· 47

2.2　电缆穿墙洞口密封模块施工技术 ······················ 51

2.3　高压电力电缆除潮施工技术 ·························· 54

2.4　大跨度钢结构网架内电缆敷设技术 ···················· 60

2.5　管廊电气哈芬槽施工技术 ···························· 63

2.6　地面线槽的电气施工技术 ···························· 67

2.7　电缆机械化敷设施工技术 ···························· 70

第3章　通风与空调工程 ·· 75

3.1　超高大空间桁架内大口径螺旋风管高效建造技术 ········· 75

3.2　草坪地下通风及辅助排水系统技术 ···················· 80

3.3　脉冲风机在高大空间防排烟系统中的应用技术 ·········· 85

3.4　大曲率弧形风管安装施工技术 ······················· 88

3.5　风管集成吊装施工技术 ····························· 92

3.6　高大空间网架内超大截面风管水平滑移施工技术 ········· 97

第4章 设备施工技术 ·························· 106

4.1 水蓄冷系统施工技术 ····················· 106

4.2 冰蓄冷系统施工技术 ····················· 114

4.3 钢结构非上人屋面设备基础短柱支撑系统施工技术 ········· 120

第5章 机电系统调试技术 ···················· 127

5.1 空调水系统调试技术 ····················· 127

5.2 恒温恒湿空调系统调试技术 ················· 131

5.3 高大空间通风空调系统风平衡调试技术 ············ 136

第6章 特色技术 ························· 143

6.1 利用 BIM 及 3DMAX 数字化技术的设备吊装模拟 ········· 143

6.2 大型场馆高空电气设备及电缆安装技术 ············ 146

6.3 高大空间钢桁架内机电施工技术 ··············· 151

6.4 基于设备管道递推的装配式施工技术 ············· 164

6.5 大型体育场屋面 AB 式檩条单元吊装技术 ··········· 176

6.6 大面积曲面双层网架整体液压提升施工技术 ·········· 181

6.7 大跨度钢结构梭形桁架双机抬吊安装施工技术 ········· 186

6.8 公共建筑金属屋面曲面重型装饰板安装技术 ·········· 193

6.9 大型体育场馆预制弧形机电管线施工技术 ··········· 195

6.10 受限空间综合管线全装配式施工技术 ············· 203

第7章 其他技术 ························· 211

7.1 大型场馆空调计算流体力学的模拟仿真技术 ·········· 211

7.2 重型支吊架不同设置方式的有限元计算分析技术 ········ 218

7.3 高大空间高空作业平台施工技术 ··············· 224

7.4 展坑型展位箱施工技术 ···················· 231

7.5 体育场馆异形屋面雨水分区汇流总量计算技术 ········· 236

第2篇 超高层建筑工程

第8章 管道工程 ························· 246

8.1 超高层建筑管道井管道安装技术 ··············· 246

8.2 空调立管固定支架的轻量化设计技术 ············· 252

8.3 空调水管道清洗预膜施工技术 ················ 257

8.4 逐层偏移管道井立管施工技术 ················ 260

8.5 给水铜管固定支架的施工技术 ················ 266

8.6 管井立管倒装法及大口径自动焊接施工技术 ………………………… 272

8.7 异形狭窄后浇管井管道安装与楼板浇筑封堵同步施工技术 275

8.8 机房装配化施工技术 ………………………………………………… 281

第9章 电气工程 ………………………………………………………… 287

9.1 垂直电缆的吊装敷设技术 …………………………………………… 287

9.2 600m级超高层电缆敷设施工技术 ………………………………… 297

第10章 通风与空调工程 ……………………………………………… 309

10.1 风管新型连接施工技术 …………………………………………… 309

10.2 超高层剪力墙管井风管法兰传动连接螺栓紧固技术 …………… 313

第11章 设备施工技术 ………………………………………………… 318

11.1 幕墙翅片式散热器的研制和安装技术 …………………………… 318

11.2 减振台座施工降噪技术 …………………………………………… 324

第12章 机电系统调试技术 …………………………………………… 332

12.1 变风量空调系统调试技术 ………………………………………… 332

12.2 机电系统全过程调试技术 ………………………………………… 340

12.3 基于物联网技术的闭水空调水系统运行监测及调试施工技术 …… 349

第13章 特色技术 ……………………………………………………… 357

13.1 超高区设备层的设备吊装技术 …………………………………… 357

13.2 BIM在某酒店项目的综合应用技术 ……………………………… 362

13.3 超高层建筑移动式平台吊装技术 ………………………………… 367

13.4 预制组合立管施工技术 …………………………………………… 373

13.5 机电安装专业基于BIM技术的材料计划控制 …………………… 387

13.6 基于BIM的深化设计技术 ………………………………………… 394

13.7 超高层建筑设备移动吊笼吊装技术 ……………………………… 400

13.8 基于BIM平台测量机器人指导机电工程施工技术 ……………… 404

13.9 风管的数字化加工施工技术 ……………………………………… 411

第14章 其他技术 ……………………………………………………… 421

14.1 机电安装工程防火封堵施工技术 ………………………………… 421

14.2 空调系统减振降噪技术 …………………………………………… 426

14.3 五星级酒店噪声控制技术 ………………………………………… 434

14.4 管道打印标识应用施工技术 ……………………………………… 438

第1篇

大型场馆工程

第1章 管道工程

1.1 钢桁架内机电管线支架安装技术

1.1.1 技术内容

南昌国际会展中心工程采用两侧混凝土框架＋钢结构桁架的结构形式，平面呈扇形，钢结构主桁架东西向排列，该结构具有跨度大、高度高、受力限制多等特点。桁架内布置有众多机电管线及大荷载空调水管路，为确保管道的稳定性，满足运行时管线荷载的要求，在不破坏钢结构原有强度的情况下设计了一款适用于钢桁架内的管线安装支架（图 1.1-1）。

图 1.1-1　钢桁架内机电管线安装布置

该技术主要针对钢桁架上下梁高差较大、受力点位受限以及机电管线支架存在碰撞的情况，通过对机电管线荷载的分析计算，设计了既满足荷载要求又符合钢结构桁架形式的拼装支架。针对钢桁架内支架强度低、荷载不大以及支架仅能通过焊接生根于结构上的技术难点，解决了钢桁架内大口径机电管线支吊架的设计、安装难题。

1. 技术特点

（1）支架根部采用咬口形式，通过卡扣形式对钢结构桁架 H 型钢梁进行固定，避免了二次焊接，无需预设连接钢板，减少了支架的焊接作业量。

（2）支架形式采用拼装组合模式，可以根据局部钢结构桁架内的空间特性进行适当调整，避免由于钢结构上下弦落差引起的钢结构与支架碰撞，提高支架整体适用性。

（3）采用咬口及拼装组合支架的形式，可有效防止原有钢结构强度的破坏，更有利于机电管线支架在钢桁架内的布置，使机电管线整体负载可以更均衡地布置在整个钢结构桁架内，确保了结构与管线的整体稳定性。

2. 施工工艺流程

钢桁架内机电管线支架施工工艺流程如图 1.1-2 所示。

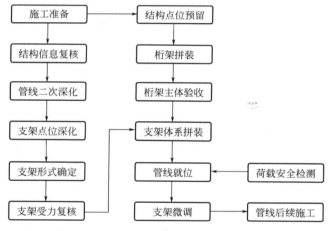

图 1.1-2 钢桁架内机电管线支架施工工艺流程图

3. 操作要点

1）结构信息复核

在进行管线二次深化设计前，应根据结构设计图纸对现场钢结构桁架进行实物量复核。尤其需要与结构设计、暖通设计等相关方沟通管线走向和荷载情况，以确定后续工作分工及各方责任。

2）管线二次深化设计

根据钢结构桁架特点，对各子系统管线进行梳理，通过 BIM 三维技术对管线进行深化设计，解决系统内部管线碰撞及管线与桁架内斜梁的碰撞问题，确保二次深化设计图的可操作性。

3）支架点位深化设计

根据结构设计提供的受力点以及管线深化设计后的路由走向，确定钢结构桁架内机电支架的生根点位，同时根据生根点位处钢结构造型、支架荷载需求等确定支架根部形式。

4）支架形式确定

根据已确定的支架根部位置以及支架所承载的机电管线荷载，确定相关支架系统所采用的支架形式，起承载机电荷载以及固定作用的支架一般可采用型钢组合支架，起导向和承载的轻型支架一般采用一体式悬挂支架体系。在设置支架形式时，应考虑桁架内的结构特性，避免支架与桁架内结构发生碰撞。

5）支架受力复核

支架受力复核分为两部分：其一是管线支架型钢复核，对选用的支架槽钢应进行型钢受力分析（抗弯、抗剪、抗倾覆等）、内力计算、截面验算，并深化设计相关支架细部节点图，提交设计确认。其二是钢桁架整体荷载稳定性复核，当确定好各类支架形式后，应提交支架所需型钢重量以及管线荷载等相关信息至结构设计处，进行结构整体荷载的复核，若不满足要求，应精简管线支架或优化桁架内管线路由，同时还要复核连接扣件的受力情况。

6）桁架拼装、结构点位预留、桁架主体验收

钢桁架散件进场后，应核对相关预留钢板点位，若存在遗漏的点位应及时整改。

在钢结构桁架施工前，应与钢结构单位沟通其相关施工工艺及工序，选择有利于后续机电施工作业面展开的工艺形式。

7）支架体系拼装

（1）一体式机电悬挂支架体系

一体式机电悬挂支架体系通过桁架连接件与花篮螺栓夹紧后安装在钢结构横梁上，配件在横梁任意位置均能安装固定，下端拉锁与配件为扣件连接，角度可自由变化，使下方槽钢支架及风管受力更加均衡，同时还可以有效避免焊接作业导致的钢结构破坏（图 1.1-3、图 1.1-4）。

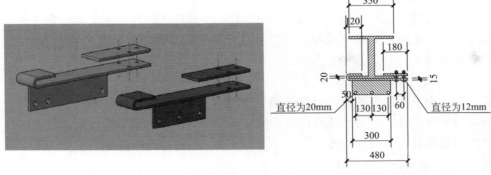

图 1.1-3　支吊架系统专业配件 3D 模型及横梁上实际应用示意图（单位：mm）

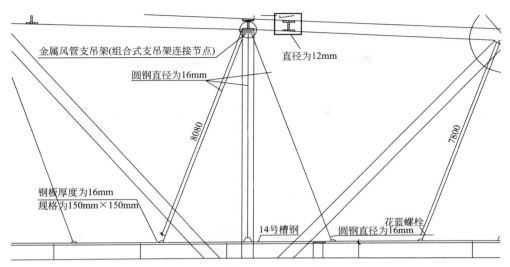

图 1.1-4 配件形成支架连接体系示意图

① 施工前须做好图纸中管线的深化设计与风管吊架点位的定位。

② 根据钢梁翼缘板厚度进行放样，选用碳钢钢板进行咬口件加工，底部焊接专用挂钩连接板。

③ 在钢平台屋盖组装过程中，同步将上述自制连接件及圆钢花篮螺栓的拉锁等相关配件全部安装在钢结构横梁上，可以根据管线标高对底部拉锁长度进行预留。

④ 在钢结构屋盖拼装完成及作业面移交后，在已安装配件的部位进行圆钢花篮螺栓斜拉锁底部槽钢安装，从而完成一体式机电悬挂支架体系安装。

（2）桁架内供回水管组合拼装支架安装技术

承重支架采用组合拼装支架，采用钢结构上弦连系梁两侧下挂支架的形式（图 1.1-5），当支架与钢桁架斜梁发生碰撞时，斜梁可从加固钢板间穿过整副支架（图 1.1-6）。在钢材的选型上，应尽可能选用与钢结构桁架连接板相同材质的型材，保证焊接连接时的可靠性。

通过对所选型材的支架进行受力分析验算，从而得出能够满足受力要求、安全系数高且较为经济的型钢来设置支架，对于大荷载管道支架，通过制作焊接工艺样板、进行力学性能试验，可测试其根部连接强度。

① 所有支架与钢结构横梁连接部位的连接板、加劲板，全部在工厂与横梁一体预制完成出厂，保证钢结构受力后不用再进行焊接施工。

② 支架在施工时只需要在组对完成后与连接板进行焊接固定，即能完成支架主体框架的施工。

③ 连接板根据水管位置定位，钢板宽度根据水管尺寸放样，使得水管在该

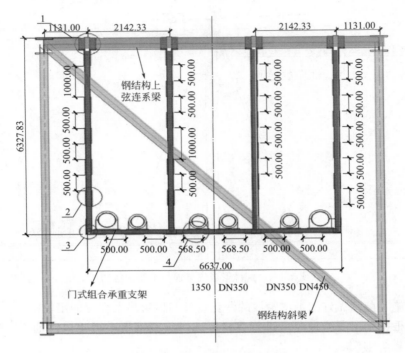

图 1.1-5　斜梁处支架安装示意图（单位：mm）

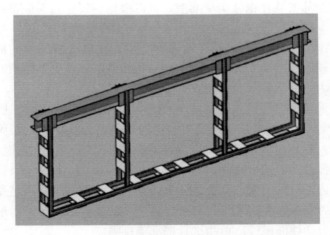

图 1.1-6　钢结构斜向连系梁处支架示意图

处可以正确搭接在钢板上。

　　④ 采用该类拼装支架，有效解决了支架强度、荷载以及与结构碰撞的问题，大大节省了现场制作施工支架的时间，为供回水管线整体施工提供了有利的条件。

8）管线施工

根据设计院确认后的管线二次深化设计图纸进行施工，相关工艺与常规工艺类似，此处不再赘述。

1.1.2 技术指标

《通风与空调工程施工质量验收规范》GB 50243—2016

《建筑工程施工质量验收统一标准》GB 50300—2013

《金属、非金属风管支吊架（含抗震支吊架）》19K112

《装配式管道支吊架（含抗震支吊架）》18R417-2

《室内管道支架及吊架》03S402

《室内管道支吊架》05R417-1

《管架标准图》HG/T 21629—2021

1.1.3 适用范围

设置在钢结构桁架内的机电管线系统支架优化施工。

1.1.4 应用工程

南昌绿地国际会展中心项目；上海海昌海洋公园——海豚表演馆项目；虹桥展示中心项目。

1.1.5 应用照片

南昌绿地国际会展中心项目钢桁架内机电管线新技术应用效果如图 1.1-7、图 1.1-8 所示。

图 1.1-7　南昌绿地国际会展中心项目钢桁架内
机电管线新技术应用效果（一）

图 1.1-8　南昌绿地国际会展中心项目钢桁架内
机电管线新技术应用效果（二）

1.2　复杂钢结构屋盖下虹吸雨水管道施工技术

1.2.1　技术内容

大型体育场馆一般作为城市地标性建筑，其设计通常采用非常规的外观造型，常使用不规则圆形、椭圆形或弧形的建筑结构，同时，体育场钢结构屋面雨水排放系统常采用虹吸式设计，空间大跨度及场馆倾斜菱形柱给虹吸雨水管道的安装带来了巨大挑战。

传统做法通常采用悬吊式，将虹吸雨水管道通过螺杆与钢结构三角楔部位设置方钢龙骨，再将管道通过方钢连接夹悬吊在龙骨下方，然而在设计负高斯曲面钢结构屋盖时，方钢龙骨局部受力复杂，无法抵御台风期间峡谷效应带来的强烈风压。

本技术针对复杂结构金属屋盖环境，采用了"系统建模＋管道预制＋整体吊装＋连接收尾"的施工技术，完成了对场内虹吸雨水管道的安装。

1. 技术特点

本技术针对虹吸雨水水平管道，采用模块化生产原理，在钢结构单元节加工验收后、吊装前将预制完成的支吊架与管道先行安装，再进行整体吊装。待钢结构单元节吊装焊接作业完成后再进行系统连接收尾等工作。针对菱形柱内立管，采用 U 形卡配合三角形钢板双拼组成菱形柱界面作为立管的整体支撑。

该方法可以大幅提高管道施工效率及管道牢固程度，减少高空作业工程量，为项目工期及系统施工质量提供了有力保障。

2. 施工工艺流程

复杂钢结构屋盖下虹吸雨水管道施工工艺流程如图 1.2-1 所示。

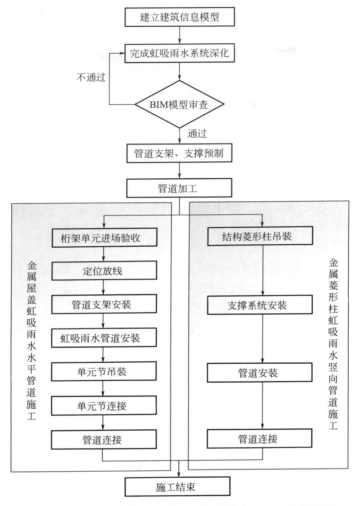

图 1.2-1　复杂钢结构屋盖下虹吸雨水管道施工工艺流程图

3. 操作要点

1）系统建模及管道支架设计

由于采用模块化生产＋整体吊装＋连接收尾施工工序的特殊性，对支吊架及管道安装精度要求较高，同时还应满足管道大坡度安装条件下牢固性与防下沉的要求。因此，采用可控垂直拼装式管道吊架（图 1.2-2）。

2）单元节内管道的施工

（1）支吊架复核

在钢结构桁架内的虹吸雨水管道安装之前，必须对已安装的支吊架位置进行二次复核，保证其垂直度、水平偏移量及坡度均符合要求。在支吊架上的 U 形

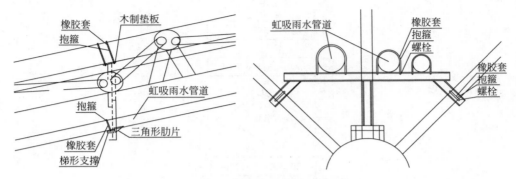

图 1.2-2　可控垂直拼装式管道吊架

卡打孔过程中，在管道安装位置同时对管道的中线、边线进行提前标记放线，通过双重定位保证精度。

（2）管材下料

采用不锈钢管材料时，下料前需要对管道材质、规格进行确认，检查管子表面是否有裂纹、撞伤、龟裂、压扁、砂眼和分层等缺陷。下料应尽量采用机械切割。

（3）管口切割

弧形虹吸雨水管道接口处需进行固定角度斜切，项目采用自主研发的虫口式多口径管道斜切定位装置（专利号：ZL202210081028.7，图 1.2-3）进行斜角度定位划线。将管道插入定位装置后，调至对应口径进行锁定，然后将刻度盘旋转至对应角度，再进行管身放线。放线完成后采用管道切割机进行切割。

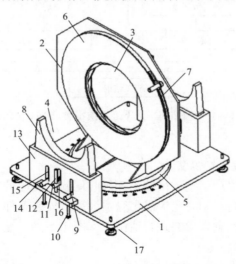

图 1.2-3　虫口式多口径管道斜切定位装置

1—底座；2—转盘；3—穿孔；4—移动槽；5—横板；6—防护罩；7—转动槽；8—托板；9—调节件；10—紧固件；11—杆件；12—导向件；13—安装座；14—固定板；15—调节孔；16—导向孔；17—支撑座

（4）坡口制作

应使用外钳式电动管材坡口机加工坡口，严禁使用气焊加工不锈钢管坡口。对于热切割的下料应采用专用的气割刀具，避免打坏刀具；数量少或管径小而不能使用坡口机的可以直接用角磨机打出坡口，坡口尺寸或管口端面倾斜应符合《气焊、焊条电弧焊、气体保护焊和高能束焊的推荐坡口》GB/T 985.1—2008 相关规定；管子和管件的坡口及内外壁 10～15mm 范围内的油漆、垢、锈等，在对口前应清除干净，直至显示金属光泽。

（5）管道安装

管道系统（含雨水斗）应进行检查清理，外表面应清洁，管内不得有杂物，安装过程中应随时封堵敞口处。严防建筑垃圾等杂物进入管道系统。安装前应对不锈钢管道和管件制定合理的安装顺序，进行预装配无误后再开始正式安装，安装过程中金属管卡或吊架与管道之间应采用橡胶垫隔垫；安装过程中应随时比对深化设计图纸，控制安装偏差。雨水管道安装的允许偏差和检验方法见表 1.2-1。

雨水管道安装的允许偏差和检验方法　　　　　　　　表 1.2-1

项次	项目			允许偏差（mm）	检验方法
1	坐标			15	用水准仪（水平尺）、直尺、拉线和尺量检查
2	标高			±15	
3	横管纵横方向弯曲	每 1m	管径小于或等于 100mm	1	
			管径大于 100mm	1.5	
		全长（25m 以上）	管径小于或等于 100mm	≤25	
			管径大于 100mm	≤38	
4	立管垂直度	每 1m		3	吊线或尺量检查
		全长（5m 以上）		≤10	

3）整体吊装与末端收尾连接

虹吸雨水管道随钢结构单元一同吊装，等待钢结构桁架拼接完成后，由工人进行最后的管口焊接。采用手工电弧焊，焊前应拆除管口橡胶垫，对管口再次进行简易焊前清理后才能施焊。焊接完成后认真清除焊缝表面飞溅、焊渣等。

4）倾斜菱形柱内虹吸雨水管道及支撑系统施工

将菱形柱空间分为两个锐角三角形，每个锐角三角形作为一套支撑系统，包括六边形钢板（将三角形钢板每个角平切以防止边角处与钢结构桁架位置碰撞且难以固定）、U 形卡、5 号角钢及固定螺栓（图 1.2-4）。

钢板与菱形柱固定的两边上分别设置水平与垂直 U 形卡，通过 5 号角钢螺栓连接。每套支撑系统为提前预制，两个三角形的钢板可完整地拼接安装，安装完成后将两套支撑系统沿着中线对焊，对焊完成后再使用角钢在焊接球节点处将

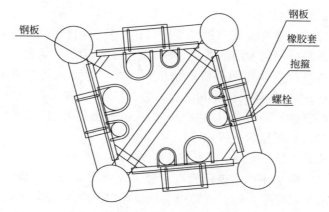

图 1.2-4　菱形柱空间示意图

定位钢板及相邻两边的 5 号角钢二次连接加固（图 1.2-5）。整套支撑系统在虹吸雨水加工场预制完成后运至现场，通过卷扬机从下至上进行施工，焊接完成后的支撑系统可以站人，保证支撑系统施工的流畅性。

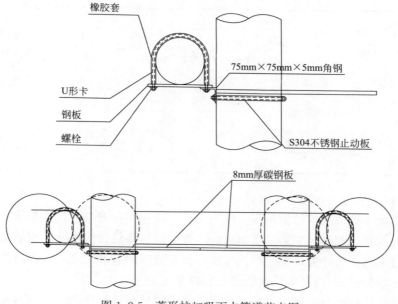

图 1.2-5　菱形柱虹吸雨水管道节点图

1.2.2　技术指标

《气焊、焊条电弧焊、气体保护焊和高能束焊的推荐坡口》GB/T 985.1—2008
《建筑给水排水及采暖工程施工质量验收规范》GB 50242—2002

1.2.3 适用范围

适用于大跨度、复杂曲面场馆屋盖结构下的虹吸雨水管道施工。

1.2.4 应用工程

厦门新体育中心工程（施工）Ⅰ标段项目；温州奥林匹克体育中心——主体育场二期项目。

1.2.5 应用照片

厦门新体育中心工程（施工）Ⅰ标段项目虹吸雨水管道应用效果如图 1.2-6、图 1.2-7 所示。

图 1.2-6 厦门新体育中心工程（施工）Ⅰ标段项目
虹吸雨水管道应用效果（一）

图 1.2-7 厦门新体育中心工程（施工）Ⅰ标段项目
虹吸雨水管道应用效果（二）

1.3 场馆密集弧形管道模块化施工技术

1.3.1 技术内容

大型体育场馆设计一般多采用非常规的外观造型，同时，体育场馆项目机电系统复杂、管线密集，施工难度大。其设计的独特性与复杂性使其内部机电管道在加工与安装方面均存在较大难度，传统施工做法的工期与质量均无法保证。

1. 技术特点

传统施工方法通过加工厂对弧形管道进行预制，将加工后的管段通过升降车进行逐段安装。

本技术利用BIM技术对弧形管道进行划分，划分为固定形制的标准段，利用自主研发的管道斜切定位装置（图1.3-1）、管道煨弯装置（图1.3-2）进行现场弧形管道预制，在施工区域将预制的管段拼装成整体进行吊装，实现流水化作业。

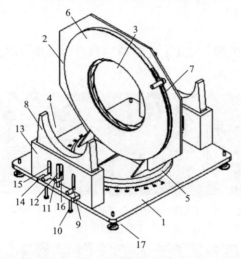

图1.3-1　管道斜切定位装置

1—底座；2—转盘；3—穿孔；4—移动槽；5—横板；6—防护罩；7—转动槽；8—托板；9—调节件；
10—紧固件；11—杆件；12—导向件；13—安装座；14—固定板；15—调节孔；16—导向孔；17—支撑座

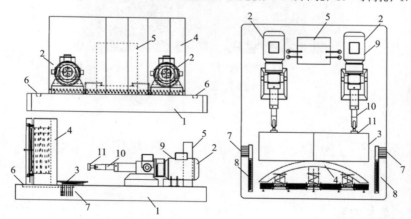

图1.3-2　管道煨弯装置

1—底座；2—液压推进器；3—调节平台；4—煨弯模具；5—控制柜；
6—滑槽；7—管径刻度线；8—弦高刻度线；9—电机；10—推进杆；11—煨弯压头

2. 施工工艺流程

密集弧形管道模块化施工工艺流程如图 1.3-3 所示。

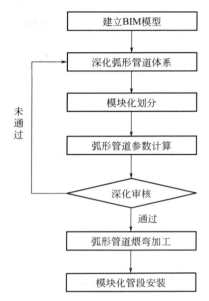

图 1.3-3　密集弧形管道模块化施工工艺流程图

3. 操作要点

1）模块化划分

将弧形管道根据建筑轴网分布及现场实际情况进行详细分段并编号，在场外对弧形管道、综合支吊架、风管、桥架等机电管线进行预制加工，然后统一转运至场内对应区域进行拼装。拼装完成后再进行整体吊装，最后再将各段连接成整体。

（1）管道排布原则

空调水管 DN400 按照每两个轴网中间转折一次，轴网处各折一次；桥架、风管、消防水管、不锈钢给水管按照每两个轴网间折三次，两轴网处各折一次。

（2）支吊架布置原则

在轴线梁柱位置以及二分之一中轴线沿顺时针方向距离 250mm、300mm 处布置综合支吊架，考虑不同管线的支撑需求。

在四分之一中轴线沿顺时针方向距离 300mm 处布置综合支吊架，该支架考虑桥架、消防水管、给水管等，不考虑空调水管。

在卡箍件两侧 300mm 均需设置支架，如有综合支吊架则无须增加专业支架，如没有综合支架则应增加专业支架（图 1.3-4）。

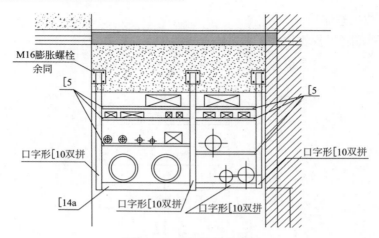

图 1.3-4　支架布置示意图

2）弧形管道参数计算

（1）弧形管道弧长和煨弯角度计算原则

设综合支吊架间距（弦长）为 L，弯曲高度（弦高）为 h，圆心角为 θ，弧长对应圆半径为 R，下料长度（弧长）为 C。

根据相交弦定理：

$$\frac{L}{2} \times \frac{L}{2} = h \times (R-h) \tag{1.3-1}$$

$$R = \frac{L^2 + 4h^2}{4h} \tag{1.3-2}$$

$$\sin \frac{\theta}{2} = \frac{L}{2R} \tag{1.3-3}$$

$$\theta = 2\sin^{-1} \frac{2hL}{L^2 + 4h^2} \tag{1.3-4}$$

$$C = \theta R = \frac{L^2 + 4h^2}{4h} \times 2\sin^{-1} \frac{2hL}{L^2 + 4h^2} = \frac{L^2 + 4h^2}{2h} \cdot \sin^{-1} \frac{2hL}{L^2 + 4h^2} \tag{1.3-5}$$

（2）弧形管道管口斜切角度计算原则

由式（1.3-4）计算可得圆弧对应圆的圆心角度 θ，通过图纸轴网布置及标准节分割可知圆弧对应椭圆圆心角度 α 为固定值，根据三角形外角定理可知管口斜切部分对应圆的圆心角 $\beta = 180 - \theta - \alpha$。管道切割计算示意图如图 1.3-5 所示。

3）弧形管道煨弯加工

（1）风管与桥架加工方式

风管与桥架可以采用无限分段近似法，用小角度弯头及法兰对弧形管线进行拼接，小角度弯头通过直接向厂家定制及现场生产线直接加工完成。

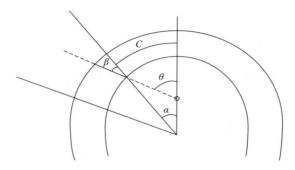

图 1.3-5　管道切割计算示意图

（2）水管加工方式

采用自主研发的管道煨弯机床（机床通过设置多管径滑槽刻度和弦高刻度滑块，用于提升管径适配度和小角度煨弯定位精度）进行管道煨弯。通过龙门式起重机将管道放置于煨弯机床的平台上，操作步骤如下：

① 管道煨弯先将滑块式弦高 0 刻度与需煨弯管管径刻度对齐，同时将高度调节平台调至对应管径高度。

② 准备工作就绪后通过轻型龙门式起重机将需煨弯管吊至机床平台位置，分别启动两端液压推进器将管道压紧后在管口中心线处做好标记，然后开始进行管道煨弯。

③ 为了保证弯出的钢管弧度均匀、平滑，煨弯原则为多点煨弯、反复煨弯。具体措施是下料前在钢管上每隔一定距离做警醒标记，作为煨弯时基点。

④ 其次，应在管子受弯面放线，以使钢管在同一轴截面受弯，以防钢管扭曲。

⑤ 煨弯时，依次以事先做好标记的基点为钢管的受力点进行煨弯。

⑥ 先启动机床一侧液压推进器，待管子受力后，注意观察管口中心线位置，待中心线与计算弦高刻度中心相交时停止液压推进器，使得煨弯机对准钢管的下一基点，并通过管身放线观察钢管待弯方向与受弯方向同处一轴截面，直到满足要求后方可继续。

⑦ 另一侧液压推进器重复此过程。也可通过机床程序输入管径、煨弯弦高等相关参数进行机床自控煨弯。

4）模块化管段安装

（1）现场定位放线

在结构专业完成砌筑墙体轮廓线布放后，根据机电管线综合排布图，首先将标准节的中心线在地面上进行斜轴向上投影放线，对图纸上标高、定位轴线及施工现场的标高和坐标参照点进行定位、标记与保护，保证现场标准节能够顺利连接。

（2）标准节下料与拼装

现场放线完成后，根据深化设计部门提供的综合管线图纸及标准节施工图纸，按照相应参数进行各专业管线加工，然后将综合支吊架与加工后管线运至下料区域进行现场拼装。进行标准节拼装时，不锈钢材质管道的活动支架需采用不锈钢挠性管卡，如选用其他金属支架或管卡时，两者接触面间应采用橡胶物隔垫。

（3）标准节吊装

标准节拼装完成验收无误后，采用电动葫芦配合高空升降车进行标准节吊装（图1.3-6），在吊装过程中确保各电动葫芦受力均匀。

图1.3-6　标准节现场吊装图

1.3.2　技术指标

《建筑给水排水及采暖工程施工质量验收规范》GB 50242—2002
《通风与空调工程施工质量验收规范》GB 50243—2016
《自动喷水灭火系统施工及验收规范》GB 50261—2017

1.3.3　适用范围

适用于大型场馆弧形区域管道施工。

1.3.4　应用工程

厦门新体育中心工程（施工）Ⅰ标段项目；温州奥林匹克体育中心——主体育场项目。

1.3.5　应用照片

厦门新体育中心工程（施工）Ⅰ标段项目弧形管道模块化吊装应用如图1.3-7所示。

图1.3-7　厦门新体育中心工程（施工）Ⅰ标段项目
弧形管道模块化吊装应用

1.4　深埋复杂管线施工关键技术

1.4.1　技术内容

上海迪士尼主题乐园是世界第六个迪士尼主题乐园。园区地下管线总里程约110万m，涵盖传导发射（CE）、辐射发射（RE）、电磁抗扰（EMS）等20多个系统，管线错综复杂且底板内不允许敷设管线。该技术通过信息化管理提高了地下管线安装的精度和质量，同时降低了施工工期和后期维护的成本。

针对复杂、大体量、深坑埋地管道，采用"GPS新型测量技术标准"进行施工，结合项目管网BIM模型开展基坑开挖、管道探测、排管混凝土包封结构伸缩缝等自主研发技术，将埋地管道位置偏差控制在2mm内。

1. 技术特点

（1）形成一套埋地管线深基坑开挖工序，结合BIM＋trimble建筑机器人测量和研发的便携式地下探测器，解决了超大、多层、复杂埋地管线深基坑开挖的施工难题。

（2）通过PMCS平台和BIM信息化平台，在模型中模拟方案的实施，实现了信息共享及可视化管理。

（3）开发了一项抵抗整体沉降与差异沉降的排管混凝土包封伸缩缝连接技

术，解决了地下管线与地下结构的差异沉降导致管线破损的质量隐患。

2. 施工工艺流程

直埋管道施工工艺流程如图 1.4-1 所示。

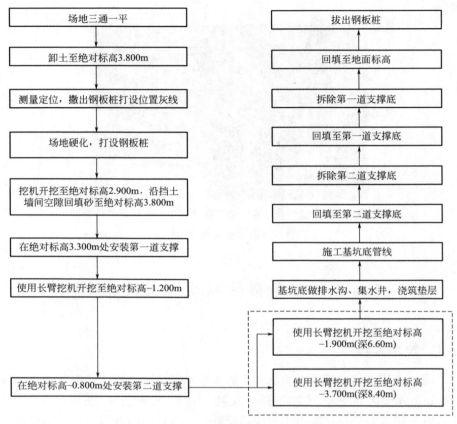

图 1.4-1　直埋管道施工工艺流程图

3. 操作要点

1）PMCS 系统平台和 BIM360 信息化管理平台应用

采用自主研发的 PMCS 系统平台和 BIM360 系统平台，其中 PMCS 系统平台用于包括 BIM 在内的信息共享、更新、协同。BIM360 系统平台用于质量的管控与协同。

通过模拟方案的实施，减少各系统各专业的碰撞以及其他问题，最大程度地降低施工成本。

2）采用地埋式空调水成品预制直埋保温管

预制直埋保温管为无缝钢管，保温层采用绝缘脂发泡泡沫，外保护层为 PE 塑料。成品制造保证了管材的质量可靠，实现了便于施工、减少能耗的目标。

（1）安装步骤

管道吊装使用吊带或钢丝绳套。使用钢丝绳套时，选择吊耳或裸管段作吊位，两个吊位之间长度不超过 12m，当 3 根直管组对后整体吊装时，吊带或绳应有 4 根，补偿器不得与管道组对一起吊装。

编织袋内灌满黄砂，封口后压在已排设管道的顶部，其数量视管径的大小而异。将每节管子按设计中心位置和标高固定在基础上。

（2）焊接方法

① 管道预制

切割前应将钢材切割区域表面的铁锈、污物等清除干净，切割后应清除飞溅物。管道对口焊接时，应做成 V 形坡口，并留有间隙，具体坡口形式和尺寸见表 1.4-1。

钢焊接件坡口形式和尺寸　　　　　　　　　　表 1.4-1

项次	厚度 T(mm)	坡口名称	坡口形式	坡口尺寸			备注
				间隙 C(mm)	钝边 P(mm)	坡口角度(°)	
1	1～3	I 形坡口		0～1.5,单面焊	—	—	
	3～6			0～2.5,单面焊			
2	3～9	V 形坡口		0～2.0	0～2.0	60～65	
	9～26			0～3.0	0～3.0	55～60	
3	2～30	T 形坡口		0～2.0			

② 管道组对

a. 组对前将管口边缘铁锈、毛刺清除干净。对管口进行匹配，并进行编号，按照编号的顺序在沟槽边排列钢管。

b. 钢管组对时，两对接面的错口值≤壁厚的 10%，且不大于 1mm。减少焊接的难度，保证管道的密闭性和强度。

c. 当管道安装工作有间断时，及时封闭敞开的管口，防止脏物进入管内。

d. 管道对接焊口的组对应做到内壁齐平，内壁错边量≤壁厚的 10%，且不大于 2mm。

e. 管道组对后发现较大错口时，转动管子使其均匀地分布在管子外圆周上，缓慢组对。严禁使用锤击等强行对口，以免使管道受到损伤和发生变形。

③ 管道焊接

a. 前期准备：焊接前需确保焊条无药皮脱落或焊芯生锈，焊接完成后应清理焊缝熔渣。焊接规格、型号必须符合设计要求，下料准确，并由具备电焊上岗证的工人进行焊接操作。

b. 打底：使用氩弧焊打底，点焊起弧、收尾处用角磨机打磨出适合接头的斜口。整个底层焊缝必须均匀焊透，不得焊穿。氩弧焊打底必须先用试板试焊，检查氩气是否含有杂质。氩弧施焊时应将焊接操作坑处的管沟用板围挡，以防刮风影响焊缝质量。底部焊缝焊条接头位置可用角磨机打磨，严禁焊缝底部焊肉下塌或顶部内陷。

c. 中层施焊：底部施焊完后，清除熔渣和飞溅物。严禁在焊缝的焊接层表面引弧。该层焊接完毕后，清除熔渣和飞溅物，如发现问题必须铲除后重新焊接。视情况，中层可以进行多道焊接。

d. 盖面：每根焊条起弧、收弧位置必须与中层焊缝接头错开，严禁在中层焊缝表面引弧，盖面层焊缝应表面完整，与管道圆滑过渡，焊缝宽度为盖过坡口两侧约 2mm，焊缝加强高度为 1.5～2.5mm，焊缝表面不得出现裂纹、气孔、夹渣、熔合性飞溅等。焊接完毕，清理完熔渣后，用钢丝刷清理表面，并加以覆盖以免在保温、防腐前出现锈蚀。

e. 焊缝设置：钢管对接的直焊缝宜错开 0.1m 以上，直管段两相邻环焊缝间距不小于 1 倍管径。直缝应放置在管子上半部 45°角范围内。

④ 探伤与试压

直埋管焊缝采用 X 射线探伤，如有不合格，重新施焊，并重做 X 射线探伤。预制直埋保温管的试压标准见表 1.4-2。

预制直埋保温管的试压标准　　　　　　　　　　　　表 1.4-2

管道名称	设计压力（MPa）	强度试验（MPa）	泄漏试验（MPa）
直埋保温管	1.0	1.5（30min）	1.0（360min）

⑤ 接头安装

直埋管接头套管采用电热熔套的连接工艺，电热熔套采用与保温管外护管同材料的 HDPE（补管）加工而成，在电热熔套内壁敷设耐温金属网，现场电热熔接头熔接采用专用自动控制箱控制，以保证管材接口的质量和接头的水密性。然后在接头套管上的发泡孔进行接头机械发泡，发泡完成后采用高密度聚乙烯封堵，通过补片或热熔焊接的方式密封发泡孔。管道端面使用热收缩端封进行防水处理，保证直埋管的保温和防水效果。

⑥ 管道覆土

管道通过验收后方可回填，沟槽回填从管底基础部位开始到管顶以上 500mm 范围内；管顶 500mm 以上部位从管道轴线两侧同时回填。先填交叉段管沟，管道两侧 2m 内采用人工回填。回填从侧面用人工推入，等管道下方回填并夯实后，再回填管道两侧的管沟。

3）EMS、RE、CE 系统管道排布

（1）EMS 电磁抗扰低压电网布线

EMS 电磁抗扰低压电网布线要求见表 1.4-3。

EMS 电磁抗扰低压电网布线要求　　　　　表 1.4-3

序号	控制项	控制内容
1	信号隔离	将不同类型的信号线（如电源线、数据线、地线等）进行物理隔离。采用不同颜色的线缆，或使用金属分隔板等方式来达到这个目的
2	电磁屏蔽	对敏感线路或电路进行电磁屏蔽可以有效地减小外部电磁场对其的干扰。设计排管时将干扰源和敏感设备尽可能远离，并将线缆尽量远离干扰源
3	线缆滤波	对于一些易受干扰的线缆，如电源线等，可在线缆两端安装滤波器，以减小外部干扰信号对线缆的影响
4	接地保护	设置良好的接地保护，减小电磁干扰对设备的影响。排管前，明确管道、设备的接地方式，并尽可能选择具有良好接地性能的排管材料
5	信号完整性	保证信号的完整性，确保信号在传输过程中没有受到较大损耗或失真。对于高频信号，需要进行阻抗匹配和合适的信号滤波，以保证信号的质量

（2）RE 辐射发射电气专项布置

本项目大型游乐设施多，设备布置密集，需定期监控电子、电气设备或系统在正常工作时对外界的电磁辐射干扰程度，因此本项目对复杂地埋管线 RE 测试环境做了单独设计。

在各单体建筑入墙位置设置了防静电地线联结点，在高压输电线、发射台等干扰源周围设置了隔离带。

（3）CE 传导发射系统管线质量控制要点

CE 传导发射系统管线质量控制要点见表 1.4-4。

CE 传导发射系统管线质量控制要点　　　　　表 1.4-4

序号	控制项	控制内容
1	安装定位	安装定位必须严格遵循施工图纸和技术要求，确保管线的走向、高度、间距等参数符合设计要求。管线应远离潜在的电磁干扰源，如高频设备、无线电发射器等。如果无法避免，应采取适当的屏蔽和滤波措施
2	清洁度	在施工前和施工后，要对管道进行仔细的清洗和保养
3	防潮防尘	传导发射系统的管道在使用时涉及电信号的传输。在施工时，应避免管道内部积水和积尘，同时也要注意保护管道外部不受环境因素的影响

4）排管混凝土包封与伸缩缝处理

为了解决排管混凝土包封易受到整体沉降和差异沉降的破坏而导致结构开裂、漏水和排管破坏等问题，需要在排管上增加伸缩缝，采用可以自由伸缩、不会产生渗漏且可以抵抗整体沉降与差异沉降的排管混凝土包封伸缩缝连接技术（图 1.4-2）。

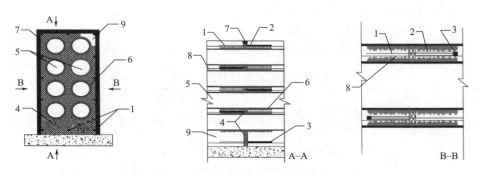

图 1.4-2　混凝土包封伸缩缝结构

1—连接钢筋；2—套管；3—木塞；4—填充板-聚乙烯发泡板；5—电缆排管；

6—牛皮纸；7—密封膏-双组份聚硫密封膏；8—配筋；9—混凝土包封

步骤：（1）混凝土包封配筋在伸缩缝处分断。伸缩缝处设有填充板，填充板上开孔供电缆排管穿过。填充板每边较混凝土包封尺寸小，由包封内混凝土和填充板组成的凹槽用密封膏填塞。（2）混凝土包封内设连接钢筋。连接钢筋一端与混凝土包封配筋绑扎搭接，连接钢筋另一端为外套套管的自由端，套管在非连接钢筋伸入端采用木塞进行封堵。

实施效果：本装置伸缩缝处的连接钢筋，一端套有套管，可以实现自由伸缩，有效缓解混凝土变形对电力及通信排管的破坏，起到良好的保护作用。

1.4.2　技术指标

《给水排水构筑物工程施工及验收规范》GB 50141—2008

《城镇给水管道非开挖修复更新工程技术规程》CJJ/T 244—2016

《现场设备、工业管道焊接工程施工规范》GB 50236—2011

《建筑电气工程电磁兼容技术规范》GB 51204—2016

1.4.3　适用范围

适用于多系统超大型地埋管线施工。

1.4.4　应用工程

上海迪士尼主题乐园项目。

1.4.5　应用照片

上海迪士尼主题乐园项目深埋复杂管线现场应用如图 1.4-3 所示。

图 1.4-3　上海迪士尼主题乐园项目深埋复杂管线现场应用

1.5　屋面桁架内机电管线快速施工技术

1.5.1　技术内容

运用 BIM 及深化设计技术、工厂化预制技术、大型风管分段地面组装/高空吊装装配式施工技术、桁架内机电管线支吊架生根技术、多点多面多设备平行施工工艺等多项技术，解决了大型场馆桁架跨度大、管线密集、尺寸大、重量重、生根难的问题，并实现了快速施工。

1. 技术特点

根据不同形式的桁架结构，精确地对桁架结构和桁架内机电管线进行建模，综合考虑支吊架生根便利性和桁架空间通过性、可检修性，规划机电管线路由。在桁架及管线 BIM 模型的基础上，对支吊架生根位置及形式进行设计计算及定位，生成支吊架大样图和平面布置图，进行批量化预制加工，并在桁架屋面封闭前安装。具体可采用不同的生根方式，如抱箍固定桁架杆件生根方式、对夹构件固定桁架杆件生根方式、可调钢丝绳固定球节点施工方式。

2. 施工工艺流程

屋面桁架内机电管线快速施工工艺流程如图 1.5-1 所示。

3. 操作要点

1）BIM 及深化设计技术的应用

对桁架和机电管线精确建立 BIM 模型，综合考虑支吊架生根便利性和桁架

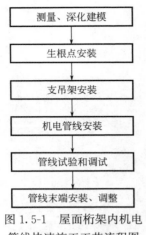

测量、深化建模

↓

生根点安装

↓

支吊架安装

↓

机电管线安装

↓

管线试验和调试

↓

管线末端安装、调整

图 1.5-1　屋面桁架内机电
管线快速施工工艺流程图

空间通过性，规划机电管线路由，并对支吊架生根位置及形式精准设计及定位。对于金属屋面和桁架之间间距较小，后期无操作空间的实例，需在屋面封闭前提前安装支吊架生根件。生根件定型后在加工场进行批量化预制，并在施工现场进行全螺栓连接，以实现快速安装。

2）地面预拼装

根据 BIM 模型划分的管段进行预制化生产，在地面组对后，使用吊车等起重设备进行分段整体吊装（图1.5-2）。桁架内的管线可先整体吊装主管道与钢结构桁架，并在安装管线末端时利用悬挂式升降平台调整支管，最后安装可靠的支架。在安装支架时，应注意桁架的受力情况。

3）支吊架生根件形式

（1）对于网架，通常会在桁架球节点上预留挂耳，视设计而定，位于上弦球或下弦球处（图 1.5-3）。

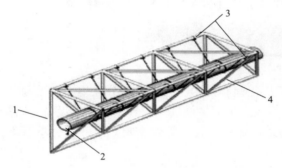

图 1.5-2　桁架内管道预拼装示意图
1—管桁架模块单元；2—螺旋风管模块；3—上弦架；4—腹杆

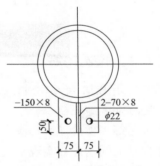

图 1.5-3　桁架球节点预留挂
耳示意图（单位：mm）

（2）根据球节点的间距采用不同的下挂方式。根据《通风与空调工程施工规范》GB 50738—2011 第 7.3.4 条的间距要求设置横担，若球节点的间距小于或等于规范要求，可只设置垂直下挂的形式，若球节点间距大于规范要求，则需要额外设置斜拉（图 1.5-4）。

钢丝绳的紧固使用花篮螺栓、钢丝绳、卡环等构件，安装前需进行计算选型（图 1.5-5）。

（3）对于矩形管桁架，可采用对夹或抱箍的形式。采用抱箍方式安装支吊架生根件时，应避免采用折弯方式，而应选择热加工方式进行处理。折弯方式可能导致支吊架生根件结构不稳定或强度减弱，因此应当避免此种安装方法。抱箍设置方式如图 1.5-6 所示。

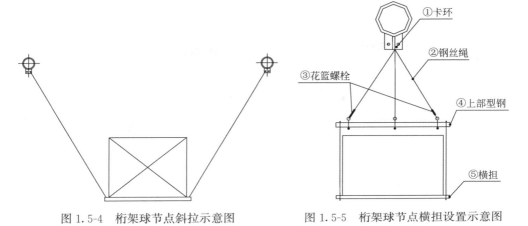

图 1.5-4 桁架球节点斜拉示意图　　　图 1.5-5 桁架球节点横担设置示意图

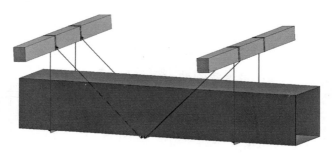

图 1.5-6 桁架抱箍设置示意图

BG-1 型抱箍，仅适用于垂直下挂，如图 1.5-7 所示。

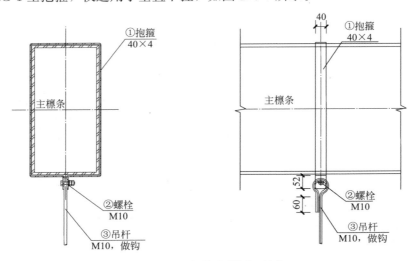

图 1.5-7 BG-1 型抱箍大样图（单位：mm）

BG-2 型抱箍，适用于垂直下挂和单侧斜拉，如图 1.5-8 所示。

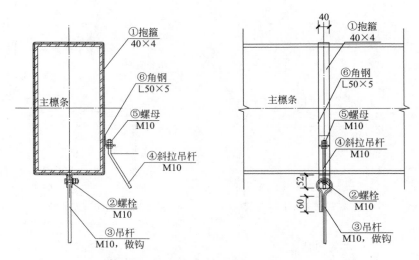

图 1.5-8　BG-2 型抱箍大样图（单位：mm）

BG-3 型抱箍，适用于垂直下挂和双侧斜拉，如图 1.5-9 所示。

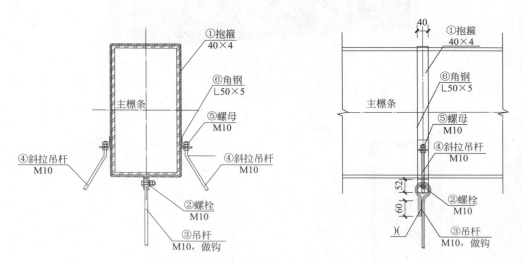

图 1.5-9　BG-3 型抱箍大样图（单位：mm）

BG-4 型抱箍，仅适用于单侧斜拉，如图 1.5-10 所示。

BG-5 型抱箍，仅适用于双侧斜拉，如图 1.5-11 所示。

（4）夹板的设置方式如图 1.5-12 所示。

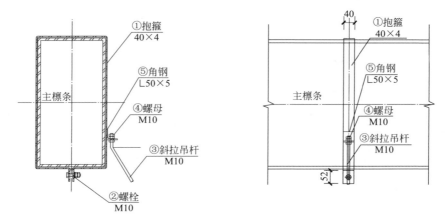

图 1.5-10　BG-4 型抱箍大样图（单位：mm）

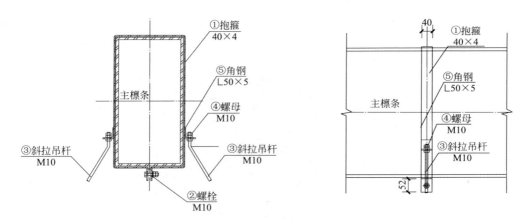

图 1.5-11　BG-5 型抱箍大样图（单位：mm）

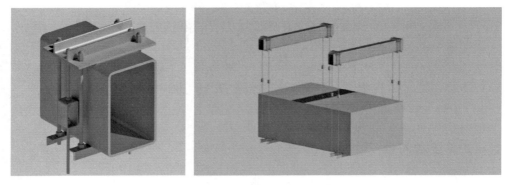

图 1.5-12　夹板的设置方式示意图

1.5.2 技术指标

《建筑给水排水及采暖工程施工质量验收规范》GB 50242—2002

《通风与空调工程施工质量验收规范》GB 50243—2016

《建筑工程施工质量验收统一标准》GB 50300—2013

《金属、非金属风管支吊架（含抗震支吊架）》19K112

《薄钢板法兰风管制作与安装》07K133

1.5.3 适用范围

适用于展馆钢结构网架、矩形管桁架等形式的桁架内机电管线安装。

1.5.4 应用工程

成都东安湖体育公园三馆项目；西安丝路国际会展中心机电安装项目。

1.5.5 应用照片

成都东安湖体育公园三馆项目桁架内支吊架设置应用如图 1.5-13 所示。

图 1.5-13　成都东安湖体育公园三馆项目桁架内支吊架设置应用

1.6　管道冲洗施工专业技术

1.6.1 技术内容

某科技会展中心项目共有 4 层，其地下 1 层，面积约 22400m²，主要功能为车库、设备用房及配套服务用房，地上 3 层，面积约 72000m²，建筑总高度为

41.3m。某图书馆地上 5 层，地下 1 层，总面积 54289m²，建筑高度 32.3m，设计藏书能力达 450 万册，设计阅览室座席 3000 个。某工业厂房由外协件及成品库、联合厂房、机械加工车间、装配车间等长跨度、长距离单体组成，共138000m²。这些大型场馆中管道系统规模大、管径粗、输送距离长，并通常受现场条件的限制。

传统的大型场馆管道冲洗是利用不间断水源不断地对管道内壁进行冲洗，冲洗过程中不仅会浪费很多水资源，并且由于是开放式冲洗，压力小，冲洗效果差，耗费时间长。

大型场馆及图书馆管道冲洗施工专业技术主要应用 BIM 技术，在管道施工过程中采用永临结合的方式将管道形成一个闭合回路，在冲洗的过程中，水资源能循环利用，由于采用闭式循环系统，水流流速和压力都能得到提高，从而在提高冲洗质量的同时减少了冲洗所需的时间。

1. 技术特点

（1）在施工中，采用的 BIM 技术将空调水管道以及冲洗时使用的临时管道按照场馆净空要求进行综合排布，提升施工质量，提高施工效率，降低施工成本。

（2）在管道安装阶段，采用正式管道与临时管道相结合的方式，增加管道利用率，减少返工率，降低施工成本。

（3）冲洗时采用闭式循环冲洗方式，水流流速大，可以更好地保证冲洗质量。

（4）冲洗时采用闭式循环冲洗方式，节约水资源，符合绿色施工的要求。

（5）冲洗完成后取水泵内部杂质时，不需拆卸设备，确保设备的运行质量。

2. 施工原理

（1）管道系统压力试验合格后，方可进行管道冲洗，冲洗应分段进行。使用洁净水进行冲洗，冲洗时管道内部洁净水流速不低于 1.5m/s。

（2）管道冲洗方法根据管道的使用要求和内表面脏污程度确定。冲洗的顺序一般按主管、支管、疏排管依次进行。

（3）管道冲洗采用闭式循环冲洗方式，将管道系统与设备隔离开，管道系统末端用临时管道进行环管处理，将做完环管处理的管道系统注满水并对循环水泵做好相应保护后，开启循环水泵，将管道系统内的杂质堆积到指定位置，将杂物取出后清洗干净。

3. 施工工艺流程

管道冲洗施工工艺流程如图 1.6-1 所示。

4. 操作要点

1）管路、设备环管

为确保冲洗管路形成回路及保证冲洗杂物不进入设备，应对系统中的设备、管路进行隔离、连通或加装过滤器。

（1）管道环管需在管道系统图纸会审过程中确定环管位置，环管位置为：制冷主机进出水口、换热机组进出水口、空调末端系统进出水口。

（2）确认环管位置后，在管道施工过程中需将环管的位置施工到位，避免二次施工造成的人工浪费。

（3）制冷主机进出水口处、换热机组进出水口处、空调末端系统进出水口处环管分别如图 1.6-2～图 1.6-6 所示。在设备进出口处，利用临时管道将进出水管连接，并设置进水口。

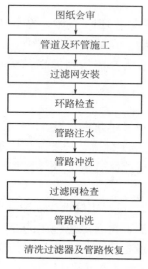

图 1.6-1　管道冲洗施工工艺流程图

图 1.6-2　制冷主机环管方式

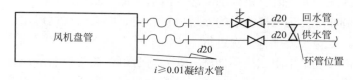

图 1.6-3　风机盘管环管方式

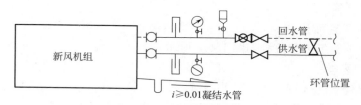

图 1.6-4　新风机组环管方式

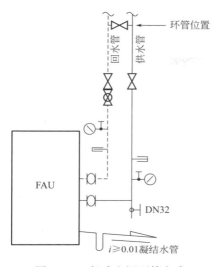

图 1.6-5　柜式空调环管方式　　　　　　　图 1.6-6　空调末端环管方式

（4）对于在供回水干管系统上的无法进行隔离、连通的设备［如水泵、集（分）水器］均需要安装临时过滤器，以确保冲洗过程中不损坏设备且不让冲洗杂物沉积在设备中。过滤网安装位置如图 1.6-7～图 1.6-9 所示。

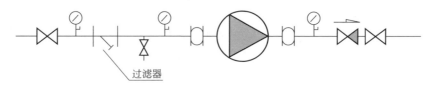

图 1.6-7　循环水泵过滤网安装位置

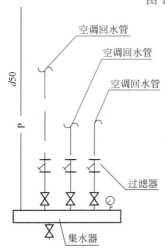

图 1.6-8　集水器过滤网安装位置　　　　　图 1.6-9　循环水泵过滤网安装位置

（5）在管道的最高端安装排气阀、最低端安装泄水阀。

2）管道冲洗

（1）管道注水

管道系统压力试验、环管完成，且过滤器安装完毕后，方可向系统内注水。注水方式可采用两种：一是利用原管道系统位于高点位的膨胀水箱进行补水，该方式补水时间较长；另一种方式是采用将空调冷却系统与之相连，利用冷却系统排水进行补水，此方式补水时间较短。

（2）管道冲洗操作规程

① 首先冲洗环路中的主管道，有支管的环路先关闭，尽量用系统设计的最高压力、最大流量进行主干管的冲洗。

② 打开手动排放阀，尽快排净管道气体，待循环冲洗管道充满水后，关闭手动排气阀，并安装自动排气阀。考虑到管道直径较大、路径较长的情况，要尽快排出管道气体，可在最高点的水平管上设置多点排放。

③ 主干管通水时，管道内的空气要尽可能迅速排出，同时要向管内缓慢冲水，以免管路中形成水锤造成管道支架及管路的破坏。

④ 为保护系统冲洗泵前的过滤器，在过滤器前的法兰处增加一道不锈钢滤网，滤网精度可选择 $30\sim50\mu m$。在开始冲洗时，要观察泵入口的滤网处，如有大的杂物进入要及时停泵、及时清理。

⑤ 冲洗开始时，各排气阀、加水设备、循环水泵、主管道立管支撑处都要派人观察并及时联络冲洗情况，发现有异常及时停泵。

⑥ 环路冲洗应优先处理路径高差较小、支路较少的系统。

⑦ 对于并联的支管管路，尽量按照同一层同时或分批进行冲洗。

⑧ 循环管道和高位水箱灌满水后，要将高位水箱循环管道的管路打开，保证冲洗时循环管道的补水，且高位水箱的补水要随时进行。

⑨ 冲洗时所有安装在系统管路上的压力、流量、温度检测等检测仪表、装置，应拆除或采取必要的保护措施。

（3）清洗过滤器及管路恢复

冲洗应连续进行，直到排放口的水色和透明度与入口水相一致为止，连续冲洗，检查回水过滤器无颗粒杂质为合格。冲洗完毕后，拆除系统的环管及过滤装置，将循环水泵口、集水器等位置的过滤器清洗干净，为了防止管内壁继续生锈，应通过膨胀水箱将系统中全部空间注满水。

3）管道冲洗要求

（1）管道冲洗应用洁净水。

（2）冲洗前，不能参与冲洗的阀类及仪表应用临时短管或旁通管代替，如调节阀、孔板、喷嘴、滤网、节流阀及止回阀芯等部件，待冲洗后复位。

（3）不允许冲洗的设备及管道，需与冲洗环路做临时短接隔离。

（4）循环冲洗主管道环路上，在最高点要设置排气阀。如各支管高于主管最高点，各支管的最高点均要设置手动排气阀门。排气阀的口径应大于DN100，特别是在冲洗管路直径大于DN600时。

（5）对未能冲洗或冲洗后可能留存脏污、杂物的管道，应用其他方法补充清理，如采取打开观察法兰孔进行人工检查清理。

（6）冲洗前，应考虑管道支吊架的牢固程度，必要时应予加固。特别要重视排放口管道的固定。

（7）公称直径大于或等于600mm的管道应先人工清理，然后再进行冲洗。

（8）冲洗时，用木槌敲打管子，对焊缝、死角和管底部部位应重点敲打，但不得损伤管子。

（9）需以管内可能达到的最大流量进行冲洗，冲洗流速不得小于1.5m/s。

（10）冲洗应连续进行，以排出口的水色和透明度与入口水目测一致为合格，连续冲洗，检查回水过滤器无颗粒杂质为合格。

（11）冲洗的排放管接入可靠的排水井或沟中，并保证其畅通和安全。排放管的截面不小于被冲洗管截面的60%，排水时不得形成负压。

（12）冲洗时，管道内的脏物不得进入设备，设备吹出的脏物也不得进入管道。

（13）管道冲洗后将水排尽。

（14）管道冲洗合格并复位后，不得再进行影响管内清洁的其他作业。

（15）管道冲洗合格后，填写管道系统冲洗记录，除规定的检查及恢复工作外，不再进行影响管内清洁的其他作业。

1.6.2　技术指标

《通风与空调工程施工质量验收规范》GB 50243—2016

《通风与空调工程施工规范》GB 50738—2011

《建筑给水排水及采暖工程施工质量验收规范》GB 50242—2002

1.6.3　适用范围

主要适用于各类民用建筑场所管道系统冲洗施工。

1.6.4　应用工程

光谷科技会展中心项目；襄阳市图书馆建设项目。

1.6.5 应用照片

光谷科技会展中心项目管道冲洗应用效果如图 1.6-10 所示。

图 1.6-10 光谷科技会展中心项目管道冲洗应用效果

1.7 中央制冷机房模块化施工技术

1.7.1 技术内容

某超高层建筑分别在地上一层及地下一层设置中央制冷机房。为节约成本、提高生产效率、减少工期风险、提高机房整体美观及可靠性，本工程的制冷机房采用场外模块化预制、现场装配化施工。先采用 BIM 技术将机房进行三维排布并深化设计，然后将深化设计完成后的机房管线进行分段，并编制材料清单，将分段图及材料清单提供给数字化建造基地进行工厂化预制，预制完打包运输至现场进行装配化安装。本技术特点是能够不受现场场地条件的限制，提前进行管段预制，更利于成品保护、实现流程化生产，保证施工质量，大幅度提高施工效率，有效缓解工期压力。

1. 技术特点

制冷机房采用场外模块化预制、现场装配化施工。通过 BIM 技术的应用，实现了工厂化预制、机械化生产、装配化施工，提升了施工效率。

2. 施工工艺流程

中央制冷机房模块化施工工艺流程如图 1.7-1 所示。

3. 操作要点

对机房图纸进行全面细致的分析，结合机电专业图纸、建筑结构图纸以及现场的实际情况，确定设备位置、运输路线、管道安装顺序等。通过场外预制与现场装配施工相结合的方式节约了施工周期，通过测量体系的跟踪测量反馈，及时减少装配误差，提高工程精确度。

1）深化设计

建立高精度 BIM 模型（LOD500），对设计图纸进行优化。采取平角 15°的布局思路对机房整体管线进行深度优化并对管线分段绘制预制加工图，同时为了解决机房设备后续检修的问题，单独设置设备检修移动轨道，以提升机房后期运营的保障。制冷机房深化设计分为以下几个阶段来完成：查阅机房相关图纸、空调水系统复核、绘制机房全专业全比例模型、综合排布、现场复核、模型调整、设计支架、管道分节、出分节参数图。

2）综合排布

根据图纸建立 BIM 模型，在建模过程中设计出符合机房内部净空高度的合理管道布置。根据厂家提供的设备实际参数图纸建立设备族库，将设备及管道附件模型放于机房中进行管线连接。对机房管线进行整体排布，要求管线整齐美观，便于施工、后期使用及维护。

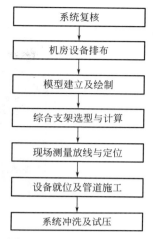

图 1.7-1　中央制冷机房模块化施工工艺流程图

3）现场复核

将建筑结构及设备基础图纸导入机器人全站仪，利用机器人全站仪进行现场实测，对比并统计建筑结构偏差，再反馈到 BIM 模型中，实时根据现场偏差调整 BIM 模型。

4）支架设置

在设计支吊架时，根据设计规范合理选择支吊架类型及所选钢材规格。尽量利用结构上的梁和柱作为支吊架固定点。对于口径较大的管道采用落地支架，利用结构柱来确保支架的稳定性；对于口径较小且高度较高的管道可考虑使用吊架。

5）管道分段

在以上工作完成之后进行管道分段，根据运输条件及现场安装条件来控制预制管段的大小尺寸。在并列平行管道上分段，其位置应相平齐，尽量避开支吊架；分节位置远离三通、弯头，以防管道因受力不均导致预制管段拼接处漏水。分节时应充分利用管道阀门及管道附件，使其作为一个分段点以减少不必要的管段而增加成本。

6）加工及装配

为形成高品质标准化产业链条，本项目联手"数字化建造研发基地"，根据管道分段详图，利用自动化除锈、数控相贯线切割下料、快速工装组对、高质量全自动焊接等工艺对预制管道进行系统化加工，编写了专项技术方案，制定相关主要材料进场计划，细化分段加工图纸和交底，实现数据化预制、标准化加工、精细化装配，使加工及装配更高效准确。装配完成图如图 1.7-2 所示。

图 1.7-2　装配完成图

1.7.2　技术指标

《制冷设备、空气分离设备安装工程施工及验收规范》GB 50274—2010
《装配化建筑评价标准》GB/T 51129—2017

1.7.3　适用范围

适用于大型体育场馆中央机房施工。

1.7.4　应用工程

西安奥体中心项目。

1.7.5　应用照片

西安奥体中心项目中央制冷机房模块化施工应用效果如图 1.7-3 所示。

图 1.7-3　西安奥体中心项目中央制冷机房模块化施工应用效果

1.8　机房落地支架施工技术

1.8.1　技术内容

体育馆机房一般为异形结构超大型机房，机房内管道规格较大且排布密集。受限于紧张的机房空间及机房顶板结构设计荷载无法满足吊装式管道支架安装要求的情况，工程采用了综合落地支架的设计施工技术。该技术采用机房落地综合支架，将成排空调水管道安装于同一立面上，从而减少了管道安装所占的空间，实现在狭小空间内进行成排管道的安装。

1. 技术特点

机房落地综合支架设计及施工技术，通过 BIM 相关制图软件，对原机房设计方案进行深化设计，并建立三维可视化模型，根据支架的生根结构特性，通过受力计算划分好相关受力区域，布置施工。具有以下特点：

（1）在满足设备吊装与运输、设备检修、日常运维的空间要求与整齐美观的视觉效果基础上，对机房设备与机电管线重新排布，达到节省材料、缩短工期、施工便利、受力稳定、安全可靠、美观大方、物业运维简便的效果。

（2）基于以上深化设计的成果，利用 MIDAS 软件建立受力模型，设计综合落地支架。在模型出图材料选型中，对于主受力立柱的选型，采用圆形钢管柱替代传统的型钢立柱，以节约机房空间、方便根部及顶部连接件的焊接，达到更好的受力平衡。

2. 施工工艺流程

机房落地支架施工工艺流程如图 1.8-1 所示。

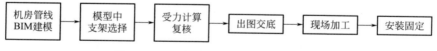

图 1.8-1　机房落地支架施工工艺流程图

3. 操作要点

（1）支架的生根结构，特别是固定支架的生根结构，应支承于可靠的建筑结构上，并应经过计算。

（2）砖墙上的支架，应锚固在抗压强度等级不低于 MU10 的砖块上。当管道直径小于或等于 150mm 时，应使用 M2.5 水泥白灰砂浆进行砌筑；当管道直径大于或等于 200mm 时，则应使用 M5 砂浆进行砌筑。

（3）直径超过 50mm 的保温管和超过 100mm 的非保温管，必须考虑上部砖墙的平衡重量。

（4）管道支架构造及安装方式和位置必须满足管道的承重、伸缩和固定性能，确保管道及管道附件维修方便。

（5）任何支架不得与被支撑管道直接焊接，以免无法拆卸和检修。

（6）有配套支架的管道，应尽量使用厂家的配套支架。

（7）支架的材料规格和材质、安装方式等应符合设计要求和国家标准规定。

（8）有坡度的管道的管架安装位置和高度必须符合管道的坡度要求。

（9）大直径管道上的阀门（DN80 及以上）和沟槽连接件等处应设专用支架或采取有效的加固措施，不得用管道承受阀体和连接件的重量。

（10）设备配管的支架不能遗漏，不得使柔性接头（例如沟槽连接件）和管道接口承担管道和设备的重量，也不能靠设备来承担其配管的重量。

（11）建筑暖卫工程冷、热水支管管径小于 DN25、管径中心距墙不超过 60mm 时可采用单管卡做托架，支架间距根据管材类别依照国家施工验收规范规定间距要求确定，支架在拐弯及易受外力变形部位需加设管卡。单、双管卡规格应符合管道不变形、不脱落，满足承重及管道固定牢靠的原则。

（12）管架埋设应平整牢固，吊杆顺直，必须能保证不同类型管道支架的作用。

（13）固定支架和管道接触应紧密，固定应牢靠。

（14）滑动支架应灵活，滑托与滑槽两侧应留有 3～5mm 的间隙，纵向移动量应符合设计要求。滑托长度应满足热变形量，以免造成支架破坏。

（15）无热伸长管道的吊架，吊杆应垂直安装，有热伸长的管道支架，吊杆应向热膨胀的反方向偏移 1/2 伸长量，保温管道的高支座在横梁滑托上安装时，应向热膨胀的反方向偏斜 1/2 伸长量。

（16）塑料管及复合管道采用金属支座的管道支架时，应在管道和支架之间加衬非金属垫或管套。

1.8.2　技术指标

《管道支吊架 第 1 部分：技术规范》GB/T 17116.1—2018

《通风与空调工程施工质量验收规范 》GB 50243—2016

《装配化建筑评价标准》GB/T 51129—2017

1.8.3　适用范围

适用于大型体育场馆制冷机房施工。

1.8.4　应用工程

西安奥体中心项目。

1.8.5　应用照片

西安奥体中心项目机房落地支架施工应用效果如图 1.8-2 所示。

图 1.8-2　西安奥体中心项目机房落地支架施工应用效果

1.9　弧形机电综合管线精度控制施工技术

1.9.1　技术内容

对于大型场馆类弧形建筑，传统的直线或者折线形机电综合管线不仅影响了管线的观感和机电系统的通畅，还无法充分利用建筑空间。采用这种传统的管线形式，不可避免地增加了大量管道连接件及支吊架，从而增加了经济成本并提高了漏水风险。

鉴于上述问题，项目提出了弧形机电综合管线精度控制施工技术，通过实际测量建筑结构，确定不同区域的不同弧度，然后根据这些实际弧度来确定机电综合管线的弧度。利用 BIM 建模排布综合管线，利用项目自主研发设备对水管进行煨弯，并利用自主研发加工的桥架连接槽及梯形截面风管的弧度堆积实现精确弧度机电综合管线制作安装，最终形成与建筑结构相呼应的弧形机电综合管线，实现机电管线整体节省材料、紧凑美观且畅通的效果。

1. 技术特点

利用自主研发的 CNC 数控液压弯管机设备，实现水管道任意弧度的精确制作和安装。通过特殊加工的桥架连接槽，使弧形桥架制作安装与水管弧度保持一致；通过将截面为梯形的风管进行弧度堆积，实现与综合管线匹配的弧形风管。

2. 施工工艺流程

弧形管道施工工艺流程如图 1.9-1 所示。

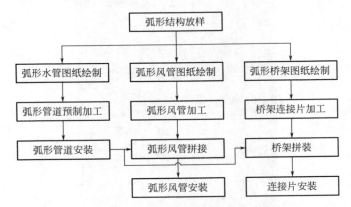

图 1.9-1　弧形管道施工工艺流程图

弧形结构放样中要通过各专业图纸深化设计，进行管线综合布置，确定弧形弯管管长及对应的弯曲半径，结合管道材料、建筑形态等数据对管道进行分节、编号，确定每一节管道长度、弧度、连接方式等，利用 BIM 建模排布综合管线，利用技术研发设备对水管进行煨弯，并利用自主研发加工的桥架连接槽及梯形风管的加工实现精确弧度机电综合管线制作安装。

管道的连接工艺有螺纹连接、压槽连接、卡压连接及焊接等，弧形管道在顶弯之前应将丝口、压槽及焊接坡口加工好，丝口应用丝口帽加以保护，弯管加工时对接焊口应在距顶弯点大于等于管径的位置，焊接管的焊缝应避开受控（压）区，从而确保其精度。

3. 操作要点

以弧形水管制作安装为例。

1）施工前置条件

（1）弧形管道施工前土建砌体完成，弧形结构效果呈现。

（2）工作面建筑垃圾清理完毕，临水临电到位，楼层无渗水漏水。

（3）封闭作业区域邻边洞口，排除高处坠物等安全风险。

（4）施工机具诸如移动脚手架、切割机、自动放线机器人等准备就绪。

（5）复核排布完成后的 Revit 综合模型，可确保管道精致美观、无碰撞，满足净高、便于施工的要求。

2）弧形结构放样

根据土建二次砌体施工图纸复核土建二次砌体砌筑弧度（图 1.9-2）。如与施工图纸一致，则可进行机电管线放线。当出现微小偏差时，应在图纸上进行偏差标注，并对图纸进行修正。当出现较大错误时，应通知土建单位整改。

3）弧形管道精准放线

根据修正图纸及机电图纸对弧形管道进行精准放线。弧形管道放线数量及功能按照机电图纸确定，弧形等参数按照弧形墙体确定，保证管线与墙体弧形的一致性。

采用自动放线机器人校核弧形管线放线与弧形结构弧度是否一致。一致以后对弧形管线放线进行参数收集，绘制管线精确弧线图。

图 1.9-2　复核弧形墙体图

4）弧形管线图纸绘制

梳理整个楼层弧形管线，绘制楼层弧形管线平面图（图 1.9-3），平面图需明确弧形管线位置及管段编号，方便分节。

图 1.9-3　弧形管线平面图

5）弧形管道分节图纸绘制

根据弧形管线平面图，绘制弧形管道分节图。分节图需明确弧形半径、弧长。根据管道类型，确定管道每节长度，对管道进行分节。分节从一端进行，末端短管作为补差用。

6）弧形水管加工

采用 CNC 数控液压弯管机进行煨弯（图 1.9-4），煨弯过程中需调整好弯管的速度，防止管道变形，需配合高精度比例尺进行弧度调整。

煨弯完毕后进行测量，保证管道弧度一致，若弧度不一致需采用小型电动液压弯管机进行补差（图 1.9-5）。

图 1.9-4　CNC 数控液压弯管机

图 1.9-5　小型电动液压弯管机

7）弧形水管安装

弧形管道加工完毕后将弧形管分节编号张贴到对应管段上，方便查询使用。根据编号逐一安装弧形管道，安装一段后采用自动放线机器人进行测量，控制其安装精度。对于弧形管道两端的管道，根据现场实测实量结果在最后进行加工，以保证补差准确率。

8）弧度检验

管道安装完成后，进行弧度检查，校核各顶弯点是否满足尺寸要求，如不满足，继续进行调整。

9）弧形风管制作安装

弧形结构放样与水管一致，弧形风管放样时还需考虑已经完成的弧形管道，放线弧线需三者匹配。弧形风管采用截面梯形进行弧度堆积，对弧度大的局部采用小半径弯头过渡，保障风管美观、精确的同时又能满足大批量预制的要求。

具体步骤：

（1）弧形风管图纸绘制。

（2）根据弧形管线，将风管分节，每节风管尺寸尽量按照标准尺寸确定，以方便预制加工。角钢法兰、共板法兰的长度根据归档及其设计说明确定，严格符合制作安装要求。

（3）弧形风管加工：采用五线制及等离子法对风管进行加工，风管加工时需考虑折边尺寸，展开面积时需考虑到位。

（4）弧形风管拼装：根据图纸对风管进行拼装，拼装每一节都需要测量其尺寸是否与图纸一致，若存在偏差形成偏差记录表，保障偏差在可控范围内，若偏差过大，最后一节风管需待安装后重新测量后补差，用此方法确定风管制作弧度精度。

（5）弧形风管安装：按照放线进行安装，安装过程中采用自动放线机器人进行监控，及时调差。风管安装过程中还需保证与水管的安装距离成规律，保证弧度一致、美观。对弧形无法调整位置时，先空出，最后制作小半径弯头补差，以确保安装精度。

10）弧形桥架制作安装

由于体育馆为弧形，桥架多为弧形走向，常规桥架接缝不一，按传统做法施工质量与弧形精度无法保证。结合场馆现场结构特点，设计弧形电缆桥架（图1.9-6 和图 1.9-7）。具体步骤：

（1）测量建筑物转弯处弧度，计算出需要的电缆桥架单元数量，确定转角的位置。

（2）对电缆桥架连接槽进行加工。加工方法为在直接片的卡板中部冲压出托板槽，在直接片的托板槽中部切出切口，沿着中线进行内弯折冲压，制成转角外侧连接片；然后在直接片的卡板中部冲压出托板槽，在直接片的托板槽中部切出切缝，然后沿着中线进行外弯折冲压，并将螺栓孔冲压扩大成为长螺栓孔，最后制成转角内侧连接片。

（3）在相邻的电缆桥架单元接头处的三角形空间处设置底部托板，将转角外侧接片、转角内侧接片分别卡接在转角处的外侧和内侧。

（4）在转角处里侧安装内衬板，并在转角外侧接片和转角内侧接片处设置螺栓垫片。

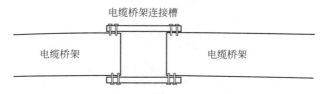

图 1.9-6　弧形电缆桥架连接示意图

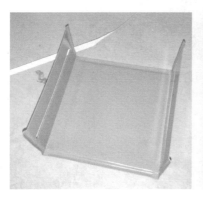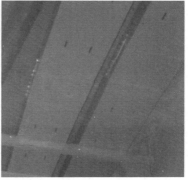

图 1.9-7　弧形电缆桥架连接槽示意图

（5）用螺栓将连接片、内衬板、电缆桥架单元、螺栓垫片连接起来。

（6）将一定数量的电缆桥架连接起来形成与其他几点管线相同弧形的电缆桥架。

（7）安装过程中考虑与其他管线的安装距离成规律，保障测量精度和美观。

1.9.2 技术指标

《工业金属管道工程施工质量验收规范》GB 50184—2011

《通风与空调工程施工质量验收规范》GB 50243—2016

《建筑给水排水及采暖工程施工质量验收规范》GB 50242—2002

《建筑电气工程施工质量验收规范》GB 50303—2015

1.9.3 适用范围

适用于场馆结构特殊，水管、桥架、风管多为小曲率弧形的工程。

1.9.4 应用工程

西安奥体中心项目。

1.9.5 应用照片

西安奥体中心项目弧形电缆桥架应用效果如图 1.9-8 所示。

图 1.9-8 西安奥体中心项目弧形电缆桥架应用效果

第2章 电气工程

2.1 大空间网架结构灯具预制安装技术

2.1.1 技术内容

体育场馆建筑形式多为大跨度和高挑空。对于电气施工而言，配管与灯具安装皆存在大量的高空作业，会对施工质量造成很大的影响，对安全保障也提出了更高的要求。体育场馆技术要求高，很多在传统结构建筑中惯有的施工方法在这里都无法开展，尤其是设备、管线的固定和敷设方式有着很大的不同，这就要求施工人员和技术人员要积极探索新的安装方式。采用现代化三维建模支架预制安装技术能解决现场焊接支架出现的支架安装尺寸偏差、受力不均匀等问题，加快了灯具安装效率，降低了高空作业的安全风险。这种新技术大大提升了一次性安装成功率，保障了安装效果，同时也节约了人工。

1. 技术特点

大空间网架结构灯具预制安装技术，分为灯具选型、支架制作、灯具安装等几方面。赛事照明灯具全部安装在场芯环形马道及竖向马道两侧桁架上，为避免焊接产生的热能损坏桁架造成变形，灯具应采用抱箍的形式固定在桁架上，抱箍采用特别定制抱箍，通过灯具选型、支架制作、灯具安装等步骤，确保了灯具安装和调试一次成功率。

1）灯具选型

体育场馆的弧形钢结构网架通过连接弦杆、腹杆和焊接球形成多层网状结构，焊接球作为节点起到连接和支撑作用。根据建筑物的具体跨度及荷载，会有数量不同的网架层，部分网架设有检修用的马道。根据赛事要求和网架形式，合理选择照明灯具。照度：减小人工照明颜色与自然日光色的差别，要求为 4000～6500K。如为大型场馆，有电视转播需求，设计首选 5700K。显色指数：为使运动员和观众建立一个愉快又舒适的环境气氛，要求 $Ra \geqslant 80$。如为大型场馆及赛事，有高清电视转播需求，降低摄像机滤色片纠正误差，首选 $Ra \geqslant 90$。水平照度：要求运动场地表面亮度值要使眼睛舒适。

2）支架制作

灯具在网架中安装，必须设计专用支架才能将灯具固定在网架上。根据网架焊接球和杆件力学特点，网架结构外的较大集中荷载由焊接球来承担。赛事照明的支架及吊件应该通过承力连接件和焊接球间接连接。构成弧形网架的基本单元有三角锥、三棱体、正方体、截头四角锥等，由这些基本单元可组合成三边形、四边形、六边形、圆形等形状的网格平面，在该网格平面上进行灯具的布设，需按照灯具设计标高在网架结构内确定灯具的位置，然后采用三维模型设计形式设计专用支架。

3）灯具安装

根据已完成的三维模型设计的专用支架安装灯具。

2. 施工工艺流程

大空间网架结构灯具预制安装施工工艺流程如图 2.1-1 所示。

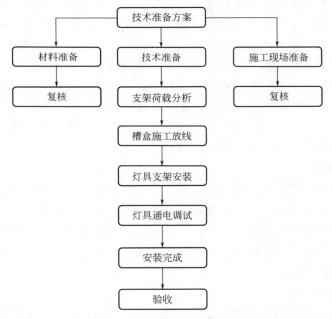

图 2.1-1　大空间网架结构灯具预制安装施工工艺流程图

3. 操作要点

1）灯具选型实施操作要点

安装位置的初步确定就是确定灯具及灯具管线在网架结构内的安装层。赛事照明灯具一般安设在网架本体或维修马道结构上，维修马道上的 LED 投光灯安装定位比较简单，只需沿马道按图纸确定即可，而网架结构中的调光灯具安装位置的确定则要综合考虑各专业的设备及管线，结合网架的结构统一分层定位。综上所述，灯具选型为定制型的新型 LED 投光灯。新型 LED 投光灯通过内置微芯片的控制，在小型工程应用场合中，可无控制器使用，能实现渐变、跳变、色彩闪烁、随机闪烁、渐变交替等动态效果，也可以通过数据调光协议 DMX512 的控制，实现追逐、扫描等效果。目前，新型 LED 投光灯主要应用于大型体育场馆和展览馆等高大空间场所，其在这些场所中能够提供均匀、舒适的照明效果，为观众和运动员创造良好的视觉体验，并满足高清电视转播的照明要求。

2）支架制作操作要点

为保证结构的整体安全，根据网架及球体结构，采用现代化三维建模，对灯具的支架进行设计。支架采用等边角钢 40mm×4mm，材质为 Q235B，通过抗拉强度计算，完全满足受力要求，马道 T2 投光灯支架如图 2.1-2 所示。

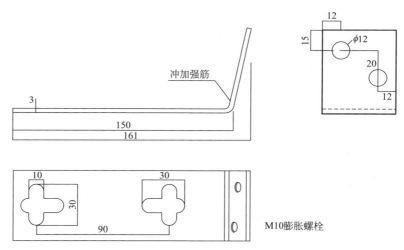

图 2.1-2　马道 T2 投光灯支架图（单位：mm）

3）确定安装高度及安装灯具支架

网架完成拼装后，对处于连续相邻的且安装标高相同的灯具，用拉通长钢丝的方法来确定安装的高度。将灯具支架用专用抱箍安装在专用连接件上。

4）灯具安装操作要点

（1）按照支架加工图，由厂家预制喷涂处理成与桁架同色。

（2）对桁架点位进行复测，并对点位进行标记。

（3）将预制抱箍与灯架采用 M10 螺栓进行固定。

（4）将灯架与灯座采用 M10 及 M12 螺栓进行固定。

（5）将灯座与灯具出厂支架采用 M10 螺栓固定。

（6）调整灯具倾斜角度以达到技术要求。

（7）接线采用接线端子，线缆接头采用烫锡进行处理。

　　LED 灯具安装详图如图 2.1-3 所示。

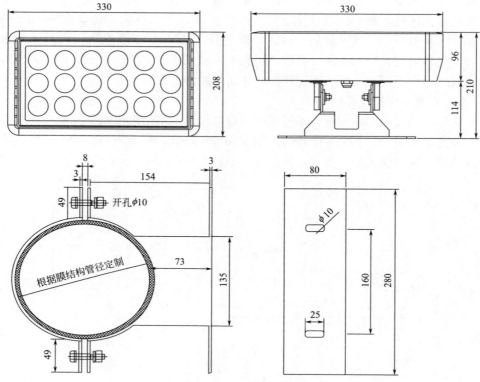

图 2.1-3　LED 灯具安装详图（单位：mm）

2.1.2　技术指标

《建筑电气工程施工质量验收规范》GB 50303—2015
《体育建筑电气设计规范》JGJ 354—2014
《建筑照明设计标准》GB 50034—2013
《体育场馆照明设计及检测标准》JGJ 153—2016

2.1.3　适用范围

适用于大型网架结构体育场馆赛事及泛光照明灯具的安装。

2.1.4　应用工程

2021 年 FIFA 世俱杯上海体育场应急改造项目；崇明上海自行车馆新建项目。

2.1.5　应用照片

2021 年 FIFA 世俱杯上海体育场应急改造项目 LED 灯具现场安装应用如图 2.1-4 所示。

图 2.1-4　2021 年 FIFA 世俱杯上海体育场应急改造项目 LED 灯具现场安装应用

2.2　电缆穿墙洞口密封模块施工技术

2.2.1　技术内容

电缆穿墙洞口密封模块施工技术采用机械密封的方法，其中包括可调芯层的密封模块与框架和压紧装置，通过这一组件的结合实现对电缆通道的有效密封，形成防侵入扩散的电缆和管道穿隔密封系统，取代了传统的防火包、防火堵料等封堵方式。电缆密封模块具有设计安装简单快捷、密封效果更好、后续维护改造成本极低、外形美观等优点。

1. 技术特点

本技术采用模块化密封技术，电缆密封系统由特制模块和钢质框架组成，通过机械压紧方法实现电缆穿墙密封，有以下特点：

（1）具有高温安全性以及无毒无烟性。

（2）框架内采用机械施压密封，密封效果优良稳定，使用寿命长达 25～30 年。

（3）采用多径技术，通过剥去模块芯层，调整密封内径，以适配不同规格的电缆，提升模块的适应性。

（4）采用标准化模块和框架，可根据现场情况进行灵活组合，并能为未来扩容留下空间。

2. 施工工艺流程

方形框架密封系统安装工艺流程如图 2.2-1 所示，圆形框架密封系统安装工艺流程如图 2.2-2 所示。

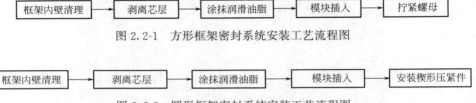

图 2.2-1　方形框架密封系统安装工艺流程图

框架内壁清理 → 剥离芯层 → 涂抹润滑油脂 → 模块插入 → 安装楔形压紧件

图 2.2-2　圆形框架密封系统安装工艺流程图

3. 操作要点

密封模块采用无卤弹性橡胶体材料制成，硬度为肖氏（80±5）HA，普遍适用于密封要求高的部位，实现阻火、阻烟、防尘、防水等功能。

1）密封系统的形式

密封系统主要有方形框架及圆形密封件两种密封形式。

方形框架带有一个法兰边，一般用作单孔框架，可以浇筑、焊接或用螺栓固定到结构上，也可用作由多个框架在宽度和高度方向排列构成的组合式框架。

如需在已敷设电缆的位置安装方形框架，可以使用螺栓固定型框架，框架边可以打开，将电缆套在中间。方形框架密封系统如图 2.2-3 所示。

圆形密封件由带有供安装多径模块的方形开孔的橡胶胶体组成，可以安装在中心钻孔内，可以浇筑或用螺栓固定到墙内的套管中，密封多根电缆，施工现场用刀切开，可以用于对现有电缆或管道的改造安装。圆形密封件系统如图 2.2-4 所示。

图 2.2-3　方形框架密封系统

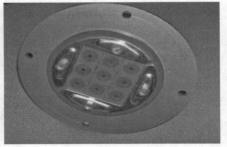

图 2.2-4　圆形密封件系统

2）方形框架密封系统安装

框架内壁应进行清理，确保无污垢或灰尘，然后使用适配的润滑油脂润滑框架内壁，以减少模块安装时的摩擦力，使模块能够顺利且紧密地插入框架内。

通过剥离芯层调整用于容纳电缆或管道的模块。合理控制剥离层数，置入电缆后，模块接触的两部分之间保留 0.1～1.0mm 的间隙。

框架内表面及每一个模块和侧面都涂上润滑油脂，以手指接触时有丝滑感觉为宜，防止摩擦力过大使模块难以推入框架内，或在拧紧过程中模块滑出。

根据模块的排布图纸将模块插入框架内，每一行模块顶部装入一块隔层板，并在上部区域留出备用模块。

模块安装完毕后，在方框最顶层安装楔形压紧件，通过紧固螺栓将模块压紧，使用力矩扳手检测，以弯矩为 20N·m 为宜。楔形压紧件如图 2.2-5 所示。

3）圆形密封系统安装

对于圆形孔洞或套管，应使用圆形密封系统，安装要点如下：

将孔洞或套管内清理干净，在框架外部涂上润滑油脂后，插入孔洞或套管中。如果电缆为预先布线，可以打开圆形框架进行安装。圆形密封件如图 2.2-6 所示。

图 2.2-5　楔形压紧件

图 2.2-6　圆形密封件

在圆形密封件内按方形框架密封系统的方法安装模块，填满后，通过交叉拧紧螺母，使框架受到压缩，同时检查每个模块的安装情况，确保密封效果符合要求。

采用电缆穿墙洞口密封模块施工技术，洞口密封的气密性、水密性等均具有良好的效果，是在传统密封方式的基础上进行的改进，通过任意搭配，以适应安装过程中的各种变化，从而降低因变化而产生的资源浪费，可以用于地下室、电缆沟等较为恶劣场所下的电缆穿墙封堵，达到阻火、阻烟、防尘、防水等防护和阻隔的要求，有着广泛的推广应用前景。

2.2.2　技术指标

《建筑电气工程施工质量验收规范》GB 50303—2015

《民用建筑电气设计与施工》D800-1～3

2.2.3 适用范围

适用于大型场馆机电安装及施工。

2.2.4 应用工程

巴哈马大型度假村项目；宜家购物中心上海临空项目。

2.2.5 应用照片

巴哈马大型度假村项目现场密封模块应用如图2.2-7所示。

图2.2-7　巴哈马大型度假村项目现场密封模块应用

2.3　高压电力电缆除潮施工技术

2.3.1 技术内容

高压电力电缆由保护层、绝缘层、线芯等构成，在施工过程中受潮后，潮气或水一旦从电缆端部或电缆保护层进入电缆绝缘层后，将从绝缘外铜丝屏蔽的间隙或从导体的间隙纵向渗透，受潮后的电缆在高压电场作用下会产生"水树枝"现象，使电缆绝缘性能下降，最终导致电缆绝缘击穿，给供电系统埋下事故隐患。因此，受潮后的电缆必须进行除潮处理。

本技术采用真空装置和氮气置换组合技术，即将受潮电缆未进水的一端接瓶装氮气，另一端辅以小功率真空泵抽真空，高纯有压氮气在压力作用下通过电缆排气过程中带走电缆内部的水分，达到除潮的目的。本技术简易实用、操作方便、除潮速度快，方法柔和，同时不致电缆二次受伤，并最大限度地控制电缆"水树枝"的产生，以消除供电系统运行隐患。

1. 技术特点

（1）采用的机具及材料都容易制作和购买，能极大减少工期和成本损失，例如干湿两用型真空泵、热缩型电缆套管、聚氯乙烯管（Polyvinyl Chloride，简称PVC）、瓶装氮气、氮气减压阀组、耐压气管等。

（2）在电缆除潮时，一端充干燥氮气，另一端辅以小功率真空泵抽真空，功效高且不易对电缆造成二次伤害。

（3）各部件之间的连接方式采用热缩或丝扣连接，通过控制减压阀组调节输出氮气的压力，操作简便易行，对电缆不会造成损伤。

（4）使用瓶装氮气，充分发挥其带压、惰性、无水、无尘、易得、低廉的特性。氮气纯度可达 99.999%，避免水气、灰尘等杂质对电缆的二次污染，对比使用干燥压缩空气，其特性更为可靠。氮气通过电缆内部后吸收电缆内部水气并从另一端排入大气，高效安全，无污染。

2. 施工工艺流程

高压电力电缆除潮施工工艺流程如图 2.3-1 所示。

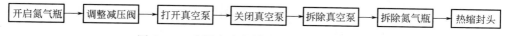

开启氮气瓶 → 调整减压阀 → 打开真空泵 → 关闭真空泵 → 拆除真空泵 → 拆除氮气瓶 → 热缩封头

图 2.3-1 高压电力电缆除潮施工工艺流程图

3. 操作要点

1）系统构成

系统主要由真空泵、瓶装氮气、真空气管、连接件等组成（图 2.3-2）。

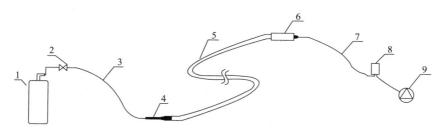

图 2.3-2 电缆氮气除潮系统图

1—瓶装氮气；2—减压阀；3—氮气气管；4—连接件2；5—电缆；

6—连接件1；7—真空气管；8—湿度检测装置；9—真空泵

瓶装氮气：选用高纯度瓶装氮气，氮气纯度≥99.999%，在一定压力或温度下，氮气呈液态充瓶，通过减压阀减压后又恢复气态。

减压阀：选用 YQD-09 氮气减压阀，专用于氮气瓶上的减压阀。

氮气气管：瓶装氮气用橡胶管 $\phi 6mm \times 12mm$。

连接件 2：热缩管。

电缆：受潮待处理电缆。

连接件 1：带气嘴的连接件，用于真空气管与电缆的连接，采用硬塑料水管制作，其内径大小恰好能套入电缆，选择的气嘴大小应与真空用橡胶管配套。

真空气管：真空用橡胶管 $\phi 6mm \times 12mm$。

湿度检测装置：测量范围：$0 \sim 100\%$，精度：$0.1\% \sim 1\%$。

真空泵：随真空泵配套真空表和过滤器。

2）系统连接

系统连接需要解决真空系统、氮气系统与电缆连接的问题，由于电缆与气管连接时直径与内压不同，且无合适的成品件可用，需采取以下措施，以实现系统的有效连接。

（1）真空系统与电缆的连接

为确保真空系统与电缆的连接件（连接件 1）在抽真空时不被抽瘪或变形，所用部件选用刚性材料。该连接件设计为气嘴、管帽、管套三部分，气嘴为成品铜接件，管帽、管套选用硬塑料水管制作（图 2.3-3）。管套内径应略大于待除潮电缆外径，长约 25cm。

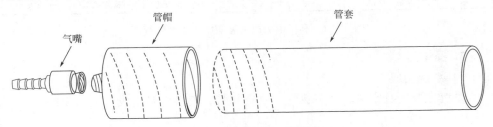

图 2.3-3　连接件 1 示意图

管帽与管套采用胶水粘接；气嘴与管帽连接采用丝接（管帽上事先攻丝），丝接时缠绕生料带密封，以保证丝接处严密。

将连接件 1 套在电缆端头，深度约 20cm，为确保连接件 1 与电缆连接的严密性，获得良好的真空效果，在连接件 1 与电缆的缝隙处先用防水胶带缠 $4 \sim 5$ 道，再用电工胶带缠 $2 \sim 3$ 道。

（2）氮气系统与电缆的连接

氮气与电缆连接件（连接件 2），应能承受 1MPa 以上气压，充氮时接头保持密封良好且不漏气。为此采用可用于电缆接头制作，且有加热收缩特性的电缆热缩管，其制作步骤如下：

① 先清洁剥切电缆头，电缆的铜屏蔽层和电缆绝缘层各留出 1cm（图 2.3-4）。

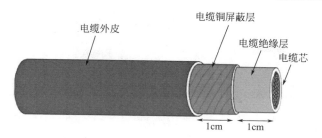

图 2.3-4　电缆头示意图

② 取与电缆匹配的长约 30cm 的电缆热缩管，套在电缆端头上，套入长度为
15～20cm。

③ 将氮气橡胶管插入热缩管，插入前采用胶带将橡胶管的插入部分加粗至
热缩管可接受外径。

④ 使用电热风机，均匀加热热缩管，使热缩管与电缆、氮气橡胶管分别紧
密连接。

⑤ 加热完毕后，在热缩管与氮气管接头处，用防水胶带密封 3～4 道，再用
普通胶带缠 1～2 道，防止因气管管径过小，收缩不紧（图 2.3-5）。

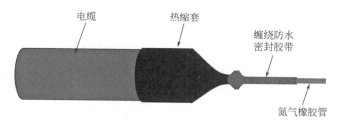

图 2.3-5　充气端电缆头示意图

抽真空装置、抽真空系统运行及系统连接完成后的效果如图 2.3-6～图 2.3-8
所示。

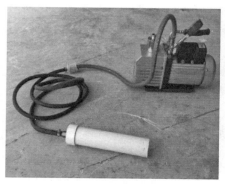

图 2.3-6　抽真空装置

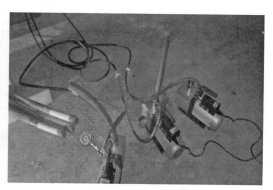

图 2.3-7　抽真空系统运行

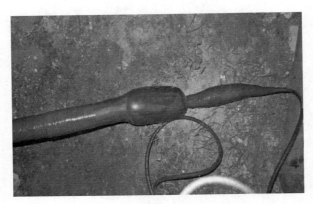

图 2.3-8　氮气与电缆连接

3) 干燥开始

氮气钢瓶应放在阴凉、干燥、远离热源处，放置气瓶地面必须平整。

氮气瓶使用时需确认氮气减压阀处于关闭状态，先打开气瓶阀门，然后缓慢开启减压阀，观察压力表读数及系统是否良好，通常保持气体输出压力0.3MPa。对较长的电缆，可适当调高充氮压力，但不要超过0.6MPa。

在电缆非充气端，观察有无气体流出，可使用无破损的塑料袋套在出气口并扎紧，若有气体流出，塑料袋很快被吹鼓起。若长时间无气体流出，可能是充气端漏气，电缆保护层受损等，需进一步检查漏气点。

当出气口流出氮气后，将真空泵连接到电缆端头上，并开启真空泵。开启前应检查油位，保证油位不低于油位线，低于油位线应及时加油，开启时应检查管路的密封是否可靠，保证无渗漏现象。

4) 干燥过程中

经常检查真空泵的运行情况，低于油位线时应及时加油，并在真空泵停止且冷却后进行加油。

注意观察氮气压力表的读数，当压力低于1MPa时应及时更换气瓶；更换气瓶时要轻拿轻放，只有当气瓶竖直放稳方可松手。更换气瓶时宜关闭真空泵，避免吸入有潮气的空气。

经常检查阀门及管路严密情况，确保无漏气现象。

每隔2h记录环境相对湿度、出气口相对湿度读数。

5) 干燥完成

根据现场施工实践，在出气端相对湿度达到1%时，可以认为电缆干燥完成。

首先要关闭真空泵并拆除真空泵，切记不要先拆除氮气瓶，避免真空泵将外界水气吸入电缆。在拆除真空泵后再持续充氮5min后拆除氮气瓶。电缆端口在拆除真空泵及氮气瓶等相关装置后，应立即用热缩帽进行密封处理，防止电缆二次污染，如图 2.3-9 所示。

图 2.3-9　除潮后封闭电缆端头

6）电缆检测

电缆干燥处理完成后，需要对电缆进行绝缘检测、耐压试验及介质损耗角试验，检测后满足《电线电缆电性能试验方法 第 14 部分：直流电压试验》GB/T 3048.14—2007、《电线电缆电性能试验方法 第 11 部分：介质损耗角正切试验》GB/T 3048.11—2007 的要求。

2.3.2　技术指标

《建筑电气工程施工质量验收规范》GB 50303—2015

《电气装置安装工程 电气设备交接试验标准》GB 50150—2016

《电线电缆电性能试验方法 第 14 部分：直流电压试验》GB/T 3048.14—2007

《电线电缆电性能试验方法 第 11 部分：介质损耗角正切试验》GB/T 3048.11—2007

《民用建筑电气设计与施工》D800-1～3

2.3.3　适用范围

适用于大型场馆机电安装及施工。

2.3.4　应用工程

巴哈马大型度假村项目；宜家购物中心上海临空项目。

2.3.5 应用照片

宜家购物中心上海临空项目现场电缆抽真空应用如图 2.3-10 所示。

图 2.3-10　宜家购物中心上海临空项目现场电缆抽真空应用

2.4　大跨度钢结构网架内电缆敷设技术

2.4.1　技术内容

电缆在敷设过程中，通常可采用人力拉引或机械牵引。然而在大跨度钢结构网架内，桥架与马道平行敷设，马道上的施工人员与桥架之间被马道护栏分隔。受限于高空作业操作空间，采用常规机械牵引方式布放电缆并不适用，而采用人力拉引，受力又难以均匀分布，在增加施工难度的同时消耗了更多的时间。

采用钢丝绳牵引代替传统的电缆敷设方式，将电缆敷设工艺流程的施工场所由高大空间上方的网架内移至开阔的混凝土上人屋面，并通过在电缆上附着随行钢丝绳，将电缆敷设转化为钢丝绳的敷设，从而实现大跨度网架中桥架内的电缆敷设。

1. 技术特点

本技术将部分电缆敷设工艺流程的施工场所由高大空间上方的网架内移至开阔的混凝土上人屋面，避免了大量人力集中于高空马道，并采用随行钢丝绳牵引电缆的方式，一定程度上改善了工人的施工环境，降低了施工过程中的安全风险。

本技术工艺简单，安装速度快，降低了电缆敷设过程中的复杂程度，有效控制了特殊环境下小工程量施工的机具成本。

2. 施工工艺流程

大跨度钢结构网架内电缆敷设施工工艺流程如图 2.4-1 所示。

图 2.4-1 大跨度钢结构网架内电缆敷设施工工艺流程图

3. 操作要点

1）大跨度网架内桥架安装

钢结构网架及马道施工完成后，进行网架内桥架的安装，其平面布置示意如图 2.4-2 所示。桥架敷设前提前安装相应的桥架支架，支架固定于马道底板下的方管上，为保证桥架布放的操作空间和高空网架整体受力安全，严禁桥架支架与检修马道或网架以任何形式固定（图 2.4-3）。支架完成后将各桥架分段安装于支吊架之上，并通过连接件连接完成桥架的本体安装。

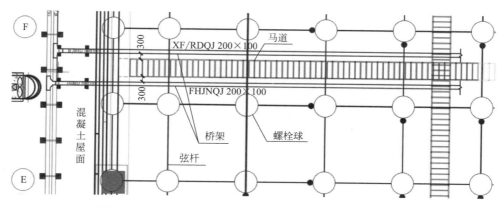

图 2.4-2 大跨度网架内桥架平面布置示意图（单位：mm）

2）电缆敷设前准备

复核检查进入现场的电缆规格、型号、截面、电压等，均应符合设计要求；外观质量应无机械损伤、扭曲、漏油、渗油等缺陷。

电力电缆敷设前检测其绝缘电阻，检查其是否老化、受潮。

电缆测试完毕后，电缆头应用橡皮包布密封后再用黑包布包好。

3）电缆敷设

选择长度为电缆长 2 至 3 倍的

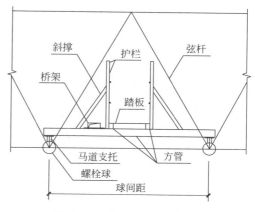

图 2.4-3 马道横剖面示意图

钢丝绳，将牵引用的卷扬机放置于上人混凝土屋面，将滑轮按照一定距离进行布放，钢丝绳从电缆盘开始沿敷设路线通过各个滑轮，最后连接至卷扬机上。

然后将电缆按每 2m 的间距进行均匀绑扎，分段抱卡在钢丝绳上，绑扎时注意将绳子的一端首先在钢丝上绑扎牢固，再将另一端与电缆扎牢，避免牵引时钢丝绳与电缆护套之间相对滑动而损伤外护层。

在电缆转弯处，由于钢丝和电缆的转弯半径不同，故需要设置各自转弯用滑轮组，当电缆敷设进入转弯处时，解开绑扎，转弯完成后再绑紧；同时在敷设转弯处降低牵引速度，避免在电缆上产生附加侧应力，损伤电缆外护层。

4）钢丝绳拆卸

每根电缆敷设完成后，将预先附着在电缆上的钢丝绳拆除。桥架内电缆应排列整齐，不得交叉，拐弯处应以最大截面电缆弯曲半径为准。不同等级电压的电缆应分别在不同桥架内进行敷设。同等电压的电缆沿桥架敷设时，电缆水平净距不得小于 35mm。首层两端、转弯处两侧及每相隔 5～10m 应进行一次固定。

2.4.2　技术指标

《建筑电气工程施工质量验收规范》GB 50303—2015

2.4.3　适用范围

适用于场馆大跨度钢结构网架内电缆敷设安装。

2.4.4　应用工程

铁路义乌站综合交通枢纽项目；连云港民用机场迁建工程航站楼及其附属土建、安装项目。

2.4.5　应用照片

铁路义乌站综合交通枢纽项目钢丝绳牵引敷设应用如图 2.4-4 所示。

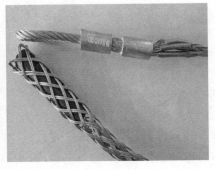

图 2.4-4　铁路义乌站综合交通枢纽项目钢丝绳牵引敷设应用

2.5　管廊电气哈芬槽施工技术

2.5.1　技术内容

本技术的基本原理是通过采用两个紧固组件将哈芬槽主体预设于竖向钢筋上，并将哈芬槽主体焊接固定于竖向钢筋上，再依次将多个承载组件固定安装于多根竖向钢筋上，而后通过模板围设两组预埋组件和多个哈芬槽主体，并浇筑混凝土，待混凝土固化完成后，即可拆下模板，并在多个哈芬槽主体上安装支架组件，以便于人员操作。由于其在浇筑阶段就进行了位置预设，故而大大减少了预埋的工作量。电气哈芬槽各组件详见图 2.5-1。

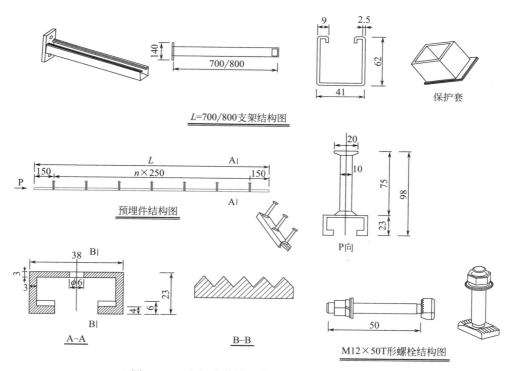

图 2.5-1　电气哈芬槽组件示意图（单位：mm）

1. 技术特点

1）哈芬槽的使用寿命及安装精度

槽道预埋有利于在衬砌表层内形成加强的整体线形结构，为均匀受力，传统的支架安装不管是预埋件或是后置膨胀螺栓，均为单点受力，根据受力分析，预埋槽的稳定性均强于普通支架。在共同沟电力仓及隧道的施工环境下，支架安装位置的精度测量相对困难，预埋槽安装工艺有利于操纵工程施工偏差，同时托臂支架可灵活上下移动，有利于调整综合管廊内支架叠加层数。传统支架施工工艺相比预埋槽可控性较低，且多为一次成型制品，若出现打孔失误，将很难保证设计及施工要求，而为满足支架的使用要求，则需对支架整体进行拆除并重新打孔，然后再重新安装，既影响了整体布局又增加了工作量。

2）哈芬槽支架安装效益高

以往的建筑工程施工中，基本上是先浇筑混凝土，形成共同沟电力仓及隧道两侧混凝土墙壁及顶部后，再剔槽、打洞并安装桥架及线缆。管线、机电支架安装多采用化学植筋或者打膨胀螺栓的方式，但这些方式在设计上相对简单，系统性要求不高，而且具有很大的局限性。化学植筋或膨胀螺栓本身寿命有限，在共同沟电力仓及隧道内容易腐蚀，植入的钢筋或膨胀螺栓与钢筋网接触，容易引起结构钢筋腐蚀，影响结构安全，而且后期更换支架会造成人力、物力的浪费。采用预埋槽技术，则将部分工作量提前到了预留预埋工程中，不仅可以充分利用前期人力物力，而且后期可大幅提升安装速度与精度，由于不破坏结构，后期被腐蚀的可能性大幅度减小，不仅提高了施工效率，还节省了后期维护费用。

3）哈芬槽安装环境改善

管廊处于地下室内，空间较为狭小，采用传统的施工工艺，即桥架支架在现场焊接加工，会产生大量烟气，烟气难以及时排除。使用成品预埋槽加成品托臂形式，不存在焊接工艺，结构完成后，全部采用装配式施工，其技术优势见表2.5-1。

电气哈芬槽技术优势　　　　　　　　　　　表 2.5-1

项目	预埋哈芬槽支架系统	传统工艺
制作过程	厂家材料进场后按照支架详图切割所需长度即可	现场需要进行切割、焊接、钻眼等危险性高的工作，且成型支架质量受焊接工艺与水平的影响大，加工区域也有所限制
安装过程	结构施工阶段已完成部分工序，拼装方便安全，利于综合管线的施工	需在结构上进行打孔、焊接等工序，施工进度受影响大，管线复杂，易因交叉施工而碰撞
二次变更过程	全部由螺栓固定连接，二次拆卸方便，拆除材料可100%重新利用	拆除中可能受现场影响，需要重新切割钻孔，仅能部分二次利用，且利用时效果无法完全还原
受力分析	利于在衬砌表层内形成加强的整体线性结构，受力均匀，更稳定，抗震性能优良	预埋件与后置膨胀螺栓均为单点受力，振动摆动大的情形易损坏

2. 施工工艺流程

电气哈芬槽施工工艺流程如图2.5-2所示。

3. 操作要点

1）哈芬槽检查

开始施工之前，应检查哈芬槽的品种、规格、数量是否与该工程设计要求相符并有合格证书。按工艺要求抽查哈芬槽道的外形尺寸和焊缝质量，焊接应牢固，焊缝应饱满，无裂纹、夹渣、气泡等缺陷。

2）哈芬槽定位

根据剪力墙的分格尺寸，按哈芬槽道点位布置图的位置、品种、数量要求进行埋设。

哈芬槽距墙体的边距应按设计要求确定。

哈芬槽的定位偏差应符合下列要求：标高偏差不大于10.0mm，哈芬槽表面与模板表面的偏差前后不大于1.0mm，左右偏差不大于20.0mm。

检查哈芬槽定位完毕后，哈芬槽位置的检查与结构检查的工作相继展开，依据某一轴线为检查起始点，进行哈芬槽位置与结构的检查，检验员应进行检查并记录。

哈芬槽定位后，把哈芬槽上锚筋与主体结构的钢筋焊接牢固。定位后，哈芬槽表面与模板表面应紧密贴合。

最后，哈芬槽工程应与土建施工协调进行，互相配合做好成品保护工作。

3）哈芬槽固定

固定锚栓与U形槽背面在出厂前应焊接牢固，锚栓之间间距与土建的横向钢筋间距一致，保证每个锚栓可以紧贴钢筋上面放置（图2.5-3）。在调整完哈芬槽的垂直度后，把锚栓焊接在钢筋上。

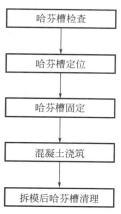

图2.5-2 电气哈芬槽
施工工艺流程图

图2.5-3 哈芬槽预埋固定

4）混凝土浇筑

哈芬槽埋设好以后，在浇筑、振捣混凝土时，要注意保护哈芬槽。在哈芬槽周边的混凝土应延长其振捣时间，哈芬槽周边的混凝土一定要浇捣密实，避免产生漏浆及空鼓现象，而影响哈芬槽的质量。混凝土浇筑、振捣时，注意防止哈芬槽发生位移而与模板分离。

5）拆模后哈芬槽清理

清理粘附在哈芬槽道外表面上的混凝土，露出其表面。

2.5.2 技术指标

《建筑电气工程施工质量验收规范》GB 50303—2015

《混凝土结构工程施工质量验收规范》GB 50204—2015

2.5.3 适用范围

适用于大型场馆和机场项目管廊电气哈芬槽的安装。

2.5.4 应用工程

杭州萧山国际机场三期机电安装项目；杭州奥体中心三馆机电安装项目。

2.5.5 应用照片

杭州萧山国际机场三期机电安装项目哈芬槽组装应用及杭州奥体中心三馆机电安装项目哈芬槽配合土建预留效果如图 2.5-4、图 2.5-5 所示。

图 2.5-4 杭州萧山国际机场三期机电　　　　图 2.5-5 杭州奥体中心三馆机电安装
安装项目哈芬槽组装应用　　　　　　　　项目哈芬槽配合土建预留效果

2.6 地面线槽的电气施工技术

2.6.1 技术内容

地面线槽是一种直接隐蔽于地面楼板的封闭金属线槽，适用于强、弱电线路敷设，广泛用于大空间公共区域地面布线复杂的布线系统施工，如展厅、机场航站楼等区域，该技术通过地面线槽点位图纸确认、地面线槽及其配件的检查、地面线槽定位与固定、地面线槽定位和标高的复核、混凝土浇筑、布线前检查及穿线等方式提高地面线槽的定位精度和施工效率。

1. 技术特点

地面线槽施工环境对于支架安装位置的精度测量相对困难，采取主支架内放置线槽，用固定螺栓将夹板支架和线槽固定在主支架上，调节螺栓将主支架和线槽共同固定在地面上，组装完成后，可利用调节螺栓根据实际需要整体调节插座盒（分线盒）和线槽高度，使得地面线槽排布合理、定位准确，安装过程中有利于地面混凝土均匀受力，使得地面线槽布置合理，保证了施工质量，提高了安装成品的合格率。

2. 施工工艺流程

地面线槽的电气施工工艺流程如图 2.6-1 所示。

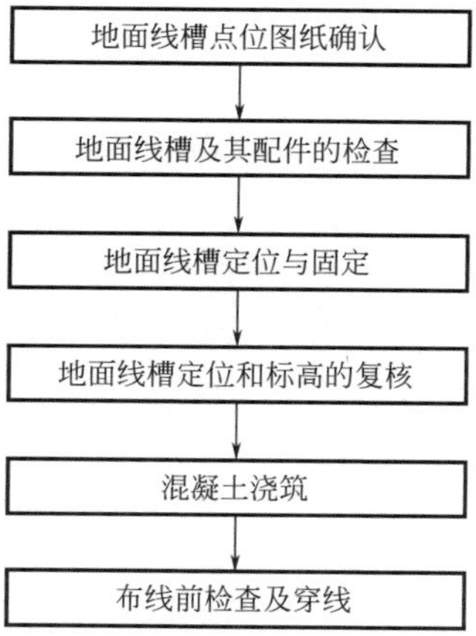

3. 操作要点

1）地面线槽点位图纸确认

机场项目公共区域地面，系统多，终端设备多，为提高工作效率，保证施工的精度和质量，采取精装单位汇总所有点位统一规划布置、统一现场定位的方式，保障现场的一致性。

2）地面线槽及其配件的检查

开始施工之前，应检查地面线槽的型号、规格、数量是否与该工程设计要求相符并具有合格证书。按施工质量验收标准要求抽查地面线槽的外形尺寸和焊缝质量，焊接应牢固，焊缝应饱满，无裂纹、夹渣、气泡等缺陷。按施工图纸需要的地面线槽型号、规格、数量进行配置。

3）地面线槽定位与固定（关键工序、质量控制点）

地面线槽定位应遵循先线盒后槽道、先组合槽后普通槽的顺序。现场定位应

地面线槽点位图纸确认

↓

地面线槽及其配件的检查

↓

地面线槽定位与固定

↓

地面线槽定位和标高的复核

↓

混凝土浇筑

↓

布线前检查及穿线

图 2.6-1 地面线槽的电气
施工工艺流程图

采用设计图纸横纵轴线作为基准，使用带地面垂直交叉线的红光水平仪，在距槽道外边缘 10cm 的地方拉出一条定位辅助线，保证设备安装精度。

按地面线槽分线盒点位布置图的位置、型号、数量要求进行埋设。线槽长度按现场实际要求确定并配置。

地面线槽的定位偏差应符合下列要求：标高偏差不大于 10.0mm，轴线与精装地砖轴线的偏差前后不大于 10.0mm，左右偏差不大于 10.0mm。

地面线槽定位后，确定每一个主支架的精确位置，调节螺栓将主支架固定在地面上，再用固定螺栓将夹板支架和线槽固定在主支架上，调节螺栓将主支架和线槽共同固定在地面上（图 2.6-2）。

图 2.6-2　预埋槽定位与固定

最后，也是很重要的一项，地面线槽工程应配合精装施工同时进行，互相配合做好成品保护工作；地面线槽、地面分线盒等要妥善保管，防止丢失，不能出现夹板丢失、包装损坏等情况。

4）地面线槽定位和标高的复核

在激光定位过程中，地面线槽位置的检查与结构检查的工作相继展开，依据某一轴线为检查起始点，进行地面线槽位置与结构的检查，并记录检测结果（图 2.6-3）。

图 2.6-3　地面线槽标高复核

5）混凝土浇筑

地面线槽周边混凝土浇筑后进行充分捣实，避免产生空鼓现象，且应防止地面线槽发生移位或漆浆渗漏。

6）布线前检查及穿线

混凝土强度及其他作业环境符合安装条件时，及时疏通预埋的地面线槽，并敷设线缆。

2.6.2 技术指标

《民用建筑电气设计标准》GB 51348—2019

《建筑电气工程施工质量验收规范》GB 50303—2015

2.6.3 适用范围

广泛用于大空间公共区域地面布线复杂的布线系统施工，如展厅、机场航站楼等区域的地面线槽铺设施工。

2.6.4 应用工程

杭州萧山国际机场三期机电安装项目；杭州奥体中心三馆机电安装项目。

2.6.5 应用照片

杭州萧山国际机场三期机电安装项目地面线槽预留应用及杭州奥体中心三馆机电安装项目地面线槽检修口应用如图2.6-4、图2.6-5所示。

图2.6-4 杭州萧山国际机场三期机电安装项目地面线槽预留应用

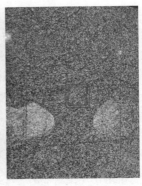

图 2.6-5　杭州奥体中心三馆机电安装项目地面线槽检修口应用

2.7　电缆机械化敷设施工技术

2.7.1　技术内容

大型场馆工程电缆多，沿电缆桥架敷设，电缆布局复杂、敷设路径空间小，施工受限。传统的人力敷设需要耗费大量的人力资源，同时施工周期长，采用机械化敷设可大大提升工作效率，且敷设质量和施工安全性能得到有效保障。

本技术一方面利用了电缆自重力，采用制动装置进行敷设；另一方面利用机械化工机具进行电缆敷设，减轻了施工作业人员的工作负担，提高了敷设效率，实现了项目降本增效。

1. 技术特点

1）垂直电缆敷设

如图 2.7-1 所示，垂直电缆敷设的制动装置主要由支架、三根横担（钢管）组成。

垂直电缆敷设制动装置具有以下特点：

（1）大截面电缆敷设制动装置采用力学平衡原理，通过三根横担（钢管），对电缆向下敷设进行控制，速度快，操作简单。

（2）在高处进行电缆敷设，电缆自上而下垂直敷设，经过制动装置，可以保障施工安全；同时，该装置随时可以完成启动和制动工作，能合理控制电缆敷设进程，确保电缆的敷设质量。

2）小截面电缆敷设

如图 2.7-2 所示，小截面电缆敷设系统主要是在电缆敷设路径上安装多个滑轮组。

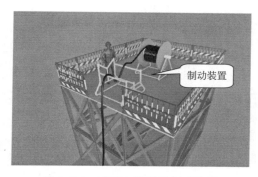
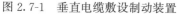
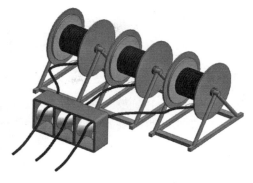

图 2.7-1　垂直电缆敷设制动装置　　　　　图 2.7-2　小截面电缆敷设系统

小截面电缆敷设系统具有以下特点：

（1）小截面电缆敷设系统，通过滑轮组转动，电缆可轻松从盘上滑出，提高施工效率。

（2）通过滑轮组特性，在多根电缆同时敷设时，可以保障电缆敷设无交叉，便于电缆按滑轮组顺序进行整理，提高电缆的敷设质量。

3）大跨距、长距离电缆敷设

如图 2.7-3 所示，大跨距、长距离电缆敷设系统主要由电缆敷设机、滑轮等组成。

图 2.7-3　大跨距、长距离电缆敷设系统

大跨距、长距离电缆敷设装置具有以下特点：

（1）采用机械化设备以动力驱动电缆，敷设效率得到极大提高。电缆在行进过程中保持受控且匀速驱动，控制方便，敷设安全性提高。

（2）施工作业人员操作简单，缩减了劳动力的投入，提高了施工效率，降低了施工成本，且可反复周转使用。

2. 施工工艺流程

（1）垂直电缆敷设主要包括电缆二次搬运至场馆顶端、制动装置等设备安装、电缆通过制动装置、安装活套型网套及保险绳等工序，施工工艺流程如图2.7-4所示。

（2）小截面电缆敷设主要包括施工准备（旋转卧式线缆装置制造安装）、电缆运输及架盘、导向装置安装、电缆穿导向装置等工序，施工工艺流程如图2.7-5所示。

（3）大跨距、长距离电缆敷设主要包括固定电缆敷设机、电缆牵引固定、卷筒安装牵引绳、电缆敷设等工序，施工工艺流程如图2.7-6所示。

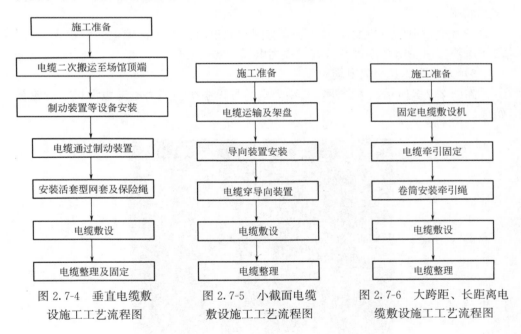

图 2.7-4　垂直电缆敷设施工工艺流程图　　图 2.7-5　小截面电缆敷设施工工艺流程图　　图 2.7-6　大跨距、长距离电缆敷设施工工艺流程图

3. 操作要点

1）垂直电缆敷设操作要点

（1）先使用起重设备将电缆吊至屋顶，负责人须配备对讲机，同时电缆盘至垂直敷设点口应设有缓冲区和下水平段电缆脱盘后的摆放区，做好施工前准备工作。

（2）将电缆垂直敷设制动装置安装在高处施工平台上。

（3）电缆缠绕穿过电缆垂直敷设制动装置。

（4）选用有垂直受力锁紧特性的活套型网套，同时为确保吊装安全可靠，设一根直径保险的副绳。

（5）敷设前必须保证制动装置的安装位置合理、固定可靠。根据电缆自重与摩擦力平衡原理，通过调整制动装置上钢管的位置及钢管之间的间距以增大或者减小摩擦力，保证电缆匀速向下输送，当需要停止输送时，只需操作人员向下轻压制动装置，调整电缆与钢管之间的交叉角度，增大摩擦力，使电缆停止向下输送。电缆向下敷设的速度通过制动装置可进行任意调节控制，同时利用电缆垂直向下的惯性，可轻松进行敷设。针对大截面电缆，同时敷设高差大的，通过增加制动装置可控制电缆在敷设过程中坠落的危险性，保障了施工安全、快捷、有序地进行。

2）小截面电缆敷设操作要点

（1）在电缆路径中安装滑轮组，保证电缆可沿着滑轮组进行敷设。

（2）将多个小截面电缆盘进行架盘。

（3）将多个电缆穿过滑轮组内，进行电缆敷设。

（4）电缆敷设到位后，打开滑轮组，将电缆依照滑轮组内的顺序进行整理，确保电缆不会出现交叉而影响电缆观感质量。

3）大跨距、长距离电缆敷设操作要点

（1）复核电缆桥架安装走向、位置及牢固性，特别是大规格电缆需要的转角尺寸，是否满足电缆的最小弯曲半径的要求。在同一桥架中，应优先施放大规格电缆，由大到小依次进行。

（2）根据现场施工条件，在电缆终点以上选择合适的位置放置电缆敷设机。

（3）将钢丝网套与电缆头牢固绑扎后，再将钢丝网套与卷扬机的牵引绳连接。

（4）直线段电缆敷设时，根据电缆的规格、型号每隔 3～5m 设置一个滚轮。在桥架转弯处，设置滑车，以降低电缆磨损风险，减少电缆行进阻力。

（5）利用对讲机指挥相关人员协调一致、同步作业。绞磨机正式启动前应进行调试试运行，确认无误后方可启动绞磨机进行电缆敷设工作。

2.7.2　技术指标

《建筑电气工程施工质量验收规范》GB 50303—2015

《电气装置安装工程 电缆线路施工及验收标准》GB 50168—2018

《综合布线系统工程验收规范》GB/T 50312—2016

2.7.3　适用范围

适用于各类民用建筑场所电气系统施工。

2.7.4 应用工程

中国光谷科技会展中心项目；襄阳市图书馆建设项目；南京南站证大大拇指项目。

2.7.5 应用照片

中国光谷科技会展中心项目电缆机械化敷设及襄阳市图书馆建设项目电缆机械化敷设应用效果如图 2.7-7、图 2.7-8 所示。

图 2.7-7 中国光谷科技会展中心项目电缆机械化敷设应用效果

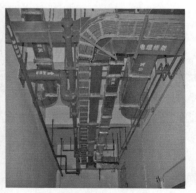

图 2.7-8 襄阳市图书馆建设项目电缆机械化敷设应用效果

第3章 通风与空调工程

3.1 超高大空间桁架内大口径螺旋风管高效建造技术

3.1.1 技术内容

在超高大空间的桁架内安装大口径螺旋保温风管存在风管口径大且重量重、高空运输及安装困难、施工人员高空作业不安全等问题，为解决上述难题，采用桁架整体吊装并结合悬挂式升降平台安装支管和风口的解决方案，既节约了成本又保证了工期。

1. 技术特点

桁架在地面拼装时，首先在桁架内安装风管总管，随后与桁架整体吊装，支管及风口采用悬挂式升降平台在高空进行安装，实现了超高大空间桁架内大口径螺旋风管的安全、高效安装。

2. 工艺原理

（1）桁架拼装完毕后，首先将主风管在地面进行安装，然后与整体桁架一起吊装。

（2）结合 MIDAS GEN 软件对悬挂操作平台后的屋面进行载荷校核，确保屋面承重安全。

（3）运用统筹法，合理分析施工方法、科学安排施工工序、制定最佳施工方案，以提高风管的安装效率，在保证质量的前提下降低了施工成本。

3. 施工工艺流程

桁架内总管安装工艺流程如图 3.1-1 所示。

支管及风口安装工艺流程如图 3.1-2 所示。

4. 操作要点

1）桁架内风管总管安装

桁架在地面拼装时，将风管总管在桁架内安装完毕，随后与桁架整体吊装。对于具有较大曲率的桁架，安装风管时需要考虑桁架曲率的变化。在主桁架两侧搭设脚手架平台，利用汽车起重机将风管从桁架上方吊入主桁架内进行安装，安

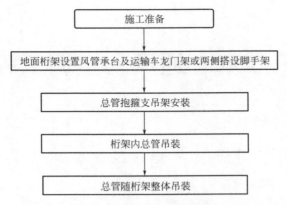

图 3.1-1 桁架内总管安装工艺流程图

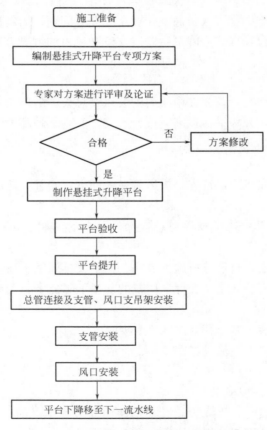

图 3.1-2 支管及风口安装工艺流程图

装流程如图 3.1-3 所示。

(a) 桁架两侧搭设平台安装下层风管支架

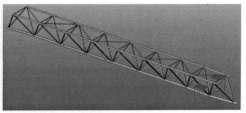

(b) 用汽车起重机将风管从桁架上部吊至安装位置

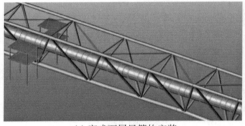

(c) 完成下层风管的安装

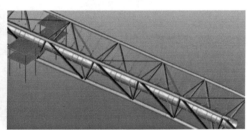

(d) 完成上层排烟风管的支架安装

(e) 将上层风管吊装至安装位置

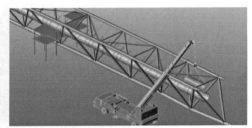

(f) 完成上层风管的安装

图 3.1-3　采用汽车起重机安装桁架内风管流程图

使用汽车起重机进行风管吊装，可根据桁架曲率灵活调整风管安装的水平高度，保持与桁架平行，但是由于风管受桁架上方斜拉梁的影响，限制了单节螺旋风管的长度，增加了风管接口，进而导致风管泄漏点增加，因此须严格把关风管安装质量。

桁架内总管安装完毕后将桁架整体吊装，进行桁架的高空拼接（图 3.1-4）。

2）利用悬挂式升降平台进行高空风管支管及风口安装

为解决高空风管安装对地面其他专业交叉施工的影响，并且通过与满堂脚手架方案在经济性、可行性、施工周期等各方面的综合比较分析，采用了一种悬挂式升降平台作为高空作业平台的方式（图 3.1-5），发明专利号为 ZL201610559305.5。

悬挂式升降平台的主要功能：

（1）单组悬挂平台可上人，主要作为施工人员的操作平台之用。

图 3.1-4　总管随桁架整体吊装

图 3.1-5　悬挂式升降平台

（2）每组悬挂平台可根据施工作业内容自由垂直升降、分块和连成整体。

（3）每组悬挂平台在地面向上提升时，可携带一定数量的支管及部配件至安装高度，解决了高空风管运输的难题。

悬挂式升降平台由主钢梁、型钢、钢板网、焊栓节点、电动葫芦及吊点组成。平台长度、宽度及重量须经校核计算，需根据同时使用的平台数量对屋面桁架结构进行受力分析，组织专家进行论证通过后方可使用，钢平台可根据桁架尺寸定制多个规格及数量。

钢平台在地面组装完成后，使用链条式电动葫芦将其同步提升至风管安装位置，钢平台采用吊带兜挂固定在檩条上，通过钢丝绳与平台吊点连接。悬挂式升降平台提升至风管高度处，完成支管及风口的安装（图 3.1-6）。通过可拆卸式铝合金脚手板（选用定型成品带钩铝合金拆装式脚手板，单块长度为 4m，宽度为 0.6m，高度为 0.12m）将桁架两侧的固定式钢平台连接成一个完整的操作平台进行风管总管的补段、水平支管的安装。由于超高空无法使用常规弹墨线或者激光水平仪方法进行风管定位，可根据图纸中风管与檩条或桁架的相对距离确定风管及风口的位置，完成支吊架的安装，再将升降平台下降至风口安装高度，完成风口安装。

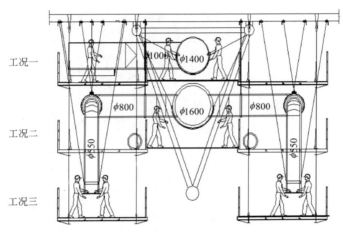

图 3.1-6　支管、风口安装工况图（单位：mm）

3.1.2　技术指标

《通风与空调工程施工质量验收规范》GB 50243—2016
《建筑施工门式钢管脚手架安全技术标准》JGJ/T 128—2019
《直缝电焊钢管》GB/T 13793—2016
《低压流体输送用焊接钢管》GB/T 3091—2015

3.1.3　适用范围

适用于超高大空间建筑桁架内大口径双层螺旋保温风管的施工，特别适用于单层建筑层高超过 20m、屋面结构为大跨度钢桁架结构的工程。

3.1.4　应用工程

国家会展中心（上海）机电安装项目；上海世博会中国馆（国家馆）机电安装项目。

3.1.5 应用照片

国家会展中心（上海）机电安装项目风管吊装至桁架及现场安装应用如图3.1-7、图3.1-8所示。

图3.1-7　国家会展中心（上海）机电安装项目风管吊装至桁架应用

图3.1-8　国家会展中心（上海）机电安装项目风管现场安装应用

3.2　草坪地下通风及辅助排水系统技术

3.2.1 技术内容

本技术为足球场草坪地下通风及辅助排水系统技术，其中本项目球场天然草坪区域面积为115m×78m，整体为龟背形。天然草坪区域外侧设置排水沟，天然草坪场地中心至边线外1.5m处坡度为0.3％，坡向排水沟。其中草坪采用暖季型天然草坪作为专业运动面层。内场排水分为两个排水区域（天然草坪以外区域和天然草坪区域），足球场天然草坪区域以结构层渗透排水（通风系统辅助）

为主、表面排水为辅；足球场天然草坪区域设置草坪下通风排水系统，系统由送排风机、水分离井、通风排水主管、通风排水盲管、温/湿度传感器、控制器等构成。主要技术有草坪吸气模式及吹气模式的转换技术、草坪地下通风及辅助排水系统水气分离技术、草坪地下通风及辅助排水系统安全监控技术等，通过这些技术的运用，避免了足球场草坪受不良天气的影响，确保了草坪自然生长，满足了赛事要求。

1. 技术特点

草坪通风系统可以在草坪湿度过大和温度过高时除湿降温，还可通过通风管道兼顾排水功能。本球场送/排风主管通过北侧管沟引至内场天然草坪区域，接入北侧球门西北侧水分离井，再经北侧新增设管沟引至地下室环廊，与排水管接口衔接，直接排入总体雨水管网，引至水分离井。为达到此功能，主要的技术特点有：

（1）草坪下的通风管道兼顾排水功能，管道的开孔大小和埋深需结合排水考虑，埋设时需控制顺水坡度大于 0.3%。

（2）需考虑抽气和吹风对坪床结构的影响，坪床结构用的排水碎石和草坪生长层的沙粒径要处于合理的桥接状态，排水碎石层覆盖通气管时注意厚度要均一，而且须防止铺设设备受压变形。

（3）通气/排水支管与主管之间的连接需用软胶圈密封可靠，防止水土流失。

2. 工艺原理

1）草坪吸气模式及吹气模式的转换技术

为了实现地下基础层的曝气、除水和气体交换，通风系统可以通过压力迫使空气通过草坪下面的土壤剖面而移动。该系统可以在土壤剖面中产生吸力或压力。这是通过将一个鼓风压力主机和一系列可变控制阻尼器连接到草坪下专门设计的空气和排水管网来实现的，该系统通过压力或真空模式使空气通过土壤剖面向上或向下流动。通风系统的压力鼓风主机、相关机械设备和控制面板位于体育场地下室的一个机房内。该设备通过地下空气管道连接到水分离器和铺设在草坪表面下的管道网络。

通风系统以两种模式运行：吸气模式和吹气模式。根据草坪根际的温度和通风系统的取风口温差来确定吹气/吸气的模式，加强草坪表面空气流通以达到降温和除湿的效果。通过切换的管道可以满足吹气和吸气的双重功能。在遇到强降雨天气时，系统可启动两台备用水泵强排水，避免体育场基础层积水。

为了从土壤剖面中去除多余的水分，通风系统可在吸气模式下运行（图 3.2-1）。为了使土壤通气并实现气体交换及除湿，通风系统可以在吸气或吹气模式下运行。在夏季为了便于根区温度调节的操作，通风系统可在吹气模式下运行（图3.2-2）。

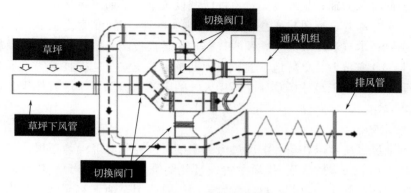

图 3.2-1 吸气模式示意图

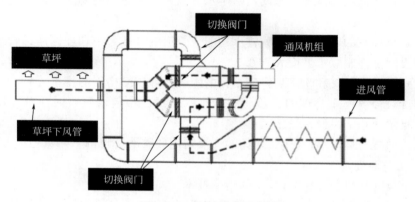

图 3.2-2 吹气模式示意图

2）草坪地下通风及辅助排水系统水气分离技术

因为通风与场地根部排水系统采用同一套管道系统，所以需要设计专门的水气分离井（图 3.2-3），达到实现通风（吹气、吸气）和排水同时进行的功能。

3）草坪地下通风及辅助排水系统安全监控技术

安全监控系统具有安全联动装置，该安全联动装置集成到通风控制系统中，用以保护现场的操作员、维护人员和系统机械部件的安全。

3. 施工工艺流程

草坪地下通风及辅助排水系统施工工艺流程如图 3.2-4 所示。

4. 操作要点

1）草坪吸气模式及吹气模式的转换技术

吸气模式下，通风系统在地下排水管网内施加真空，提高水通过土壤剖面和从草坪表面到地下移动的速度。

吹气模式下，通风系统使空气通过土壤到达地面，通过提高排水管道内的气

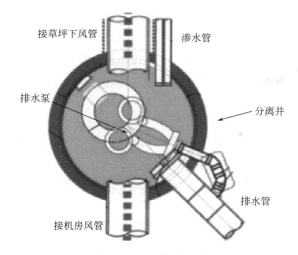

图 3.2-3 水气分离井

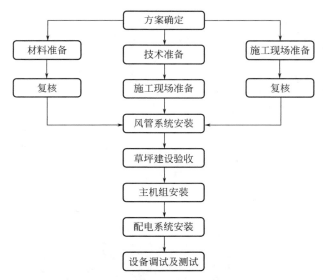

图 3.2-4 草坪地下通风及辅助排水系统施工工艺流程图

压,并轻轻地迫使来自地下管道的空气通过土壤剖面向上流动,并通过草冠向外流动。

根据草坪生长需要的土壤湿度控制抽气量和压力,使土壤湿度始终处于适合草坪生长的范围。

在强降雨时开启抽气模式,加速表面排水,降低降雨对比赛赛事组织的影响。

2)草坪地下通风及辅助排水系统水气分离技术

水气分离井的容积需要有足够的余量容纳排水时的水量,需有沉积空间。水气分离井井壁采用钢筋混凝土结构，预留通气排水管口，管道安装后用防水防漏砂浆灌封。

水气分离井应设置设备检修口，定制的井盖座需配带密封垫。

水气分离井内配备两台水泵，用于强排水，同时配备液位传感器、温度传感器等，与主机控制系统联通，自动控制排水和数据监控。

3）草坪地下通风及辅助排水系统安全监控技术

电源安全隔离开关应位于水分离器入口处，并通过将所有电力传输到设备中，为维护人员提供安全入口。

当压力传感器识别到空气管道中存在高正压时，系统会自动关闭，以防止对运动场草坪表面造成损害。

当温度传感器识别到水分离器中出现超低水温时，系统将自动关闭，以防止由于气温太低而导致水结冰损坏泵阀和马达。

3.2.2 技术指标

《体育建筑设计规范》JGJ 31—2003

《通风与空调工程施工质量验收规范》GB 50243—2016

3.2.3 适用范围

适用于草坪体育场。

3.2.4 应用工程

上海体育场 FIFA 世俱杯应急改造项目。

3.2.5 应用照片

上海体育场 FIFA 世俱杯应急改造项目草坪通风风管现场安装应用如图 3.2-5 所示。

图 3.2-5 上海体育场 FIFA 世俱杯应急改造项目草坪通风风管现场安装应用

3.3　脉冲风机在高大空间防排烟系统中的应用技术

3.3.1　技术内容

　　防火分区之间的分隔是建筑内防止火灾在分区之间蔓延的关键防线，目前，建筑物普遍采用防火墙进行分隔。但在某些情况下因使用功能需求无法采用防火墙分隔时，可以选择防火卷帘、防火分隔水幕、防火玻璃或防火门进行分隔。脉冲风机防排烟技术通过气流阻挡火灾烟气蔓延，无需额外设备，有效发挥了防火隔离带的作用。

　　轴流式脉冲风机是根据高速射流通风理念而设计的最新一代风机。采用单独可控制的脉冲风机，在环境空气质量发生变化或者发生火灾的情况下，控制高大空间火灾烟气蔓延，能形成有效的防火隔离带，创建虚拟排烟区，使大量烟气和热量排出，从而满足了规范对防火隔离带的设置要求。脉冲通风系统优化集成了火灾传感系统、微处理器和脉冲风机技术，包括各种探测和监控设备，以及轴流式脉冲风机、送排风风机、防火阀和消防报警系统等设施，成为一种新型的防火分隔技术。

　　脉冲风机首次在国家会展中心项目中应用于高大空间的防火隔断，经过性能测试，结果显示脉冲风机有效阻隔烟气蔓延，满足消防性能化设计要求，为未来类似建筑的脉冲风机技术应用提供了有益的参考。

　　1. 技术特点

　　作为火灾烟气控制系统的重要组成部分，脉冲风机响应速度快，可实现快速启动并挡烟。脉冲风机的气流组织与 CFD 模拟的边界条件相吻合，当监测到环境中的温度和/或空气组分发生变化时，相关信息被传送到可编程逻辑控制器。针对建筑环境中的位置和状态的任何变化，计算机将按照预先设定的控制程序，激活脉冲通风系统，实现多级响应。

　　脉冲风机能够出色阻挡火灾烟气蔓延，充分发挥防火隔离带的作用；通过现场测试，不管从现场烟气蔓延情况还是后期测试数据处理情况看，都与模拟测试分析结果高度相同，证明了脉冲风机技术创新的实用性以及在高大空间安装脉冲风机的有效性。

　　2. 施工工艺流程

　　鉴于该项技术涉及消防安全，且在国内应用案例较少，应消防主管部门要求，设计方案须经 CFD 模拟工况测试及实景测试，以验证脉冲风机的防烟性能和运行的可靠性。

　　脉冲风机测试及安装工艺流程如图 3.3-1 所示。

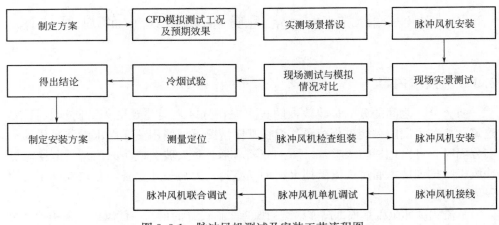

图 3.3-1 脉冲风机测试及安装工艺流程图

3. 操作要点

1）脉冲风机分级响应

当环境中的温度和/或空气组成的变化被检测到，相关信息被传递到中央计算机可编程逻辑控制器（PLC）。根据建筑体内环境中的位置和状态的任何变化，计算机将按照预先编程的功能框图，激活通风系统分级响应。

（1）基本通风（CO≥25ppm）。

（2）低强度污染报警，脉冲风机被激活（CO＞100ppm）。

（3）高强度污染报警，会导致进一步提高风机转速和通风能力（CO≥250ppm）。

（4）排烟通风，根据火源，热和烟气被控制和引导到排气竖井并由强大的抽风机排出。风机也可以根据烟气浓度的大小来设计出不同级别风速的排烟响应。

2）脉冲风机调试

以国家会展综合体项目为例，火灾烟气控制策略中，提出实现"三道防线"理念。假设展厅两个防火隔离带之间的中间区域发生火灾，第一道"防线"主要由设置在该区域的16个排烟口的排烟系统进行排烟，将绝大部分火灾烟气排出展厅；第二道"防线"是在每个防火隔离带设置两个排烟口，如果部分火灾烟气蔓延至防火隔离带区域，则由该区域的排烟系统排出展厅；第三道"防线"是在防火隔离带设置两侧的脉冲风机，每侧各5台，共计10台，如果火灾烟气向防火隔离带两侧扩散，由脉冲风机进行"拦截"，将火灾烟气控制在中间着火区域，并由这一区域的排烟系统排出展厅。

为了避免干扰排烟系统的有效排烟，脉冲风机将采取分级响应模式，即启动后先是低速运行，然后再根据火灾烟气浓度确定是否需要启动高速运行（图 3.3-2）。

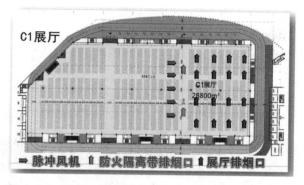

图 3.3-2　展厅两侧区域着火脉冲风机运行方式示意图

3）风机消防验收

以国家会展综合体项目为例，该项目展厅最大高度达 20m，宽度为 108m，脉冲风机风量为 6480m³/h，出口风速为 23m/s。为验证脉冲风机所形成的挡烟能力，在展厅现场采用发烟装置进行冷烟的效能测试，如图 3.3-3 所示。

图 3.3-3　展厅脉冲风机性能的现场测试

在现场测试中，采用了 6 个白色"消防演习烟幕弹"作为冷烟源，只开启了 C1 区 5 台脉冲风机，没有启动排烟风机。测试结果表明脉冲风机挡烟效果明显，符合消防性能化设计要求。

3.3.2　技术指标

《通风与空调工程施工质量验收规范》GB 50243—2016
《建筑设计防火规范（2018 年版）》GB 50016—2014

3.3.3　适用范围

适用于大型场馆机电安装及施工。

3.3.4 应用工程

中国博览会会展综合体项目（北块）总承包工程（二标段）机电安装项目。

3.3.5 应用照片

中国博览会会展综合体机电安装项目脉冲风机现场安装效果如图 3.3-4 所示。

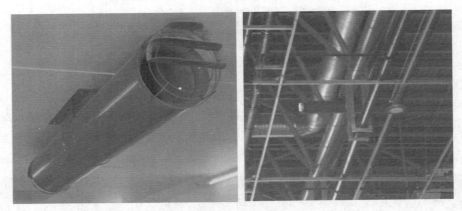

图 3.3-4 中国博览会会展综合体机电安装项目脉冲风机现场安装效果

3.4 大曲率弧形风管安装施工技术

3.4.1 技术内容

该技术基于微积分原理，将大曲率弧形风管等分为 N 段等腰梯形风管，从而拼接成弧。长边以 2m 长为一节，切分各个弧度段，每节管以两个法兰边为腰，做成等腰梯形风管。每节管有两个面为长方形，两个面为梯形，与传统方案相比加工难度显著降低，而且每节梯形管长边与短边的偏差，每 2m 也仅为 5～40mm，因此虽然每节风管均不带弧度，但拼接起来的效果基本上接近了弧形，在工程中既提高了施工质量又降低了施工成本。

1. 技术特点

通过将大曲率弧形风管等分为 N 段等腰梯形风管并进行逐节制作，控制每段风管的长边和短边偏差，使得每段风管都呈现出直线段，采用分段预制施工方案，显著降低了弧形风管的制作难度。

2. 施工工艺流程

大曲率弧形风管制作安装工艺流程如图 3.4-1 所示。

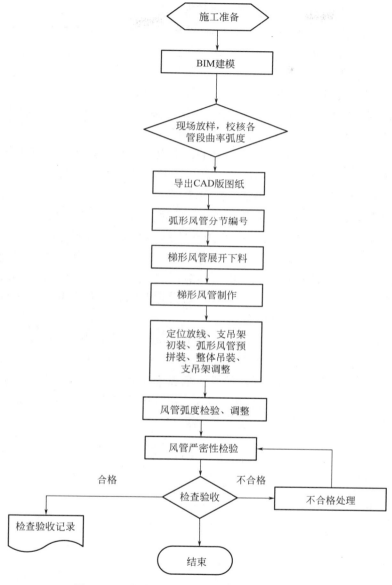

图 3.4-1　大曲率弧形风管制作安装工艺流程图

3. 操作要点

1）管道预制加工图制作

依据设计图纸，进行 BIM 建模，对管线进行综合优化，对管线弧长、弧度等参数进行标注（图 3.4-2）。

2）弧形风管分节编号

依托 BIM 深化设计图上的弧度，梯形长边以 2m 为一节，切分各个弧度段，每节管以两个法兰边为腰，做成等腰梯形风管。每节管有两个面为长方形，两个面为梯形，每节梯形管长边与短边之差，每 2m 为 5～40mm。风管分节后进行上下表面及位置编号。

3）风管上下表面展开下料

风管制作采用数控机床，弧形风管制作的关键在于对风管上下表面展开下料，其余制造步骤与矩形风管相似。

如图 3.4-2（a）所示弧形风管 ABCD，由设计图纸可知弧形风管内外弧所对应的半径 R_1 和 R_2 分别为 23.4m 和 22.9m，考虑到两者很大且相差很小，其同心圆圆心离风管很远，采用近似法来展开。

联系实际，假设每节弧形风管外弧 L_1 长为 2000mm，由弧长公式 $L = \alpha \times R$（L 为弧长，α 为弧长 L 所对应的圆心角；R 为弧长 L 所对应的圆半径）可得内弧 $L_2 = R_2 \times L_1/R_1 = 22.9 \times 2/23.4 = 1.96m = 1960mm$。任何一条曲线都可以近似分解成由若干条直线段连接而成的，所分的直线段越多、越短，则其所连接而成的线越接近曲线。对于圆弧同样合适，可以把圆弧看成是由若干段垂直于圆弧所对应半径的线段连接而成的。

在平面图上把内外圆弧 L_2、L_1 各作 10 等份，接着以风管宽 500mm 及 L_1/10、L_2/10 作出分样图等腰梯形 EFGH，如图 3.4-2（b）所示，然后再用分样图 EFGH 在平板上依次画出 10 块，即成所求弧形风管上下弧形表面的展开图，如图 3.4-2（c）所示。此法简单实用，但在连接内外弧长时应加以复核修正，以减少误差，且需要咬口和翻边的部分应留出余量。

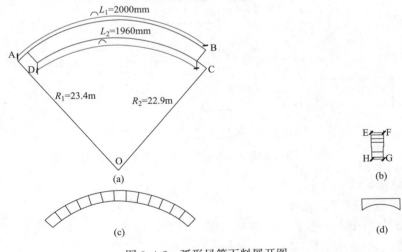

图 3.4-2　弧形风管下料展开图

4）钢板折方、咬口、上法兰、风管铆接

弧形风管下料展开见表 3.4-1。

弧形风管下料展开　　　　　　　　　　　　　　表 3.4-1

1. 钢板折方：操作时使机械上刀片中心线与下模中心重合，折成所需要的角度	2. 咬口：采用咬口连接的风管，其咬口宽度和留量根据板材厚度而定

3. 上法兰：风管与法兰组合成型时，风管边长≥300mm，允许偏差为 −1～0mm	4. 风管铆接：用液压铆钉钳或手动夹眼钳和 5mm×10mm 铆钉将风管铆固，并将四周翻边；翻边应平整，不应小于 6mm，四角应铲平，不应出现豁口，以免漏风

5）安装完成后风管弧度调整

在安装完成后，如果发现局部风管的弧度偏离地面标记的弧度（参考线）超过 50mm 时，应局部微调偏差段风管丝杆、支架位置，或者测量实际偏差段风管长边、短边尺寸，重新下料，应采用 4 片镀锌钢板组合的角口，并使用角钢法兰进行铆接，同时调整偏差段的风管，以确保获得更优美的弧形效果。

3.4.2　技术指标

《通风管道技术规程》JGJ/T 141—2017

《通风与空调工程施工规范》GB 50738—2011

《通风与空调工程施工质量验收规范》GB 50243—2016

3.4.3　适用范围

适用于弧形结构区域风管安装。

3.4.4　应用工程

杭州奥体中心主体育馆及游泳馆机电安装项目。

3.4.5 应用照片

杭州奥体中心主体育馆机电安装项目弧形管道安装效果如图 3.4-3 所示。

图 3.4-3 杭州奥体中心主体育馆机电安装项目弧形管道安装效果

3.5 风管集成吊装施工技术

3.5.1 技术内容

大型场馆工程风管集成吊装施工技术以 BIM 技术为基础，进行通风系统和各专业的三维立体优化，保证整体动态效果，进行碰撞检查，解决管线布局不合理、杂乱的问题；采用可旋转平台焊接技术、架空集成化安装技术、高处施工安装防护技术，实现了风管和法兰从生产到安装的高效性、安全性、经济性。实现了场馆和图书馆通风系统施工的安全、准确、高效和经济。

1. 技术特点

（1）通过 BIM 技术检查图纸，确定风管标高与结构碰撞点，设定风管安装位置及标高，设置吊点以实现风管的快速准确安装。

（2）在风管吊装过程中，采用架空集成化安装技术，实现风管的高效吊装，提升施工质量，提高施工效率，降低施工成本。

（3）采用可旋转焊接平台技术，确保风管法兰的高质量焊接，保证支架误差在标准范围内，提高了质量和效率。

（4）采用架空集成化安装技术，实现风管的安全安装、快速安装。

2. 施工工艺流程

风管集成吊装施工工艺流程如图 3.5-1 所示。

3. 操作要点

（1）根据施工现场环境、场馆各展厅、房间、车库施工工序安排，进行通风系统组件吊装、搬运及功能性检测等工序施工模拟，以节能、降耗、安全为基本出发点，进行方案优化，提出风管整体吊装方案。

（2）根据施工工序安排，对风管安装施工流程进行策划，综合考虑现场实际情况对风管安装的影响及作业环境对施工人员的影响情况，提前发现风管安装流程制约情况，做出风管安装保障措施。

（3）型钢支架预制：

风管及其设备支架采用型钢制作，数量较多，施工人员焊接、拼装量较大，为提高施工效率，减少施工人员不必要的体力消耗，支架焊接时采用可旋转的焊接平台施工技术。

可旋转平台由两部分组成，一组是十字焊接的托架（中间为镀锌钢管与底部十字槽钢底座进行焊接），另一组是带有小一号规格的镀锌钢管角钢框，通过将上部角钢框插入到十字托架的镀锌钢管中形成可旋转结构（图 3.5-2）。

将风管及其设备型钢支架按照模具形式摆放在可旋转的平台上，并使用模具上的各调节螺栓将模块固定在模具上，实施十字形焊接以防焊件变形。焊接时，施工人员无需调整焊接位置，通过焊接平台进行旋转，将需要焊接的部位移动到合适的位置。当同一种规格的模块焊接完成后，通过更换模具就可以进行其他规格的模块焊接工作。

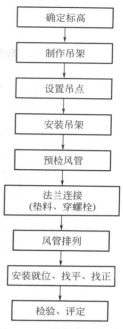

图 3.5-1　风管集成吊装施工工艺流程图

图 3.5-2　旋转平台图

（4）采用架空集成化安装技术进行风管安装。

① 风管集成

通过 BIM 所建立的模型，根据图纸及现场实际情况对每一个风管系统进行加工制作，然后将一节节风管进行集成组装工作（图 3.5-3），法兰连接时，中间采用垫料，然后压紧。

图 3.5-3　风管集成组装

② 吊杆安装

根据《通风与空调工程施工规范》GB 50738—2011、《通风与空调工程施工质量验收规范》GB 50243—2016 以及通风与空调安装图纸和现场实际情况，并按照设计所定的各区域不同的净空要求，在风管安装前依据 BIM 技术确定好所有风管标高，然后开始制作吊杆，加工好吊杆后，进行吊杆的安装工作。

③ 吊点选择

在每隔 2～3 节风管的法兰上设置角钢吊点（通过镀锌螺栓将法兰与角钢吊点固定），并根据现场具体情况在梁柱上设置多个工字钢结构体上管线吊装装置，然后挂好倒链及滑轮（图 3.5-4）。

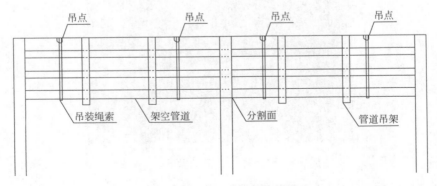

图 3.5-4　设置风管吊装装置

④ 风管吊装防变形措施

在风管安装前，根据规范进行风管管段的加固，可以采用角钢加固、楞筋加固等形式（图 3.5-5）。

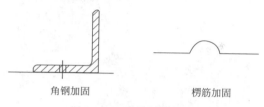

角钢加固　　　　　　　楞筋加固

图 3.5-5　风管加固形式

起吊时，利用吊点设置的倒链及吊装钢丝绳将组装好的风管进行起升（图 3.5-6），对于较长的风管，起吊速度应同步、首尾呼应，防止由于一头过高、中段风管法兰受力大而造成风管变形。

吊装完成并将风管找平找正后，将横撑加到风管下部，上好两颗螺栓和一个平垫，确认稳固后，才可解除绳扣，安装完成后如图 3.5-7 所示。

图 3.5-6　倒链及吊装钢丝绳连接风管　　　　图 3.5-7　风管安装完成

（5）高处施工安装防护技术：

在进行高空作业时，通常采用移动式脚手架安装风管，由于施工环境的顶棚无安全带悬挂点位，为保障施工人员安全作业，采用工字梁的移动式安全带悬挂技术。

该技术采用 5 号槽钢和两个与工字钢内长度一致的型钢制成上压板，在上压板两端钻孔，并进行丝扣固定。施工人员登上高处，先将本装置插进工字钢下缘板内，使用扳手将两端螺栓进行紧固，确保装置与工字钢下缘板紧密接触并固定牢靠，然后将安全带悬挂在装置的挂点上。为保障施工安全，将装置分别固定在工字钢不同的两点上，安全带使用双钩式，分别悬挂在两个点上。当工作结束后，使用扳手将两端螺栓松动，将本装置拆卸下来，可移动到下一个施工地点再次使用（图 3.5-8）。

图 3.5-8　移动式高空安全带悬挂装置

3.5.2　技术指标

《通风与空调工程施工质量验收规范》GB 50243—2016

《通风与空调工程施工规范》GB 50738—2011

《通风管道技术规程》JGJ/T 141—2017

3.5.3　适用范围

适用于各类大型场馆、图书馆的风管系统安装施工。

3.5.4　应用工程

中国光谷科技会展中心项目；襄阳市图书馆项目。

3.5.5　应用照片

中国光谷科技会展中心项目及襄阳市图书馆项目风管集成吊装应用效果如图 3.5-9、图 3.5-10 所示。

图 3.5-9　中国光谷科技会展中心项目风管集成吊装应用效果

图 3.5-10　襄阳市图书馆项目风管集成吊装应用效果

3.6　高大空间网架内超大截面风管水平滑移施工技术

3.6.1　技术内容

随着建筑业的发展，大空间、大跨度、曲线形的建筑越来越常见，特别是随着钢结构网架和桁架结构的广泛运用，超高空风管安装越来越普遍，传统风管安装工艺已经难以适应新的发展需要。风管安装阶段通常处于项目后期，施工队伍众多，工作面协调管理难度增大，主要是场外和场内运输车、曲臂车、升降机等吊装机械设备的大量使用所致。通过此技术的运用有效解决了在弧形网架内运输安装大截面风管的难题，提高了施工效率。

1. 技术特点

钢结构因跨度大和不允许其他单位焊接两方面因素，往往无法直接利用其结构本身来固定风管，本项目在部分大跨度钢结构施工中不允许焊接支架生根点，因此采用高大空间网架内超大截面风管水平滑移施工技术。

2. 施工工艺流程

超大截面风管水平滑移施工工艺流程包括深化设计、图纸报审、测量放线、滑移导轨安装、运输车制作等工序，具体施工流程如图 3.6-1 所示。

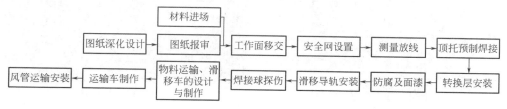

图 3.6-1　超大截面风管水平滑移施工工艺流程图

先运用 BIM 技术对图纸进行深化设计，检查钢结构与风管的碰撞点，优化管线布置，解决风管在弧形网架内的运输安装问题，然后根据深化设计图在网架球节点上焊接立管，设计转换支架层，最后利用支架转换层上的方钢设置滑移导轨，进行风管滑移运输安装。

施工前应认真仔细地做好口头和书面技术交底及主要技术准备工作，认真熟悉项目钢结构的施工情况，对需要安装的风管及设备的所有钢结构空间进行测量并放线，将存在的误差返到图上，确保图纸和现场结构完全一致。

支架生根点与钢结构的连接工艺有螺栓连接等固定方式，所有的支架生根点连接处必须保证符合规范要求，支架的垂直度与水平度必须与图纸完全一致。

3. 操作要点

1）施工前置条件

（1）钢结构施工完成。

（2）高大空间管线及设备转换层安装施工方案审批通过。

（3）作业区域邻边洞口封闭，高处坠物等安全风险排除。

（4）施工机具机械诸如移动脚手架、吊车、曲臂车、自动放线机器人等准备就绪。

（5）高大空间管线及设备转换层图纸需经设计院及甲方批准后方可施工。

2）图纸深化设计

应用 BIM 技术对安装风管、设备基础和钢结构网架进行建模，通过 BIM 三维模型进行碰撞检查，调整碰撞点并优化管线位置，深化设计时应考虑支架生根位置及滑移导轨安装的可行性，保障风管施工后效果美观。

3）安全网设置

本项目体育场馆高大空间弧形网架最高点距地面 30m，最低点距地面 28m，风管安装属于高空危险作业。为防止人员及物品高空坠落，钢跳板（图 3.6-2）搭设平台下方设置尼龙建筑安全兜网，绳索直径采用 5mm，网孔距为 5cm，承重 500kg（图 3.6-3）。安全兜网裹在钢结构下弦杆上，采用葫芦形带锁登山扣固定（图 3.6-4）。施工人员作业时悬挂安全带，安全绳采用直径为 12mm 的钢丝绳，钢丝绳每端使用 3 个卡扣紧固（图 3.6-5）。

图 3.6-2　钢跳板

绳索直径5mm，网孔距5cm

图 3.6-3　水平安全兜网

图 3.6-4　葫芦形带锁登山扣

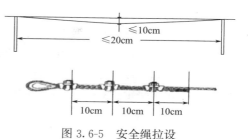

图 3.6-5　安全绳拉设

4）测量放线

由于体育馆钢网架为弧形半球状结构，安装滑移导轨及支架转换层须精准定位，钢网架球节点上焊接顶托要保证导轨平直且坡度比例固定。

为达到弧度放样精准，采用机器人放样技术，先核对图纸，确定转换层顶托位置，采用记号笔将顶托的位置标识出来，标识的同时将顶托编号，并建立台账。按照台账逐一核对点位的高差，将存在的差异记录在案，通过控制顶托制作高度，克服钢结构安装过程产生的误差，使顶托在一条线上，保证运输车在导轨上滑移时能平稳运行。

5）顶托预制焊接

转换层及滑移导轨支座采用 DN100 无缝管，通过对球形连接点的固定及定位，确定对接位置并完成与球形节点的焊接，钢管顶部采用截面 180mm×180mm 钢板与钢管焊接，风管支架横担采用 100mm×100mm×5mm 的方钢，将方钢与钢板焊接（图 3.6-6）。

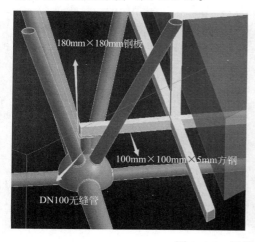

图 3.6-6　风管支架生根节点图

切割钢管之前，无缝管内外壁须进行防锈漆涂刷，钢板通过等离子切割成180mm×180mm 大小正方形，四口打磨光滑。无缝管长度根据测量台账进行切割，长度计算过程中需考虑钢板厚度。

无缝管与钢板先进行点焊，确定居中水平后再进行满焊。居中对正采用角尺和水平尺。将焊接完成的顶托运送至安装位置，采用水平仪确定顶托水平，将所有顶托点焊到焊接球上后，使用水准仪测量高差，控制各顶托使其高度一致，采用红外激光仪核定顶托是否在一条线上，待标高、水平确定后将顶托焊接到位。

6）转换层安装

为满足风管及风机安装和检修要求，转换层生根在制作的檩托上，设备基础生根在钢结构球形节点的双层檩托上，风机基础采用槽钢加钢板的组合形式，风机减振形式为采用橡胶减振垫（图 3.6-7）。

采用 10 号工字钢作为转换层横担，尺寸为 100mm×100mm×5mm 的方钢作为竖担，形成一个稳定的支架转换层。工字钢与方钢满焊，方钢接口处需采用

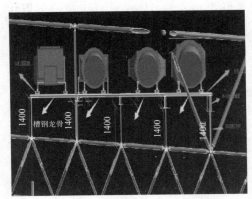

(a) 球形节点檩托设计

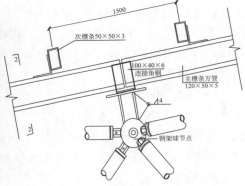

(b) 球形节点檩托大样(单位：mm)

(c) 檩托局部示意图

(d) 设备基础安装

图 3.6-7　转换层安装

(e) 转换支架效果　　　　　　　　　　　(f) 现场转换支架施工

图 3.6-7　转换层安装（续）

钢板做加强补焊。转换层焊接完毕后进行油漆作业，先涂刷一层防锈底漆，面漆采用银粉漆，保证和风管颜色一致。

同一趟风管转换层须分割为三节，分节处为内圈、中圈、外圈钢结构接口处，防止钢结构卸载发生形变而影响转换层。三节转换层待钢结构完成卸载后方可进行连接及防腐等工艺施工。

7）滑移导轨安装

在支架转换层上设置 8 号方钢作为滑移导轨，根据网架弦杆宽度设置导轨宽度为 2800mm，利于风管在网架内顺畅通行，导轨长度根据风管路径及长度设置。某体育馆及游泳馆网架的相关示意图如图 3.6-8、图 3.6-9 所示。

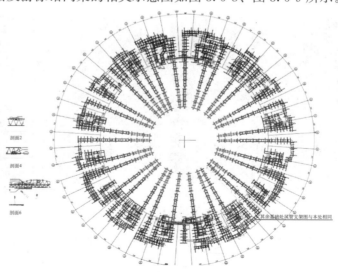

图 3.6-8　某体育馆弧形网架内滑移导轨图

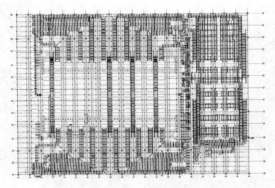

图 3.6-9　某游泳馆网架内滑移导轨图

8）焊接球探伤

当转换支架焊接完成后对焊缝和焊接球进行探伤，防止焊接过程中焊接球发生形变，导致强度不足进而引起钢结构质量问题。探伤须形成探伤报告，以便备查。

9）物料运输

风管及管件先在加工厂进行预制加工，加工完成后通过叉车运输到场地比赛大厅楼下，通过对比曲臂车、升降平台等机械运输设备，确定吊装机械设备。通过在网架内选择适于固定、安全、完整的承重受力节点作为固定点来悬挂 5t 起重量的电动葫芦，地面上配合使用 5t 卷扬机拉结钢丝绳把风管标准节拉至高空网架，通过受力计算，采用 12 号钢丝绳（图 3.6-10）。

图 3.6-10　风管起吊设备及吊点模拟选择

风管及管件运送至网架下方以后采用钢丝绳、紧固拉杆、卷扬机等部件起吊。通过紧固拉杆将钢丝绳拉紧，以保障钢丝绳张力。需要运输的构件位于钢丝绳下方，通过两组小定滑轮与钢丝绳连接，使得构件能够在钢丝绳上滑动，设置慢速卷扬机拉动构件，使构件滑动到指定位置（图 3.6-11）。

图 3.6-11　风管管件起吊

10）滑移车的设计与制作

此类项目中机电施工工程高空网架内风管系统一般为排烟风管、送风风管，尺寸规格为 2500mm×1600mm、1800mm×800mm、1000mm×400mm 等，设备为排烟轴流风机、新风空调机组。

设计原理：风管连接采用角钢法兰连接形式，根据原材镀锌铁皮风管长度，每一标准节风管长度为 1250mm，为提高风管的运输效率和考虑风管在网架内滑移穿行的便捷性，决定在地面上完成两段风管标准节的拼装后再吊运到滑移车上进行运输，利用转换支架上方钢作为滑移导轨，滑移导轨间距为 2800mm，即滑移运输车槽钢底轴承宽度为 2800mm。相关设计示意效果如图 3.6-12～图 3.6-14 所示。

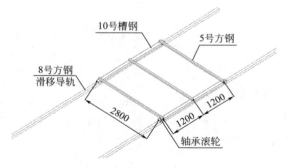

图 3.6-12　水平滑移运输车设计效果图（单位：mm）

11）风管运输安装

本项目大空间网架内共有大截面风管 35000m²，空调机组、排烟风机设备 56 台，通过在支架转换层上设置滑移导轨，采用水平滑移运输车在导轨上进行风管

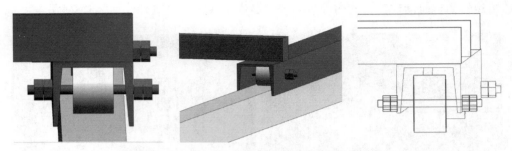

图 3.6-13　水平滑移运输车滑移车轮设计示意图

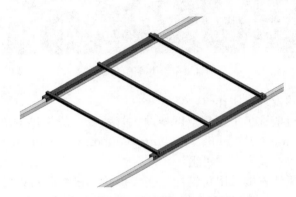

图 3.6-14　水平滑移运输车效果图

的运输安装，解决了在大空间弧形网架内超大截面风管运输难的问题，减少了曲臂车、升降机等吊装运输设备的频繁使用，减少了施工作业人员数量和场地协调难度，整体提高了施工效率，为项目创造了较大的经济效益（图 3.6-15、图 3.6-16）。

图 3.6-15　高空网架内风管滑移运输

图 3.6-16　导轨两侧脚手板搭设

12）重点控制措施

（1）预制顶托，采用 DN100 无缝管和尺寸为 180mm×180mm×10mm 的钢板焊接，焊缝须饱满，达到设计强度。

（2）施工人员通过曲臂车到达网架，应做好相关安全措施（铺设钢跳板、设安全防护兜网及安全绳等）。

（3）采用升降平台、卷扬机和吊篮等方式吊装顶托、工字钢、方钢等其他所用材料。

（4）使用全站仪机器人进行测量，控制顶托和支架的定位，同时进行点焊固定，并在支架及焊接点处进行补漆处理，确保防腐效果。

3.6.2　技术指标

《通风与空调工程施工质量验收规范》GB 50243—2016

《通风与空调工程施工规范》GB 50738—2011

《通风管道技术规程》JGJ/T 141—2017

3.6.3　适用范围

适用于大型场馆钢结构内风管安装。

3.6.4　应用工程

西安奥体中心项目。

3.6.5　应用照片

西安奥体中心项目高大空间网架内超大截面风管应用效果如图 3.6-17 所示。

图 3.6-17　西安奥体中心项目高大空间网架内超大截面风管应用效果

第4章 设备施工技术

4.1 水蓄冷系统施工技术

4.1.1 技术内容

水蓄冷系统施工技术是利用电网的峰谷电价差，夜间利用冷水机组在水池内进行冷却以储存冷量，白天释放水池中存储的冷量，同时使主机在高峰时段运行，实现节能效果。蓄冷水池通常有专用蓄冷水池及建筑物固有消防水池等形式，利用消防水池来进行冷量储存具有投资小、运行可靠、制冷效果好、经济效益明显等优点。蓄冷水池中水温的分布是按其密度自然地进行分层，温度低的水密度大，位于蓄冷水池的下方，而温度高的水密度小，位于蓄冷水池的上方。在充冷或释冷过程中，控制水流缓慢地自下而上或自上而下的流动，形成稳定的温度分布。

1. 技术特点

（1）建立蓄冷水池模型，对布水工况进行三维模拟，优化蓄冷水池内管线及布水系统布置，提升管线位置功能及整体布水效果。

（2）通过水力计算，优化蓄冷水池流体力学参数，使蓄、放冷过程能完美运行。

（3）布水系统采用在加工厂预加工和预组装、在蓄冷水池内现场装配的工艺，使施工更加便捷，减少了受限空间作业时间。

2. 施工工艺流程

水蓄冷系统施工工艺流程如图 4.1-1 所示。

图 4.1-1 水蓄冷系统施工工艺流程图

3. 操作要点

本技术以混凝土消防共用水池为例进行介绍。水蓄冷系统原理如图 4.1-2 所示。

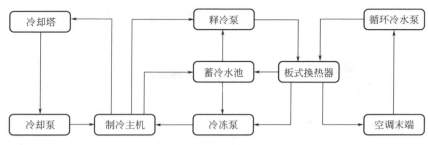

图 4.1-2　水蓄冷系统原理图

1）建立 BIM 模型

水蓄冷布水系统布水器为方形隔板四面出水式布水器，采用建筑物固有消防水池作为蓄冷水池。为优化蓄冷水池内管线及布水系统，通过 BIM 技术，建立蓄冷水池模型，对管线及布水系统进行优化布置，对布水工况进行三维模拟，充分考虑各类消防管道的位置功能及整体布水效果，避免管线碰撞，利于施工安装。

2）布水器水力计算

布水器的水力计算是通过计算整个水池内单层所有布水头中每个布水头损失的差异，以评估对布水过程中水流分布的影响值。计算方法是选取最不利路径的布水头与最有利路径的布水头，直接计算所有布水头中水头损失最大和最小的两个布水头之间的差距，评估整个水池内布水头的流量分布是否均衡。

3）布水器流体力学评价参数计算

蓄冷水池斜温层的水力学特性由弗朗特数（Fr）和雷诺数（Re）决定。当 $Fr \leqslant 1$ 时，在进口水流中浮力大于惯性力，很好地形成重力流；当 $Fr > 1$ 时，也能形成重力流；当 $Fr \geqslant 2$ 时，以惯性流为主，惯性力作用增大会产生明显的混合现象，并且 Fr 的微小增加就会造成混合作用的显著增加。对于确定的流量，可以通过调整布水器的有效长度来得到所需的 Re 数。布水器的设计应控制在较低的 Re 值，若 Re 值过大，由于惯性流而引起的冷温水混合将加剧，致使蓄冷水池所需容量增大。较低的进口 Re 值有利于减小斜温层进口侧的混合作用，依托本项目，经过反复计算、调试、评价分析，进口 Re 值一般取为小于 800 时均能取得理想的分层效果。

根据水力计算结果，蓄冷水池因异形水池问题造成的布水管道水头损失差异，可通过调整异形布水单元上的流量平衡，最大限度地减少水头损失差异，使水力不平衡率 10% 范围内的流体达到完美平衡。通过优化流体力学参数，使整个水池蓄放冷过程的分层水流按重力流的层流状态上下运动，蓄、放冷过程能完美地运行。

4）水池结构闭水试验

为满足水池的功能性，保证水池结构的密闭性，水池在保温防水施工之前，需进行闭水试验，也叫蓄水试验，蓄水深度为有效容积水位。蓄水时间不得少于24h，观察侧壁和底部有无漏水现象，无漏水现象视为合格。

5）管道进出水池支架设置

为保证水池的密闭性，防止因膨胀螺栓或水管承重导致结构出现漏水，进出水池水管采用落地支架安装，支架不得生根在池壁上，并在水池防水保温施工前完成。

6）聚氨酯喷涂工艺

蓄冷水池采用内保温的形式，保温材料为聚氨酯发泡，水池底部聚氨酯厚度以设计要求为准，聚氨酯表面喷涂一定厚度的聚脲材料作为防水层。

（1）池底防水保温结构

池壁防水保温结构：聚合物水泥（JS）防水涂层，80mm 聚氨酯发泡保温，聚脲专业配套底漆，2mm 厚聚脲防水，60mm 厚混凝土保护层。

（2）调配喷涂方式

聚氨酯喷涂发泡材料由 A/B 双组分材料在现场直接调配，通过 A/B 泵输送到喷枪，同时用压缩空气加压后喷射到物体表面。底脚或阴角处以及外围骨架冷桥周围做保温施工，需特别注意线条直观度及包边处理。

（3）喷涂聚脲弹性体防水施工

聚脲施工需要干燥、温暖的环境，施工时环境温度宜为 10～35℃，相对湿度在 80％以下。由专业枪手进行聚脲防水涂料的喷涂操作，喷涂前先对喷涂设备进行调试，运转正常后，开始喷涂聚脲涂料。

（4）喷涂施工工艺

为保证喷涂效果的完整性和美观，通常采用喷机流量调整法、距离推进法等施工方法。先在喷涂范围内薄喷一遍，聚脲材料凝胶时，依次喷涂涂料，且厚度不小于1mm，最后对感观厚度小的区域补充喷涂，确保涂层均匀，全过程应连续完成。喷涂共计两遍，如果喷涂出现针眼，每遍喷涂完成后需要人工修补表面针孔。聚氨酯保温及聚脲防水喷涂如图 4.1-3、图 4.1-4 所示。

图 4.1-3　聚氨酯保温喷涂

图 4.1-4　聚脲防水喷涂

7）布水系统安装

单个布水器由布水器盖子、布水器、弯头、直管、大小头、稳压器、四通/三通依次组装而成。布水系统主要由上布水器、下布水器、布水管道及测温带组成。

（1）布水支管预制

按照 BIM 模型，硬聚氯乙烯（Unplasticized Polyvinyl Chloride，简称 UP-VC）管道切割成规定的尺寸，管口清理干净后涂刷胶水，管件和相关配件进行粘接。布水支管 UPVC 管道连接如图 4.1-5 所示。

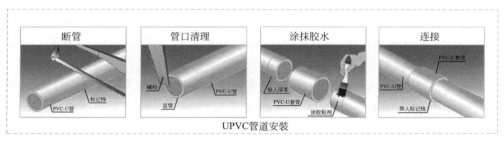

图 4.1-5　布水支管 UPVC 管道连接图

（2）布水器预制

按图纸规定的数量、规格、材质选配管道组装成件，并按图纸标明管道系统号，按预制顺序标明各组成件的顺序号。布水器预制如图 4.1-6 所示。

图 4.1-6　布水器预制图

（3）布水器安装

根据图纸进行放线，将布水支管放置于指定位置。布水支管安装如图 4.1-7 所示。

图 4.1-7　布水支管安装图

布水器与布水器管道之间采用胶水粘接，保证其密闭性。布水器管道和空调水主管采用法兰连接，法兰密封面与垫片均匀压紧，由此保证以同等的螺栓应力对法兰进行连接。在紧固螺栓时，使用力矩扳手，保证各螺栓受力均匀。

上布水器安装要点（放线、支架安装、上布水器安装）：布水器应从主管道法兰开始依次往四周推进安装，布水器间距为 750mm，纵横向间距相同。上布水器设计及安装如图 4.1-8、图 4.1-9 所示。

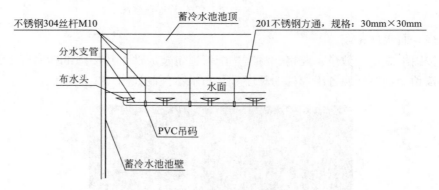

图 4.1-8　上布水器设计图

图 4.1-9　上布水器安装图

　　下布水器安装要点（放线、下布水器安装、管道固定）：布水器从主管道法兰开始依次往四周推进安装，下布水器管道管箍使用卡钉固定，需在水池地面打膨胀螺栓，为防止破坏防水层及保温层，对冲击钻使用限位措施，保证孔洞深度不大于 4cm。下布水器设计及安装如图 4.1-10、图 4.1-11 所示。

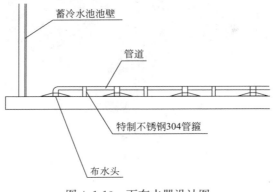

图 4.1-10　下布水器设计图

图 4.1-11　下布水器安装图

　　8）测温带安装

　　蓄冷水池内设置测温带，每 250mm 设置一个测温探头，用于测量斜温层厚度。为保证测温带测温的准确性及不受其他因素干扰，测温带设置于水池内远离池壁和支架的位置。测温带底部悬挂重锤平稳放置于池底。测温带安装如图 4.1-12 所示。

　　9）水蓄冷系统调试

　　调试程序：冷却塔→冷却泵→制冷主机→蓄冷水池→释冷泵（冷冻泵）→板式换热器→供回水装置。

图 4.1-12　测温带安装图

通过水蓄冷系统调试检验蓄冷及放冷效率。调试过程主要含四种运行工况：制冷机组蓄冷、蓄冷水池单放冷、蓄冷水池与冷机联合供冷、制冷机组边供冷边蓄冷，详见表 4.1-1。

水蓄冷系统调试流程表

表 4.1-1

项目	内容							
	四种运行工况调试方法							
	工况	运行模式	冷冻站内制冷与蓄冷、放冷设备					调试方法
			主机	冷冻泵	冷却泵	冷却塔	释冷泵	循环冷水泵	
工况调试	1	制冷机组蓄冷	开	开	开	开	关	关	离心冷水机组→蓄冷水池→冷冻泵→离心冷水机组
	2	蓄冷水池单放冷	关	关	关	关	开	开	蓄冷水池→释冷泵→板换→蓄冷水池
	3	蓄冷水池与冷机联合供冷	开	开	开	开	开	开	蓄冷水池→释冷泵→板换→蓄冷水池；离心冷水机组→释冷泵→板换→冷冻泵→离心冷水机组
	4	制冷机组边供冷边蓄冷	开	开	开	开	开	开	离心冷水机组→释冷泵→板换→冷冻泵→离心冷水机组；离心冷水机组→蓄冷水池→冷冻泵→离心冷水机组

（1）蓄冷工况的试运行（制冷机组蓄冷、制冷机组边供冷边蓄冷）

① 蓄冷水池到制冷机组相关联管道上的手动阀门全部开启。

② 执行蓄冷命令，观察相应的电动阀门的切换工作是否正确。

③ 将冷冻泵进水阀门打开，并启动冷冻泵，调整冷冻泵出水阀门的开度，注意观察蓄冷水池的溢流管是否有水溢出，如有水溢出，立即停止蓄冷。

④ 待冷冻泵运转正常后，观察系统的流量是否正常，正常后将对应主机冷却水管上的阀门打开，启动冷却水泵和冷却塔，待冷却水泵和冷却塔运转正常后再启动主机。

⑤ 蓄冷过程中要详细记录：制冷主机进出口压力、温度、负荷，冷冻泵进出口的压力、电流，蓄冷水池内的每层温度的变化情况，蓄冷系统的流量和电表的数值。

⑥ 停止蓄冷时，要先停主机，然后停冷却塔和冷却水泵，最后执行蓄冷结束。

（2）放冷工况的试运行（蓄冷水池单放冷、蓄冷水池与冷机联合供冷）

① 蓄冷水池到板式换热器侧相关联管道上的手动阀门全部开启。

② 执行放冷开始，观察相应的电动阀门的切换工作是否正确。

③ 把释冷泵进水管的手动阀门打开，启动释冷泵，调整释冷泵出水阀门的开度，同时也开启板换热端的循环冷水泵。

④ 详细观察记录：蓄冷水池内温度，板式换热器各处的压力和温度，原系统内的温度，释冷泵和循环冷水泵进出口的压力、电流，放冷时系统的流量、冷量等。

⑤ 放冷结束时，关闭释冷泵、循环冷水泵和相关电动阀门。

本技术通过对蓄冷水池整体布局进行深化设计、工况模拟及水力计算，合理排布管线、布水系统，布水器采用工厂预制、现场装配，优化了施工及调试工序，提升了蓄冷及放冷效率。

4.1.2　技术指标

《通风与空调工程施工质量验收规范》GB 50243—2016

《通风与空调工程施工规范》GB 50738—2011

《建筑给水排水及采暖工程施工质量验收规范》GB 50242—2002

《给水排水管道工程施工及验收规范》GB 50268—2008

4.1.3　适用范围

适用于大型场馆、高层建筑机电安装及施工。

4.1.4　应用工程

深圳国际会展中心（一期）项目；南通大剧院建设项目。

4.1.5 应用照片

深圳国际会展中心（一期）项目布水器应用效果如图 4.1-13 所示。

图 4.1-13 深圳国际会展中心（一期）项目布水器应用效果

4.2 冰蓄冷系统施工技术

4.2.1 技术内容

冰蓄冷系统是指中央空调系统制冷机组在用电低谷时电力制冰，将冰暂时蓄存在蓄冰装置中，在需要时（如白天用电高峰）把冷量释放出来进行利用，实现对电网的"削峰填谷"，利用供电峰谷电价差降低用电成本，减少了空调主机的装机容量。

1. 技术特点

（1）应用冰蓄冷技术，制冷机组设计容量小于常规空调系统，冷却塔、水泵、输变电系统容量相应减少。冰蓄冷与低温送风相结合，采用大温差、小流量，冷冻水的出水温度比常规空调系统偏低，这样可选容量较小的水泵、风机和空调箱，其耗电量也会相应地得到减少。

（2）机组的运行效率较高，故障的发生率降低。在蓄、融冰的过程中，机组基本上都处于满负荷下运行，机组的运行效率最高，加上机组开启频率减少，运行状态较平稳，因此发生故障的概率也随之减少。

（3）冰蓄冷空调系统能在多种灵活工作模式下运行。根据不同的气候环境情况，合理地采用不同的运转模式，使运行效率最优化，对电网进行削峰填谷，提高了电网运行的稳定性、经济性，节约了能源。

2. 施工工艺流程

冰蓄冷系统施工工艺流程如图 4.2-1 所示。

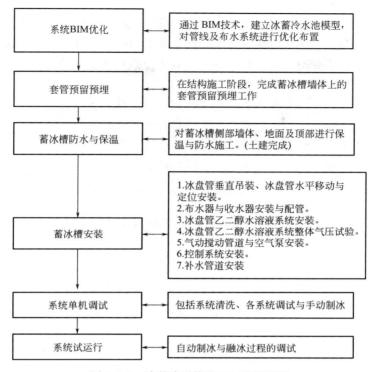

图 4.2-1 冰蓄冷系统施工工艺流程图

3. 操作要点

冰蓄冷空调系统主要包括：制冷机组、冰蓄冷设备、辅助设备及设备之间连接的管道和调节控制装置等。冰蓄冷原理如图 4.2-2 所示。

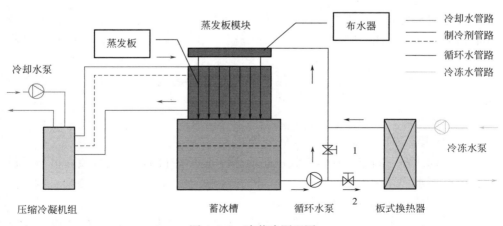

图 4.2-2 冰蓄冷原理图

1) 建立 BIM 模型

为优化蓄冰槽内冰盘管、布水器与收水器系统，通过 BIM 技术，建立蓄冰槽模型，对冰盘管系统进行优化布置，对布水器与收水器及保温情况进行三维模拟，充分考虑各类管道的位置功能及整体效果，避免管线碰撞，利于施工安装。

2) 水力计算

蓄冰空调系统二次冷剂为乙二醇水溶液，其粘性系数、传热系数、比热、密度都与水不同。因此，需要对乙二醇管道进行水力计算。

（1）沿程阻力计算

根据流体力学原理，对于圆形管，沿程阻力计算式为：

$$\Delta P_n = \lambda \, \frac{1}{d} \cdot \frac{\rho u^2}{2} L \tag{4.2-1}$$

沿程阻力系数 λ 值在紊流区的计算可用柯列勃洛克公式计算：

$$\frac{1}{\sqrt{\lambda}} = -2\lg\left(\frac{K}{3.71d} + \frac{2.51}{Re\sqrt{\lambda}}\right) \tag{4.2-2}$$

上式中的雷诺数为：

$$Re = \frac{ud\rho}{\mu} \tag{4.2-3}$$

（2）局部阻力计算

局部阻力计算公式为：

$$Z = \zeta \cdot \frac{u^2 \rho}{2} \tag{4.2-4}$$

上式中的局部阻力系数 ζ 值本应由试验确定，对此，采取的措施是权且用水流的局部阻力系数，然后加以修正。

3) 冰盘管安装

蓄冰槽及其盘管布置如图 4.2-3 所示。在吊装安装之前，需要确保蓄冰槽内部清洁，地面和侧壁已完成保温、防水施工，地面混凝土应施工完成并验收合格。

冰盘管吊装应使用盘管上的专用吊环，防止吊装过程中损坏设备，冰盘管吊装如图 4.2-4 所示。

移动盘管时，切勿碰撞拖行，以免损毁设备或防水层。

4) 布水器与收水器安装与配管

根据设计要求制作布水器与收水器的部件，在蓄冰槽内焊接组装，再与穿过套管的供回水管焊接相连。

5) 冰盘管乙二醇水溶液系统安装

按照设计要求，将冰盘管与冰盘管、冰盘管与主管和阀门进行连接，要点如下：

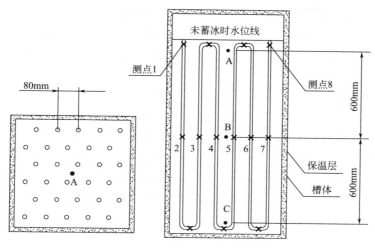

图 4.2-3　蓄冰槽及其盘管布置

图 4.2-4　冰盘管吊装

（1）每个冰盘管的供、回液管道路程为同程式，保证 4 个冰盘管的乙二醇溶液流量基本平衡，冰盘管与无缝钢管之间采用法兰连接，无缝钢管之间采用焊接连接。

（2）每个蓄冰装置的截止阀与接管之间应安装放气阀，以免被膨胀液压损坏。

（3）系统应安装膨胀水箱，在管路最高点设排气管，排出滞留气体。

（4）冰盘管乙二醇水溶液系统安装完毕后，应进行整体气压试验。

6）控制系统安装

根据设计要求安装冰厚度控制器及探头。探头固定于冰盘管上，用于检测与控制结冰厚度。温度传感器和压力传感器的安装应利于平衡流量和检修故障。

7）系统的清洗

冰蓄冷系统对管道洁净度要求较高，特别是乙二醇系统，管道必须冲洗干净。

蓄冰槽不参与系统整体水冲洗，待系统整体水冲洗合格后，直接进行整体化学镀膜。

8）调试前准备

调试前，调试人员首先要熟悉整个冰蓄冷系统的全部设计资料，了解各项设计参数、系统全貌及空调设备的性能和使用方法，特别要注意调节装置及检测仪表所在位置及自控原理。

9）乙二醇溶液的填充

在添加乙二醇溶液之前，所有的管路必须确保试压合格，完全清洗干净，不可有任何杂质。在添加乙二醇溶液之前需将蓄冰盘管与系统隔离。乙二醇溶液的成分及比例必须严格符合设计要求。当乙二醇溶液添加完毕后，在开始蓄冰模式运转前，至少将系统运转 6h 以上，使系统内的空气能够完全排出，故在系统所有高的地方需安装排气阀，以便使系统排气顺利。在试运行的过程中，可再次取得乙二醇溶液，确定其为正确的浓度。

10）调试

在调试过程中，应按照调试前准备、分段调试以及系统调试的顺序进行。

冰蓄冷中央空调方案采用使用灵活的并联循环回路供冷方式，流程中设有板式热交换器，用以将蓄冰系统的乙二醇回路与通往空调负荷的冷水回路隔离开。空调冷冻水及乙二醇系统均采用定压罐定压。在供冷期间，板式热交换器将蓄冰系统中循环的乙二醇溶液温度调整到空调负荷所需要的温度，同时保证乙二醇仅在蓄冰循环中流动，而不流经各空调负荷回路中，可减少乙二醇用量并避免乙二醇在空调负荷回路中的泄漏。蓄冰槽运行情况如图 4.2-5 所示。

图 4.2-5　蓄冰槽运行情况

结合空调设计日逐时冷负荷分布图及当地的电费政策，确定日逐时冷负荷冰蓄冷空调运行方式，具体有以下五种工作模式：双工况主机制冰模式；双工况主机制冷直供模式；融冰供冷模式；双工况主机与融冰联合供冷模式；主机制冰同时供冷。进入双温工况冷机的乙二醇，是经过板式换热器放冷的乙二醇，故当机组运行时，其供冷是优先满载运行。

（1）系统待机工况

关闭冰蓄冷系统中的所有电动阀门→将所有电动装置（水泵、双工况冷水机组等）处于停机状态→记录双工况冷水机组乙二醇侧、冷却水侧进出口的温度和压力，记录乙二醇泵进出口压力，记录板式换热器冷热侧进出口温度和压力，记录冷冻水泵进出口压力，记录分集水器温度和压力。

（2）双工况冷水机组制冰工况

打开对应回路的电动阀门→启动乙二醇泵→启动冷却水泵、启动冷却塔→检查各个温度计、压力表、电流、电压是否正常→双工况冷水机组制冰工况启动。

蓄冰结束时，关闭双工况冷水机组→5min 后关闭乙二醇泵→关闭冷却塔→双工况冷水机组乙二醇侧温度达到≥0℃，关闭冷却水泵→系统回到待机状态。

（3）双工况冷水机组和融冰联合供冷工况

打开对应回路的阀门→启动乙二醇泵→启动冷却水泵→启动冷却塔→检查各个温度计、压力表、电流、电压是否正常→所有机组为空调工况→启动双工况冷水机组→启动冷冻（融冰）水泵→双工况冷水机组和融冰联合供冷工况启动。

机组融冰联合供冷结束后，关闭双工况冷水机组→关闭乙二醇泵→关闭冷却塔→关闭冷却水泵→关闭冷冻（融冰）水泵→系统恢复到待机工况。

（4）融冰单独供冷工况

打开对应回路的阀门→检查各个温度计、压力表、电流、电压是否正常→启动融冰泵→启动冷冻泵→融冰单独供冷工况启动。

融冰单独供冷工况结束后，关闭融冰泵→关闭冷冻泵→系统恢复到待机工况。

（5）双工况冷水机组单独供冷工况

打开对应回路的阀门→启动乙二醇泵→启动冷却水泵→启动冷却塔→检查各个温度计、压力表、电流、电压是否正常→所有机组为空调工况→启动双工况冷水机组→启动冷冻水泵→双工况冷水机组单独供冷工况启动。

机组供冷结束，关闭双工况冷水机组→关闭乙二醇泵→关闭冷却塔→关闭冷却水泵→关闭冷冻水泵→系统恢复到待机工况。

11）开车前的检查

开车前要求所有的设备根据设计图纸进行挂牌，标明设备的位号、用途等。系统管道流向要求做箭头标志，明示管道系统的流向。对有油漆脱落或有局部破损的地方应进行修补。

检查主机上所有阀门位置是否正常，制冷压缩机油位是否正常，制冷剂充灌量是否正常。

检查各控制及安全保护设定是否正常，检查控制箱指示灯是否正常。

检查系统管路上所有阀门位置是否正常，是否有漏水现象。

检查水泵、冷却塔、制冷主机等设备的电源电压是否正常，检查水泵、冷却塔、板式换热器、制冷机等设备的进出水口压差是否正常，之后方可投入运行。

4.2.2 技术指标

《通风与空调工程施工质量验收规范》GB 50243—2016

《通风与空调工程施工规范》GB 50738—2011

《建筑给水排水及采暖工程施工质量验收规范》GB 50242—2002

《给水排水管道工程施工及验收规范》GB 50268—2008

4.2.3 适用范围

适用于大型场馆、高层建筑机电安装及施工。

4.2.4 应用工程

新华人寿保险合肥后援中心一期项目；吉林省广电中心一期项目。

4.2.5 应用照片

新华人寿保险合肥后援中心一期项目冰盘管应用效果如图 4.2-6 所示。

图 4.2-6　新华人寿保险合肥后援中心一期项目冰盘管应用效果

4.3　钢结构非上人屋面设备基础短柱支撑系统施工技术

4.3.1 技术内容

北京环球影城主题公园标段二项目采用钢框架结构，屋面为非上人柔性屋面，坡度不小于 3%。室内主要为游客体验区，机电设备等集中布置于屋面，包括大型空调机组、排烟风机、各类管道等。

由于非上人柔性屋面质软、承载有限，不能作为基础生根部位。因此结合工程实际情况，将无缝钢管与屋面下的结构钢梁焊接成一体，作为屋面设备管道的竖向受力支撑。承载设备的无缝钢管顶部焊接设备安装平台；承载管道的无缝钢管上部焊接方形带螺栓孔的承接板，用于固定管道支架。

1. 技术特点

（1）短柱支撑系统相比传统混凝土基础具有重量轻、承载力大、无胀缩、施工操作方便、可重复利用、占用空间小等特点。

（2）短柱支撑系统与主结构钢梁焊接生根，安装牢固，较新型成品可移动底座支撑基础，造价低、抗震性能更好、钢材可回收利用，有助于降低施工成本、减少建筑垃圾。

（3）短柱支撑系统的钢构件可进行批量预制加工，有利于缩短工期。

（4）短柱在隔汽层、防水层施工前预留，底部防水包裹与屋面防水同时施工，防水效果好。

（5）短柱支撑系统可根据设备与管道的固定点进行灵活调节：管道基础顶部承接板设置多个螺栓孔，可多角度固定支架；设备基础框架内可呈目字形加设槽钢，方便设备调整。

2. 工艺原理

利用无缝钢管刚度大、抗弯抗扭效果好的特点，作为屋面设备管道的竖向受力支撑。根据屋面下结构钢梁的位置及屋面设备与管道的排布，结合 BIM 技术优化基础布置，将无缝钢管底部与钢梁焊接固定，顶部设置固定管道支架的承接板或固定设备的安装平台，形成竖向短柱支撑系统，承载屋面各专业设备与管道，克服非上人柔性屋面不能承载机电设备的缺点。

3. 施工工艺流程

钢结构非上人屋面设备基础短柱支撑系统施工工艺流程如图 4.3-1 所示。

4. 操作要点

1）基础设计

（1）结合 BIM 技术对机电设备定位与管道路由进行优化设计，保证现有钢梁的利用率。当基础位置无钢梁时，在原钢梁间增加辅助梁。根据设计图纸、设备信息、规范标准等，确定

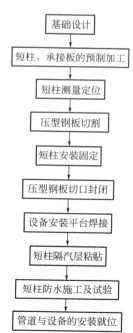

图 4.3-1　钢结构非上人屋面设备基础短柱支撑系统施工工艺流程图

基础构件的规格、间距（图 4.3-2 和图 4.3-3）。

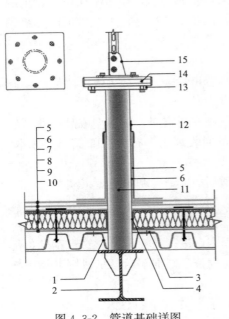 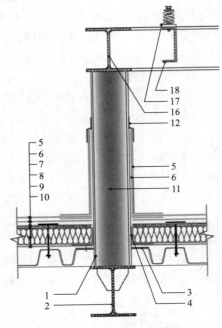

图 4.3-2　管道基础详图　　　　　　图 4.3-3　设备基础详图

　　1—压型钢板；2—钢梁；3—镀锌薄钢板；4—附加隔汽层；5—面层防水卷材（4mm 厚 SBS 改性沥青防水卷材）；6—中间层防水卷材（3mm 厚 SBS 改性沥青防水卷材）；7—基层卷材（3mm 厚 SBS 改性沥青防水卷材）；8—15mm 厚水泥板；9—岩棉保温；10—隔汽层（0.6mm 厚改性沥青自粘防水卷材）；11—短柱（无缝钢管）；12—液态卷材涂刷收口；13—16mm 厚方形承接板；14—成品槽钢；15—成品槽钢底座；16—设备安装平台（宽翼缘 H 型钢）；17—减振器；18—16 号槽钢

　　（2）管道基础：短柱采用 CHS108×10（Q235B）无缝钢管，高度 750mm，顶部与 16mm 厚方形承接板连接；风管、水管短柱间距不大于 3m，桥架短柱间距不大于 2m。

　　（3）设备短柱：当设备运行重量＜6t 时，短柱采用 CHS108×10（Q235B）无缝钢管，框架采用 HM200×200×8×2（Q345B）型钢；当设备运行重量≥6t 时，短柱采用 CHS159×10（Q235B）无缝钢管，框架采用 HM294×200×8×12（Q345B）型钢。短柱间距均不超过 3m。

　　（4）结构辅助梁：当设备运行重量＜6t 时，辅助梁采用 HM200×200×8×12（Q345B）型钢；当设备运行重量≥6t 时，辅助梁采用 HM294×200×8×12（Q345B）型钢。

　　2）短柱、承接板的预制加工

（1）利用电动切管机切割无缝钢管，对于坡度较大的斜屋面，与钢梁焊接端的坡角应与屋面坡度相一致，如图 4.3-4 所示，钢管切割后清除端口毛刺。管道基础的短柱按统一的设计高度进行批量切割，设备基础的短柱高度不同，需按设计图进行切割、编号，并喷漆防腐。

（2）切取尺寸为 260mm×260mm×16mm 的方形钢板制作承接板，在承接板上钻取尺寸为 20mm×14mm 的长圆孔 8 个，均匀分布，孔中心距离承接板中心 110mm，如图 4.3-5 所示，方便多角度固定管道支架。

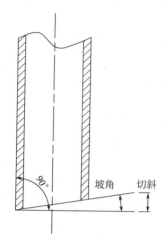

图 4.3-4　无缝钢管切割示意图

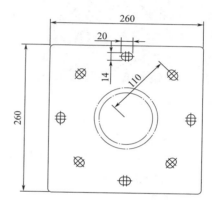

图 4.3-5　承接板详图（单位：mm）

（3）将无缝钢管与承接板组对满焊，待构件冷却后，进行整体喷漆防腐。

3）短柱测量定位

用经纬仪进行短柱的测量定位，标记中心点，制作比短柱外直径大 50mm 的圆形木模板，以标记点位为中心放置模板，画出压型钢板的切割线。

4）压型钢板切割

用等离子切割机按绘制好的切割线进行压型钢板切割，用角磨机或锉刀对钢梁的预焊接部位进行打磨，并清理干净。

5）短柱安装固定

（1）安装位置应避开钢梁翼缘对接焊缝，并保证至少 200mm 的净距离。

（2）短柱焊接前，用角磨机或锉刀对钢梁表面进行打磨，并清理干净。

（3）承接板螺栓孔水平方位应按设计图施工，保证每副管道支架能在同一平面固定。

（4）先将短柱与钢梁点焊，待确认短柱垂直度偏差无误后，再进行满焊。

短柱安装实物图如图 4.3-6 所示。

6）压型钢板切口封闭

切割对称的"C"形镀锌薄钢板，如图4.3-7所示，圆弧的切割尺寸，根据所选用无缝钢管外径确定，用自攻螺钉将两块对称的薄钢板与压型钢板固定，封闭切口处，方便下一道工序隔汽层的施工。

图4.3-6　短柱安装实物图

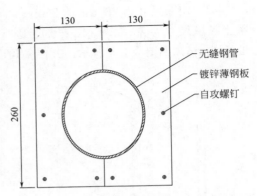

图4.3-7　"C"形镀锌薄钢板（单位：mm）

7）设备安装平台焊接

设备安装平台必须保证水平无坡度，每节H型钢顶部应齐平，在满焊前用水平仪予以检查确认（图4.3-8）。

图4.3-8　设备安装平台实施图

8）短柱隔汽层粘贴

（1）隔汽层粘贴前，应将短柱粘贴部位清理干净。

（2）短柱与屋面的隔汽层同步施工，短柱底部设置附加隔汽层，粘贴高度不低于保温层厚度。

9）短柱防水施工及试验

（1）短柱的防水采用卷材包裹，随屋面防水同时进行热风焊施工。短柱的防水卷材包裹高度应符合屋面防水要求，卷材顶部采用液态卷材涂刷并用管束固定。

（2）短柱防水施工后，随屋面防水同时进行淋水试验，试验应合格，无渗漏。

10）管道与设备的安装就位

（1）先将一段成品槽钢与管道基础承接板用螺栓进行固定，再将成品支架底座与槽钢用螺栓连接固定，然后进行管道支架安装。

（2）当两组管道基础顶标高偏差较大时，可通过竖向槽钢螺栓孔来调节横担水平度。

（3）当安装平台尺寸比设备底座大时，可在平台内呈目字形增加两根 16 号槽钢与 H 型钢焊接，用于减振器或设备底座固定，增加的槽钢侧翼朝上，最大长度不应超过 2m。

管道支架和管道排烟风机安装如图 4.3-9、图 4.3-10 所示。

图 4.3-9　管道支架安装

图 4.3-10　管道排烟风机安装

4.3.2　技术指标

《钢结构焊接规范》GB 50661—2011
《钢结构工程施工质量验收标准》GB 50205—2020

4.3.3　适用范围

适用于钢结构非上人柔性屋面机电设备及管道施工。

4.3.4　应用工程

北京环球影城主题公园项目；上海迪士尼主题乐园项目。

4.3.5 应用照片

北京环球影城主题公园项目风管屋面支架安装应用效果如图 4.3-11 所示。

图 4.3-11 北京环球影城主题公园项目风管屋面支架安装应用效果

第5章 机电系统调试技术

5.1 空调水系统调试技术

5.1.1 技术内容

空调工程中，对空调水系统的调试长期以来未得到充分重视，在工程完工后，使用时经常出现部分区域或房间的空调效果不理想，严重影响了居住者的舒适度。有时甚至导致某些区域在夏季无法提供凉爽的环境，在冬季无法达到足够的温暖。为此，根据工程施工的实际经验，制定了一套完善的空调水系统平衡调试工艺流程和作业规定，重点阐述了调试过程中的关键要点，以确保工程施工质量。

1. 技术特点

（1）空调水系统平衡调试中，通过在非稳态部位流量变化的试验论证、系统总流量校核，应用等比流量分配和双（多台）仪器同时测定等方法，克服了时差式超声波流量仪在系统测试时，流量读数偏离和系统测量数据可信性低的难点，具有一定创新性。

（2）对时差式超声波流量仪的使用要点和系统测试方法做了较明确的叙述，便于参考和推广应用，具有较强的可操作性。同时，通过对仪器深度使用的研究，拓展了仪器的使用范畴。

2. 施工工艺流程

空调水系统测定与调试施工工艺流程如图5.1-1所示。

3. 操作要点

1）空调水系统调试准备

（1）在调试前各热力交换站房、设备、管线必须按照设计要求施工完毕。水泵和水泵电动机运转平稳，无异常振动和声响，紧固连接部位无松动，连续运转2h后，滑动轴承外壳最高温度不得超过70℃，滚动轴承不得超过75℃。

（2）系统调试前必须保证系统管道内的清洁，避免动态平衡阀的损伤。

2）系统总流量的测定与调整

（1）系统总流量的测定：

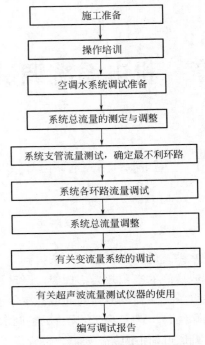

图 5.1-1 空调水系统测定与调试施工工艺流程图

空调水系统可分为定流量与变流量两种，冷冻水循环系统可分为一次泵系统、直供二次泵或三次泵等系统。但是，对于系统总流量的测定是统一的，测定位置可以选择在送水总管处，也可选择在回水总管处，视流量测量条件而定。首先，在系统总管部位按照超声波流量测试仪流量测量的要求，寻找最佳位置正确测量其流量，至少为两次。然后，与系统中装有的流量计量装置（孔板）反映的数值进行比对，可以求得较正确的总管流量，并作为将来系统平衡的依据。系统总管流量双重校核的方法，是依据系统总流量一致性原理，科学应用流量计量仪器的需要，一般应以最符合测试条件下测试仪器显示的数值为准。

（2）对于冷热水系统共用总管的，应进行两次不同设计流量的分别测量。

（3）总管测量后对其上游的阀门开度和泵的转速等应做定位标记和数值记录。

3）系统支管流量测试，确定最不利环路

（1）首先对整个水系统进行分析，获取各管段的压力损失数据，然后根据阻力大小从最大到最小排列各环路，以确定调节的优先顺序。根据压力降相等的平衡原理，将最不利环路的阻力与其他各环路的阻力相减，从而确定其他各环路在调节中应补偿的阻力值。初步确定各支干管、各设备调节阀的开启度，先开大最远端或局部阻力部配件最多环路的阀门，使最不利环路有足够的水量，相应根据阻力大小调整其他管路的阀门。

（2）在确认系统支管上的阀门处于设计设定的开度后，再进行各个支管环路流量的测定。

4）系统各环路流量调试

（1）系统流量平衡是利用管路流量与阻力成反比的原理，采用流量等比分配（调整）法对系统各个支管与回路进行平衡调整。

（2）依据测定的数据选择，与设计比值差异最大的回路确定为最不利环路的回路，将其调节阀全部打开。然后，利用两台流量测试仪分别测量最不利环路与其他环路的流量，并调整其他环路的阀门，使得它们的实测流量与设计流量比值近似相等。调整完毕后，固定相应调节阀。按照《通风与空调工程施工质量验收规范》GB 50243—2016 验收规范的规定，系统各个设备的流量允许偏差为 $\pm 10\%$。

（3）对于末端机组装有动态平衡阀的系统，可以省略手动平衡调试，各设备机组的水流量由动态平衡阀厂商进行设定与调整。

5）系统总流量调整

（1）在系统各个环路流量已经得到平衡的条件下，采用调整送或回水总管的手动阀门，将其流量设定至设计规定的流量，并做好标记。对于采用变频电机驱动水泵的系统，则采用不断变频使系统流量满足设计要求。按照《通风与空调工程施工质量验收规范》GB 50243—2016 验收规范的规定，系统总流量的允许偏差为 $\pm 10\%$。

（2）对于多台水泵并联连接，联合使用的系统，还需要对不同数量水泵联合运行进行实测和平衡。对水泵逐台进行校验，开启 1 台水泵，测试开启水泵的流量扬程，与水泵说明书中的性能曲线进行比较。然后测试 2 台、3 台、4 台同时开启时的各水泵流量，确定水泵扬程、流量满足系统要求。

（3）当系统总流量不稳定，造成流量平衡困难时，需不断修正总流量分配、平衡达到设计和运转使用的适用状态，对调整后系统的阀门及其他调节装置做好定位标记。

6）有关变流量系统的调试

工程中如设计采用变流量系统，可以在日常运行中根据系统的需要调整水流量以降低输送的能耗。但是，系统流量的测定与调试，作为施工单位应以设计冷、热两季的最大流量为主要调试工况。

对于直供二次或三次泵系统的调试，一般应先分别进行三次泵系统、二次泵系统的平衡，然后与一次泵系统进行汇合、调整，使二、三次泵系统的流量达到基本的平衡，即连通管的流量不大于总流量的 5%。

对于三次泵系统中三次泵变频器的调试，在每个热力交换站房的流量基本平衡后，手动调节三次泵变频器，同时观察盈亏管的流量读数和水流方向，使系统处于微盈状态。

7）有关超声波流量测试仪器的使用

手持时差式超声波流量测试仪（图 5.1-2）是一种比较灵敏的流量测量设备。它的测量精度随条件而变化，尤其对测点的水流状况有要求，否则就会有较大的偏差。仪器要求测量点的前、后为直管，这是一个很难满足的规定。当然除超声波流量测试仪以外的孔板、喷口等都有近似的规定，只是量值上有些差异而已。施工现场要满足以上的测量条件的点不会很多，为此，需采取以下措施：

（1）在系统总管测点位置应符合条件的规定，保证总流量测试的正确性。

（2）对仪器进行不满足状态条件的校核试验，以取得其变化的方向与范围，便于分析。从仪器流量校核结果分析，只要前、后局部阻力元件距离不符合的，仪器流量显示的值均小于实际流量，且随距离的减小，显示偏差量增大。

（3）根据仪器的测定数据，采用系统按比例分配的测定方法，可以较客观地解决超声波流量测试仪在支管测试中读数偏差的难题。

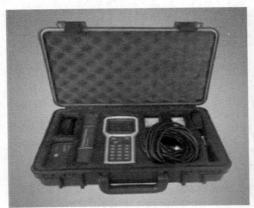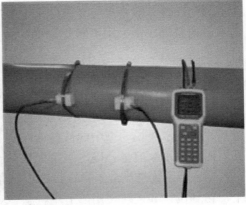

图 5.1-2　手持时差式超声波流量测试仪

8）编写调试报告

（1）将完成合格系统调试的工程以书面文件的形式，向业主进行移交。

（2）系统调试报告应包括完整的测试数据资料汇总、对测试数据的分析、详细结论及对工程质量做出的评价。

（3）对调试中发现并已解决的问题和遗留的疑难之处应列表总结，并做简要分析。

5.1.2　技术指标

《通风与空调工程施工质量验收规范》GB 50243—2016

5.1.3　适用范围

适用于空调水系统流量的测定和调试。

5.1.4　应用工程

虹桥综合交通枢纽项目；京沪高铁上海虹桥站项目。

5.1.5　应用照片

虹桥综合交通枢纽项目现场空调水系统调试应用如图 5.1-3 所示。

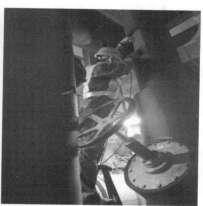

图 5.1-3　虹桥综合交通枢纽项目现场空调水系统调试应用

5.2　恒温恒湿空调系统调试技术

5.2.1　技术内容

在传统恒温恒湿空调系统中，通常采用独立性较强的精密空调作为主要处理设备，以简化运行逻辑和降低管理难度。尽管精密空调在小空间或相对密闭区域的温湿度控制方面效果较好，但在大空间应用时，其处理能力较低，需要投入更多设备进行处理，这对空间排布和系统稳定性造成不利影响。特别是在某些需要恒温恒湿环境的大型场所，传统的精密空调已经不能满足实际需求。

与传统舒适性空调不同的是，在一些展陈空间或者文化展馆类项目中，恒温恒湿场的精准控制需结合温度、湿度、二氧化碳、空气场均匀度、阀门开度及冷热量等多变量，更具有多因素交错影响的特殊性。基于大空间、多区域的恒温恒湿系统，因其涵盖区域广、综合工况复杂、系统干扰量大、不稳定性强等实际因素，给施工及后期调试带来了极大的困难，大大增加了调试的难度。本技术提出了基于 AHU＋PAU＋VAV 架构的恒温恒湿空调系统调试技术的温湿度稳定控制的有效方法，确保了系统的稳定运行。

1. 操作要点

针对展馆工程恒温恒湿空调系统调试难点，可以从气流场的均匀性处置、室外新风干扰量控制、公共区域环境场干扰控制、冷暖季冷热源投入运行管控、BA 控制模式、加湿器运行稳定控制等几方面进行针对性地调整，有效解决展馆工程恒温恒湿空调系统调试难点。

1）气流场的均匀性处置

在调试初期由于整个建筑结构处于过冷工况，在此条件下，热空气的影响范围主要集中于上部区域，地面包括墙体下半部分都处于低温状态。整个展厅的充分换热需要一定时间，直接导致了气流场的分层。

2）室外新风干扰量控制

在调试过程中，展厅区域温湿度在已保持一段时间稳定的情况下，不时会突然出现剧烈波动的情况。查阅相关天气信息，发现在室外低温晴朗天气下，有着室外低温、低相对湿度的空气经新风机组与回风混合，直接进入系统空气场而影响到了室内温湿度。因此，在调试过程中，必须规避相关干扰量。

3）公共区域环境场干扰量控制

在系统实际运营情况下，展厅对公共区域应形成正压，气流最终经公共区域内排风口排至室外。通过对现场情况的深层次分析发现公共区域与功能区温湿度相互干扰的主要原因是排风不畅所致的气流场不畅，整个室内气流受"焖锅"现象影响而产生紊流。恒温恒湿及舒适性空调的排风都集中于公共区域走道内，在实际未开启排风的情况下，导致了气流场不畅，展厅无法形成对公共区域的正压工况。为确保效果，须进行调整。

4）冷暖季冷热源投入运行管控

围护结构保温效果好，热散失量小，这是导致空调系统在最小工况下运行还存在过热的直接原因，加之需要满足等焓加湿的需求，所以出现了过热的情况。另一方面，夏季湿度过高，在空调箱除湿过程中冷盘管需达到露点温度，使得送风温度过低，导致温度无法达到要求，故在实施过程中，需加以控制。

5）BA 控制模式

BA 控制的初衷是能有效便捷地控制温湿度，通过数据分析来达到内部逻辑控制。而温度的波动也体现着 BA 系统为达到稳定曲线所采取的控制手段。

6）加湿器运行稳定控制

经对本工程加湿模式进行分析，高压微雾属于等焓加湿过程，水经过加湿器高压雾化后打入空调箱加湿段，雾化水滴变成水蒸气时吸收空气中的热量，空气温度下降，含湿量增加，相对湿度增大，加湿前后焓值保持不变。如图 5.2-1 所示，由工况点（温度 26℃、相对湿度 37%）变化至目标点（温度 22℃、相对湿度 55%），实现这一等焓加湿的前提条件为存在温差工况，以此来确保高压微雾加湿的效果得以保障。在实际工况条件无法满足于现状需求的情况下，人为提高工况点温度又将破坏区域对恒温的要求。

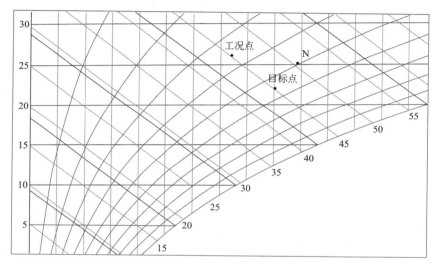

图 5.2-1　工况点焓湿分析图

2. 技术要点

1）气流场的均匀性处置要点

（1）调试过程中将空调箱送风电机频率由 30Hz 增至 40Hz，通过加快送风风速来提高换热效率。

（2）持续进行监测，待气场温度逐步趋于稳定，并达到预期效果。

（3）确保冷热源持续工作的稳定性。系统达到最终稳定状态之前需要一定换热稳定期。冷热源的突然失能会导致温湿度快速失衡，再次重启冷热源后又将重新经历稳定期，这将对整个系统的调试带来极大的影响。因此，保持冷热源的持续工作状态将是确保恒温恒湿持续稳定的重要因素。

2）室外新风干扰量控制要点

（1）增加室外新风点温湿度的实时数据采集，如图 5.2-2、图 5.2-3 所示。

（2）明晰室外新风对室内温湿度场的影响程度。

（3）与系统实际运行参数，进行同时间轴对比分析。

（4）确定室外新风温湿度与室内参数是否成稳定正向线性关系。

（5）加强对 PAU 系统的监控力度，保证室内 CO_2 浓度的前提下，维持最小

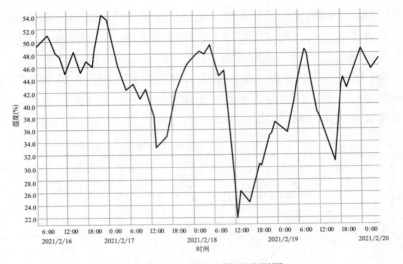

图 5.2-2　室外湿度情况监测图

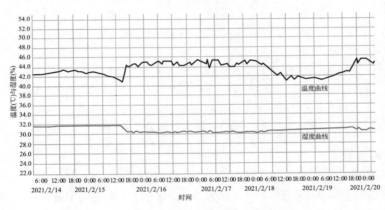

图 5.2-3　室内温湿度情况监测图

新风开度。

（6）通过对 VAV 变风量阀的控制，严格限制新风量同回风量的混合比。

（7）严格控制 PAU 处理模式，对新风做好预处理。

3）公共区域环境场干扰控制要点

（1）对排风系统进行运行保障，实现内对外的正压保护，提高其加湿效果。

（2）避免室内无排风导致的送风受阻。

（3）增设空气幕以形成风闸，尽量避免局部混合导致的温湿度干扰。确保展厅进出口区域不受到公共区域的影响。

4）冷暖季冷热源投入运行管控要点

（1）在降温调控过程中及时打开热盘管，确保出风温度的稳定。

（2）在冬季工况下开启冷机，确保全年 24h 温湿度持续可控。

（3）冷机的开启必须满足过冷保护以及冷却水低温旁通保护，将小 BA 控制纳入大群控体系。

（4）确保夏季锅炉处于自控开启状态，以便对过低温度气流进行加热处理。

5）BA 控制模式要点

（1）充分考虑供回水流量这一参数。由于流量过大，导致升温过快。过长的失衡状态，无法实现温湿度的精准控制（图 5.2-4）。对标 BA 控制模式下的各个参数要求，得出其动态调节取决于系统对冷热水流量的控制。

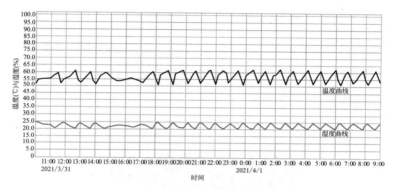

图 5.2-4　温湿度运行曲线图

（2）基于 BA 控制模式可进行 PI 运算并给出阀门输出控制信号，流量与信号呈线性对应曲线关系。因此，在实际运行过程中需注重平衡阀的开度问题，通过输入信号改变调节阀的开度，从而完成流量的调节，避免了由于平衡阀开度与 BA 指令不相符而导致的温湿度失衡。

（3）在对产生温度波动的机组进行分析后得出，BA 控制信号的发出以及阀门对应曲线的设定存在偏差。在相同控制信号下，其开度保持不变，但由于部分空调箱接管管径偏大导致实际流量大于设计值，直接加剧了温度过热情况的出现。

（4）影响阀门实际开度及数据准确度的因素主要有 BA 控制信号以及流量和控制信号的对应曲线。

（5）在对产生温度波动的机组进行分析后得出，BA 控制信号的发出以及阀门对应曲线的设定存在偏差。在相同控制信号下，其开度保持不变，但由于部分空调箱接管管径偏大导致实际流量大于设计值，直接加剧了温度过热情况的出现。

（6）对波动剧烈的区域重新进行摸排，并重新确定信号上限、调节阀理想流量，重新选择输出流量与控制信号对应曲线，确保了最终流量反馈满足于 BA 控制信号的需求。

6）加湿器运行稳定控制要点

（1）提高加湿器增压泵压力值，以此来提高雾化能力。

（2）提高加湿器供水需求量，以此来增加单位时间的加湿量。

（3）增加加湿器喷杆数量，以此来增加同热盘管的水雾接触点。

5.2.2 技术指标

《民用建筑供暖通风与空气调节设计规范》GB 50736—2012

《通风与空调工程施工质量验收规范》GB 50243—2016

5.2.3 适用范围

适用于具有恒温恒湿要求的展馆类项目。

5.2.4 应用工程

浦东美术馆项目；上海市嘉定区档案馆项目。

5.2.5 应用照片

浦东美术馆项目恒温恒湿空调综合应用效果如图 5.2-5 所示。

图 5.2-5　浦东美术馆项目恒温恒湿空调综合应用效果

5.3　高大空间通风空调系统风平衡调试技术

5.3.1 技术内容

由于高大空间的特殊性，通常需要采用大型组合式空调机组的送风和回风系统。在高大空间通风空调系统中，为了满足节能和规范的要求，在交工前需要对每个空调系统进行风平衡测试调整。

高大空间通风空调系统的风平衡调试技术采用了功效高、精度高的基准风口法。在测试过程中，使用测试仪器（如热线风速仪、风量罩等）对每个空调系统风管的送风口和回风口进行测试。然后通过计算、分析和对比，找出具有最不利条件的风口作为基准，再对其他风口的风量进行测量和调整，以确保每个空调系统的送风口和回风口的风量都能达到系统风平衡的要求。

1. 技术特点

（1）高大空间由于高度高、空间大，空调送风多采用中央空调系统，为了达到节能和整个空间的温湿度效果，都需要做空调系统的风平衡调整。

（2）高大空间的中央空调系统风口较多，多采用大直径圆形旋流风口。

（3）高大空间的空调系统风口安装高度较高，而且数量多，风平衡测试难度大。

（4）针对高大空间空调系统风平衡测试的技术特点和难点，采用基准风口法测量。仪器选用热线风速仪和标准风量罩以及改进型的大直径圆形风量罩，可以大大提高测量调整效率，节省人工工时及登高车作业台班，降低调试成本。

2. 工艺原理

中央空调系统的风平衡调整就是利用测量仪器对空调系统的末端风口进行测量调整，使每个风口风量的误差在设计或规范允许范围内，满足环境温度以及游客舒适度的要求，达到空调系统运行的最佳效果，同时也能很好地节约能源。

3. 施工工艺流程

通风空调系统风平衡调试施工工艺流程如图 5.3-1 所示。

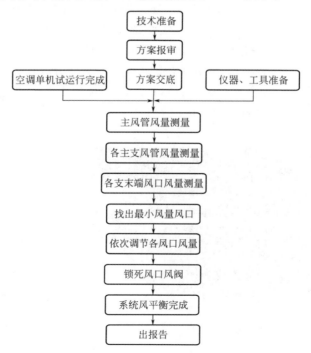

图 5.3-1　通风空调系统风平衡调试施工工艺流程图

4. 操作要点

1）主风管风量测量

先测量空调系统主风管的风量，同时也是验证空调风机的实际风量，确认主风管的风量是否满足设计要求，如果主风管的风量小于设计风量，找出原因并进行处理。因为如果主风管的风量达不到设计要求的风量，那么末端风口的风量也就无法满足设计要求。

对于风管主管，测定断面应考虑设在气流均匀、稳定的直管段上，至弯头、三通等产生涡流的局部构件要有一定距离，如图 5.3-2 所示。

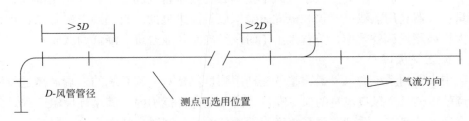

图 5.3-2 主风管风速测量点位置选择

2）各主支风管风量测量

（1）对于矩形风管支管，将截面划分为若干个相等的小截面，并使各小截面尽可能接近于正方形，测点位于小截面的中心处，小截面的面积不得大于 $0.05m^2$（即每个小截面的边长为 $200\sim220mm$），如图 5.3-3 所示。

（2）对于圆形风管支管，根据管径的大小，将截面分成若干个面积相等的同心圆环，每个圆环上测量四个点，且这四个点必须位于互相垂直的两个直径上（图 5.3-4），所划分的圆环数目，按表 5.3-1 选用。

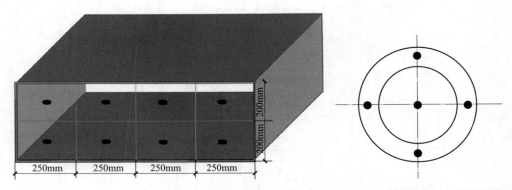

图 5.3-3 1000mm×400mm 矩形风管测点位置示意图　　图 5.3-4 圆形风管测点位置示意图

圆形风管截面圆环个数 表 5.3-1

圆形风管直径	200mm 以下	200～400mm	400～700mm	700mm 以上
圆环个数	3	4	5	5～6

3) 测量仪器选用

为了准确测量风口的风量，优先使用风量罩进行准确测量，大尺寸回风口可考虑使用热线风速仪（图 5.3-5）。

4) 风量的测定方法

热线风速仪只能直接测量风口风速，通过风速与面积的乘积计算出风量，即：

$$L = 3600 \times F \times V \times K \tag{5.3-1}$$

式中：F——送风口的外框面积（m^2）。

K——考虑送风口的结构和装饰形式的修正系数，一般取 0.7～1.0。

V——风口处测得的平均风速（m/s）。

采用风量罩测量风量，测量精度高，不需要计算便可以直接读出风量，快捷方便。目前，国内市场能采购到的风量罩为 610mm×610mm 的标准方口风量罩（图 5.3-6），对于圆形风口如旋流风口或直径大于 600mm 的圆形风口，可使用改进型风量罩测量。

图 5.3-5 热线风速仪

尼龙罩

手柄

仪表头

底座

图 5.3-6 方口风量罩

5) 高大空间空调系统风量调整

以某场馆高大空间的一个空调机组的空调系统图为例（图 5.3-7），该系统有 1 根主风管、3 根支风管供 12 个风口送风。风机出口的主管上有一总阀，各风口末端分别有调节阀调节风量。

具体操作步骤如下：

（1）先将主风管风阀和各末端风口处的风阀开到最大开度，启动空调风机，初测各风口风量值并计算与设计风量的比值，将各风口风量初测值与计算结果列于表 5.3-2。

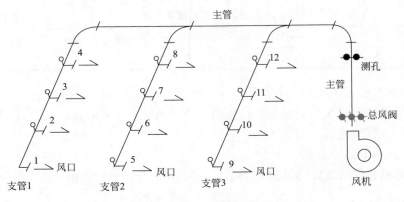

图 5.3-7 空调系统图

各风口风量初测值及计算结果（单位：m³/min） 表 5.3-2

编号	设计风量	初测风量	比值（%）	编号	设计风量	初测风量	比值（%）
1	200	170	85	7	200	225	112.5
2	200	190	95	8	200	230	115
3	200	210	105	9	300	245	81.7
4	200	240	120	10	300	275	91.7
5	200	195	97.5	11	300	340	113
6	200	215	107.5	12	300	355	118

（2）从表 5.3-2 中数据可以看出支管 1 的 1 号风口比值最小；支管 2 的 5 号风口比值最小；支管 3 的 9 号风口比值最小。所以就选取 1 号、5 号、9 号的风口作为调整各分支干管风口风量的基准风口。

（3）风量的测定调整一般应从离通风机最远的支管 1 开始。

为了加快调整速度，可以使用两套仪器（风量罩）同时测量 1 号、2 号风口的风量，此时调节末端的风量调节阀，使 1 号、2 号风口的实测风量与设计风量的比值百分数近似相等，即：$\dfrac{Q_1 实测}{Q_1 设计} \approx \dfrac{Q_2 实测}{Q_2 设计}$，通过这样调节，1 号风口的风量必须有所增加，其比值要大于 85%；2 号风口的风量有所减少，其比值会小于原来的 95%，但比 1 号风口原来的风量比值 85% 要大一些。假设调节后的比值为：$\dfrac{Q_1 实测}{Q_1 设计} = 90.6\%$，$\dfrac{Q_2 实测}{Q_2 设计} = 90.8\%$，这就说明两个风口的阻力已经达到基本平衡，根据风量平衡原理可知，只要不随意改变末端风量调节阀的位置，即使主风管的风量发生变化，1 号、2 号风口的风量仍会按照新比值等比进行分配。

（4）1 号风口处的仪器不动，将另一套仪器放到 3 号风口处，同时测量 1 号、3 号风口的风量，并通过风口调节阀使 $\dfrac{Q_1 实测}{Q_1 设计} \approx \dfrac{Q_3 实测}{Q_3 设计}$，此时 1 号风口

$\dfrac{Q_1 \text{实测}}{Q_1 \text{设计}}$ 已经大于 90％，3 号风口 $\dfrac{Q_3 \text{实测}}{Q_3 \text{设计}}$ 已经小于原来的比值 105％，自然，2 号风口的比值也随之增大。

（5）用同样的测量调节方法，使 4 号风口与 1 号风口达到平衡，自然，2 号、3 号风口的比值也随之增大。至此，支管 1 上的 4 个风口均调整平衡完毕，其比值近似相等。

（6）采取同样的做法再将支管 2 与支管 3 上的风口调至要求的百分比。然后以 5 号、9 号风口为依据，依次调节风口调节阀的开口度，使各支管风量分配达到平衡的要求。

（7）这样风量分配的调整即告完成，同时也满足《通风与空调工程施工质量验收规范》GB 50243—2016 中 $-5\% \sim 10\%$ 的风量允许偏差要求。

（8）最后将最前端总风阀调至设计风量，将风口的各风量调节阀刻度做好标识，将手柄的固定螺栓拧紧，则该空调系统风量平衡测定调整即告结束，可出调试报告。

5.3.2　技术指标

《通风与空调工程施工质量验收规范》GB 50243—2016

5.3.3　适用范围

适用于机场、剧场、大型场馆等高大空间中央空调系统风平衡测量调整。

5.3.4　应用工程

北京环球影城主题公园标段五项目；厦门国际会展中心改造项目。

5.3.5　应用照片

北京环球影城主题公园标段五项目主风管风速测量效果及风口风量测量效果如图 5.3-8、图 5.3-9 所示。

图 5.3-8　北京环球影城主题公园标段五项目主风管风速测量效果

图 5.3-9　北京环球影城主题公园标段五项目风口风量测量效果

第6章 特色技术

6.1 利用 BIM 及 3DMAX 数字化技术的设备吊装模拟

6.1.1 技术内容

在大型场馆新建或改造过程中，有大量的设备需要吊装或拆除，特别是对于改造工程，吊装难度更大，缺少直观的吊装模拟手段，无法对各方案的可行性进行预演模拟和校核。通过采用 BIM 及 3DMAX 数字化技术将设备拆除和改造施工过程进行可视化模拟，对拆除和改造方案的可行性进行预演模拟和校核，可以大大提高实施方案审核的准确性。

1. 技术特点

对于改造项目，需要提前将机房原有的大型设备进行保护性拆除、吊装撤场，原有设备安装位置空间受限，或就位于高低不同的设备层上，吊机如何抬升，如何在空中接力吊装，如何在受限空间水平和垂直驳运，均是旧改项目不可跨越的难题。通过 BIM 及 3DMAX 数字化技术对设备拆除和安装时的吊装方案进行预演模拟，可实现对施工进度的全方位控制。

2. 施工工艺流程及操作要点

1) 改造工程施工工序模拟

以某大型场馆的提升改造工程为例进行说明，某大型场馆主场馆本来是一个备用展馆，地面密布展位箱，顶部密布的管线无法满足国家顶级会议需求，需要全部拆除后，再增大系统容量、密布吊点，同时需要配合吊顶的装饰效果需求进行吊顶末端点位细部反复三维模拟调整。

首先，现场通过全站仪进行现场各项尺寸高精度测量，再将测量数据导入 BIM 中进行合模校核，并调整原有钢结构的细部尺寸，在次梁预制加工前，预留机电综合吊点的转换梁，部分顶部待敷设的管线可在此时预先配合钢结构次梁进行预制小模块拼装施工。

其次，通过 BIM 管线综合和碰撞检测，可将多个垂直层面机电管线支架进行综合，形成复杂的装配化支吊架和称重结构综合受力体系，在保证主管线支架稳定可靠的同时，也确保了最底层的吊顶上各类承重支架的预留，确保后期施工空间。

通过大量综合性的 BIM 模拟，进行多层次机电管线的水平分区、垂直高度的流程模拟，合理规划了总体施工区域，并对支吊架与钢结构搭接进行优化，同时可细化机电系统的接口形式，模拟施工步骤等，做到合理有序，明确配合协作单位的工作节点和穿插节奏。

2）复杂工况条件下，机电拆除技术的 BIM 三维专项模拟

（1）旧设备拆除吊装模拟

通过在施工作业 BIM 模型的基础上附加原有建筑模型（图 6.1-1）、现场采用全站仪扫描的实际修正模型以及水平托运先后顺序等信息，将老设备拆除工作进行施工过程的可视化模拟（图 6.1-2），结合建筑结构的精确模型，对现场多套驳运方案的可行性和经济性进行预演和校核，优中选优，同时明确老系统设备的驳运工序，协同土建和结构等单位配合施工的作业节点，并充分利用 BIM 模型和 3DMAX 效果进行分析和优化，提高了旧改拆除实施方案审核的准确性。

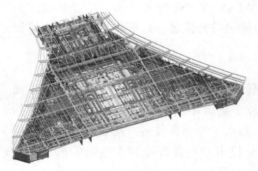

图 6.1-1　某大型场馆主会议厅
的全馆 BIM 模拟模型

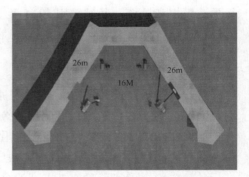

图 6.1-2　设备拆除作业模型

（2）受限空间设备吊装模拟

结合模型规划吊车进场和撤场路线，进行结构受力校核、进场路线预留和路线上相关产品保护工作；通过吊装模型，向吊装人员介绍水平驳运主要事项，特别是设备重心偏移吊装法的步骤、控制点、配合流程，直观且形象（图 6.1-3）。

在吊装及安装空间受限的情况下，根据精确的模拟（图 6.1-4），进行吊车臂展、臂高、吊车就位点的演示来确定施工机具的各项参数，最终选用合适的起重机进行吊装；同时，根据设备就位处空间的垂直尺寸和进出幅度，模拟并校核了设备的精确站位、设备的卸车、空中水平短驳间距、设备本体在空中转位的角度和幅度、吊车臂展伸的长度和角度、设备的垂直就位、吊车的复位以及撤场的全过程。在施工现场的吊装过程中，完美、严谨地复制了该方案，丝毫无误。

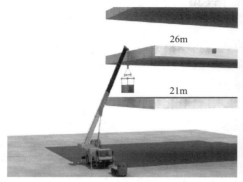

图 6.1-3　设备重心偏移吊装模拟 　　　　　图 6.1-4　设备吊装模拟

　　对位于裙楼屋顶，其上部又有通长透空屋檐覆盖的受限空间，精确模拟了汽车起重机能达到的空中站位（图 6.1-5），利用裙房屋顶上的吊装辅助机具进行接力、空中转体等高难度的衔接吊装（图 6.1-6），统筹考虑批量设备，明确系列吊装的顺序和流程，结合现场试吊，摸索并掌握了吊装的关键控制点和参数，针对性地选择吊装锚点、拖排的设置等专业配套设备，完成了局限空间内批量设备的吊装。

图 6.1-5　汽车起重机垂直吊运 　　　　图 6.1-6　吊装辅助机具水平驳运示意图

6.1.2　技术指标

　　《机械设备安装工程施工及验收通用规范》GB 50231—2009
　　《起重机械安全规程 第 1 部分：总则》GB/T 6067.1—2010
　　《建筑施工高处作业安全技术规范》JGJ 80—2016
　　《建筑施工安全检查标准》JGJ 59—2011

《建筑施工起重吊装工程安全技术规范》JGJ 276—2012

6.1.3 适用范围

适用于大型场馆新建或改造过程中的施工模拟。

6.1.4 应用工程

国家会展中心（上海）场馆功能提升项目；上海中心大厦项目。

6.1.5 应用照片

国家会展中心（上海）场馆功能提升项目平行论坛会议室如图 6.1-7 所示。

图 6.1-7 国家会展中心（上海）场馆功能提升项目平行论坛会议室

6.2 大型场馆高空电气设备及电缆安装技术

6.2.1 技术内容

FIFA 世俱杯上海体育场应急改造项目，设计上采用了外环圆形、内环椭圆形，呈波浪式的马鞍形整体结构，屋顶及马道均为钢结构，马道为利用悬挑斜撑钢结构承重，有很严格的载荷要求，本工程需要在钢结构上吊装安装大型扬声器及电缆，其中，需吊装扩声系统阵列扬声器组（共计 26 组）至马道上方，重量总计达 46583kg；需吊装体育工艺用桥架电缆，重量总计达 82t，电缆单根最长270m。由于安装操作空间有限，本次采用新的高大空间设备及电缆吊装技术，在吊装过程中完成组装、吊装、安装的工作。

1. 技术特点

此次设备安装涉及高空临边作业，施工难度较大。主要技术特点有：

（1）需要选择合适的吊装部位来固定吊装设备，既安全可靠又能确保可操作空间。

（2）马道非常窄，仅有 0.7m，且除扬声器和电缆外，还有赛事照明、天幕、弱电等其他专业管线及设备。由于马道上几乎没有工人可操作的空间，因此线槽和扬声器必须在吊装过程中完成组装，并且吊装、安装工作需同时进行。马道设备布置正视图如图 6.2-1 所示。

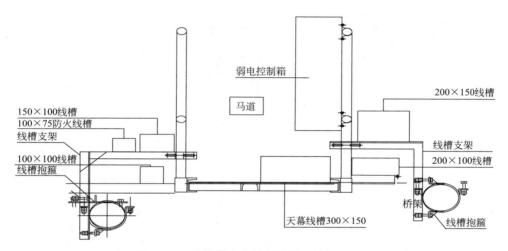

图 6.2-1 　马道设备布置正视图（单位：mm）

2. 工艺原理

1）扬声器吊装

扬声器的垂直运输采用两台起吊重量为 1.5t 的电动卷扬机。线阵列音箱必须安装在专用扬声器抱箍连接件上，除要求平整外，应注意扬声器的角度。吊装前应检验外观是否损坏，螺栓是否松动。

2）电缆吊装

电缆盘的垂直运输采用 2 台起吊重量为 1t 的电动卷扬机，卷扬机通过槽钢固定在钢结构上，在顶棚下马道上方平台及末端设备处分别设置一台卷扬机进行吊装。

3）电动卷扬机结构梁安装

在马道上方采用尺寸规格为 80mm×80mm×6mm 的结构柱以及长度为 3.7m 的方管，安装在屋顶罩棚下主结构横梁上，采用钢丝绳与 U 形抱箍收紧固定的方式，电动卷扬机结构梁与主结构连接固定点处有 2cm 厚橡塑板对原主结构进行保护。电动卷扬机结构梁安装图如图 6.2-2 所示。

3. 施工工艺流程

吊装施工工艺流程如图 6.2-3 所示。

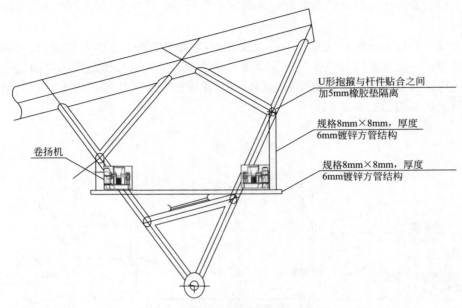

图 6.2-2　电动卷扬机结构梁安装图

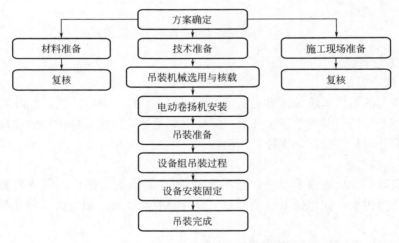

图 6.2-3　吊装施工工艺流程图

4. 操作要点

1）扬声器吊装

（1）电动卷扬机空载测试并释放钢缆至地面。

（2）安装缆风绳并释放吊钩至地面。

（3）音箱组的地面组装：地面安装人员通过板车将音箱单元从库房带包装运

至吊装点下方地面，大约需要 20m² 临时施工作业面积用于临时存放设备和组装设备。

（4）音箱组装吊装准备：将第一只音箱通过吊带吊挂在第一组电动卷扬机钢缆挂钩上准备起吊。当最下面一只扬声器距离地面 600mm 时，卷扬机停止起吊，地面工作人员开始拼装第二只音箱单元。每安装完一只扬声器，卷扬机提升一段高度，直至把本组阵列的所有扬声器单元安装完成。地面安装人员将第二组卷扬机的吊钩通过飞机带吊挂在音箱阵列的尾部 U 形卸扣上，给第二组电动卷扬机安装缆风绳。

（5）音箱组吊装过程：起吊开始，启动第二组卷扬机，将音箱组的尾部向上提升，直到两组提升钢缆与地面保持垂直。两组卷扬机在安全速度下同步提升。

（6）扬声器组安装与固定：扬声器组提升就位后通过调整卷扬机的收放来调整扬声器的水平下倾角度。按照施工图纸和声学设计报告调整扬声器的角度。

（7）音箱组吊装完成：高空人员通过水平尺和量角仪器结合设计图纸继续微调钢缆回拉器，直至扬声器达到精准的安装位置和角度。

2）电缆吊装

（1）现场测量。

（2）根据项目配电系统的实际情况编制电缆排布表，标明长度、功能、回路编号等信息。

（3）经受力计算进行吊装机械选型，设备搬运采用移动平板车，设备吊装拟采用两台电动卷扬机。

计算载荷：

$$Q_j = k_1 \times k_2 \times Q \tag{6.2-1}$$

式中：Q_j——起重计算载荷。

Q——分配到其中设备的吊装载荷，包括承受的设备重量及其起重机，锁具、吊具重量。

k_1——动载荷系数，$k_1 = 1.1$。

k_2——不均衡载荷系数，$k_2 = 1.1 \sim 1.25$。

（4）吊装实施：

以天幕配电电缆吊装为例：①使用吊车将电缆盘及线槽吊至 6.4m 平台处，然后分别在两个吊装点马道顶端设置一组导向轮。②在马道顶棚下平台处及马道末端设备处分别设置一台卷扬机。电动卷扬机需固定在结构梁上，固定方法：在马道上方采用尺寸规格为 80mm×80mm×6mm 的结构柱以及长度为 3.7m 的槽钢，安装于屋顶罩棚下主结构横梁上，然后采用钢丝绳与 U 形抱箍固定，且需保证结构梁与主结构连接固定点处有 2cm 厚橡塑板对原主结构进行保护。③在吊装过程中，电缆采用网罩和卸扣固定，而线槽则通过钢丝绳穿过桥架螺丝孔进行固定。④每个配电段桥架和电缆同时吊装。⑤场馆北侧电缆及桥架吊装完毕后进行南侧吊装及施工。

6.2.2 技术指标

《建筑电气工程施工质量验收规范》GB 50303—2015

《体育建筑设计规范》JGJ 31—2003

6.2.3 适用范围

适用于体育场馆类公共建筑高大空间机电安装。

6.2.4 应用工程

FIFA 世俱杯上海体育场应急改造项目；崇明上海自行车馆新建项目。

6.2.5 应用照片

FIFA 世俱杯上海体育场应急改造项目马道电缆及马道扩声设备安装效果如图 6.2-4、图 6.2-5 所示。

图 6.2-4 FIFA 世俱杯上海体育场应急改造项目马道电缆安装效果

图 6.2-5 FIFA 世俱杯上海体育场应急改造项目马道扩声设备安装效果

6.3　高大空间钢桁架内机电施工技术

6.3.1　技术内容

高大空间钢桁架内机电施工技术是以跨专业一体化 BIM 技术应用为依托，密切跟进建筑钢桁架结构施工组织与施工进度，该技术从机电系统（如风管、消防水管、电气桥架、虹吸雨水等）和钢桁架结构整体吊装以及机电管线水平滑移就位的角度出发，采用新型机械化装配式支吊架和桁架内专用滑移顶升托架，以完成高大空间钢桁架内机电管线的施工任务。

1. 技术特点

（1）运用跨专业一体化 BIM 技术，实现桁架内机电管线与钢桁架施工进度相结合，对桁架内机电管线设施进行精确分段、制作及定位，便于施工过程中质量、安全管控。

（2）采用新型机械化装配式支吊架，避免各类风管、消防水管、电气桥架、虹吸雨水等支吊架在钢结构上焊接，从而保护表面耐火层，实现钢桁架结构稳定。

（3）设计桁架内专用滑移顶升托架，实现管线标高和弧度的调整，能有效控制管线的安装精度，实现机电管线与钢桁架的协调统一，有利于缩短高空作业时间，提高施工效率。

2. 施工工艺流程

机电管线与桁架整体吊装技术施工工艺流程与桁架内水平滑移技术施工工艺流程分别如图 6.3-1 和图 6.3-2 所示。

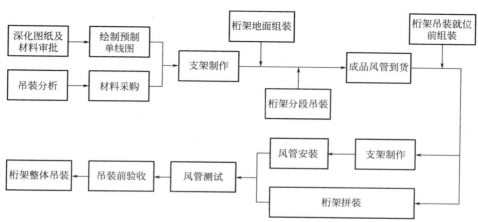

图 6.3-1　机电管线与桁架整体吊装技术施工工艺流程图

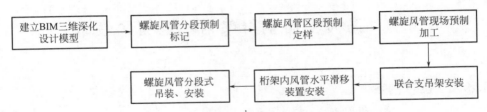

图 6.3-2　桁架内水平滑移技术施工工艺流程图

3. 操作要点

在钢结构桁架吊装前，结合钢桁架分段对桁架内机电管线设施进行精确分段、制作及定位。根据机电管线设施布置、桁架形式设计机电系统支吊架，确保机电系统、桁架结构体系安全稳定，完成桁架内机电管线设施与钢桁架结构体系整体就位安装，实现跨专业协同管理。

钢结构桁架安装就位后，根据管线布置、桁架形式，运用 BIM 技术设计管线支吊架及桁架内专用滑移托架，对施工过程进行模拟，将已预制好的管线分段式吊装至桁架内，将机电管线水平移动调整后进行连接和固定。

高大空间钢桁架内机电施工主要涉及各类风管、消防水管、虹吸雨水、强弱电管线等。

1）机电系统管线与桁架整体吊装技术

钢桁架内机电系统管线与桁架制作安装进度同步时，机电系统管线采用与桁架整体吊装的施工工艺，以钢桁架内螺旋风管安装为例。

（1）高大空间钢桁架的风管支架

桁架内螺旋风管支吊架采用双吊斜拉的方式，利用两侧主弦架作受力点，隐于钢结构倒三角管桁架内，与桁架整体协调统一，按规范设置支吊架。

支吊架安装时，先将管卡固定于倒三角管桁架两侧，再固定全牙通丝吊杆，吊杆长度根据风管安装高度预制。根据风管尺寸及安装高度，预制风管管束。管束分为上下两部分，下抱箍短，上抱箍长。将风管下抱箍安装固定于两根吊杆上，双螺母固定。支架及防晃支架安装如图 6.3-3～图 6.3-5 所示。

（2）吊装分析

桁架制作时，充分考虑吊装机械的布置、桁架的结构形式、运输及安装的可行性等因素，将主桁架分段。根据钢桁架分段对风管进行分段，计算每段钢桁架及一同吊装的螺旋风管、支吊架的重量，确定塔式起重机额定荷载。

（3）跨专业一体化的 BIM 技术实现跨专业管理协同

① 管桁架与螺旋风管的模块划分

依据设计文件和图纸，通过 BIM 技术对管桁架及螺旋风管进行安装模拟，确认螺旋风管相对安装位置，将每榀管桁架分解成若干榀片式管桁架模块；同时

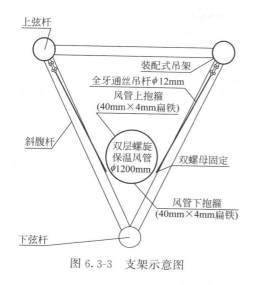

图 6.3-3　支架示意图

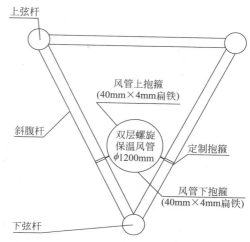

图 6.3-4　防晃支架示意图

图 6.3-5　支架安装效果图

将螺旋风管分解成与管桁架模块相对应的螺旋风管模块；最后对分解后的各管桁架模块与螺旋风管模块进行对应 RFID（Radio Frequency Identification，简称 RFID）射频编号，确保螺旋风管模块产品与相对应的管桁架单元匹配安装，实现机电安装的高效精确性。

②　管桁架模块单元与螺旋风管模块单元工厂制作

将整体管桁架分解为可连接安装的管桁架模块单元，将螺旋风管制作为若干螺旋风管模块单元。所有螺旋风管模块单元均由计算机放样、智能化制作，以保证圆弧周长过渡平滑，提高效率，所有弯头均按标准曲率半径制作。双层螺旋保温风管采用内法兰、外包边的方式连接。内法兰用镀锌角钢制作，内径大于双层螺旋保温风管内管外径 1～2mm，螺栓连接，外包压筋镀锌钢板，用螺栓连接。最后，对制作完成的各管桁架模块单元和螺旋风管模块单元粘贴标贴，标贴须明确构件的规格和编号。

③ 管桁架工厂预拼装

管桁架模块单元制作完毕后，在出厂之前进行预拼装，拼装过程中做好测量记录，并对有误差的接口进行处理，所有管桁架构件均为空间弯扭结构，构件位置环环相扣。

④ 管桁架与螺旋风管模块施工现场组装

现场安装人员通过 RFID 射频扫描相关信息，将螺旋风管模块单元组合安装于相应的管桁架模块单元内，然后以同步吊装的方式进行拼接安装。

⑤ 在钢结构桁架固定前，预留自由端 1～2m 的自由段，待钢结构变形导致的误差消除后，再进行自由段螺旋风管的校正、安装。

螺旋风管与管桁架协同吊装过程如图 6.3-6～图 6.3-8 所示。

图 6.3-6　模块化吊装

图 6.3-7　螺旋风管预留自由段

图 6.3-8　螺旋风管安装精度调整

2）桁架内水平滑移技术

（1）选择管线安装入口

模块化管线安装前，要结合高大空间钢结构特点，安装顺序可分为由中间开始向两侧扩展，或由一端开始安装。选取合适的管线安装入口，将管线顺利提升至桁架内，实现管线在桁架内的水平移动。

（2）托架安装

模块化安装过程中，螺旋风管需进行桁架内水平运输，采用螺旋风管专用托架，安装固定在操作平台上。用叉车将风管从堆放场地运至拼装胎架一端，并垂直运输至搭设的操作平台高度。用软绳拴住风管，通过每组托架上的 6 个橡胶滑轮滚动牵引至安装位置，并安放在吊架下抱箍上。根据风管规格，可调整滑轮角度，确保风管表面与滑轮接触面最大。

托架安装实现了螺旋风管的滚动平移运输，减小了摩擦阻力，降低了劳动强度，提高了施工效率，减少了风管变形率，避免了风管直接在平台上拖行所造成的表面镀锌层破坏，既经济又安全；与此同时，能有效控制管线的安装精度，实现机电管线与钢桁架的协调统一，如图 6.3-9、图 6.3-10 所示。

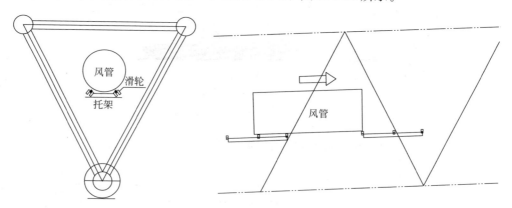

图 6.3-9　风管桁架内运输示意图

图 6.3-10　风管安装托架模型图

3）虹吸雨水安装技术

（1）倒三角管桁架下的虹吸雨水管排支架

为有效解决钢结构及桁架不允许焊接的问题，针对钢结构建筑的特点，悬吊生根技术主要分为三种形式。

方式一：采用扁钢抱卡抱住上弦杆的方式来作为悬吊生根，如图 6.3-11、图 6.3-12 所示。

方式二：采用扁钢抱卡抱住上弦杆，虹吸管道穿过桁架两侧，如图 6.3-13 所示。采用此方式的优点是管道的布置可以更灵活，且减少了型材的使用量，降低了屋面荷载，可以加快虹吸雨水专业的施工速度。

方式三：采用扁钢抱卡抱住上弦杆，10 号槽钢作为横担与管卡焊接连接，如图 6.3-14 所示。

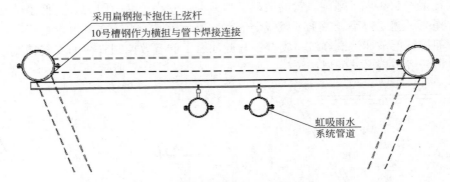

图 6.3-11　桁架下虹吸雨水管支架安装方式一

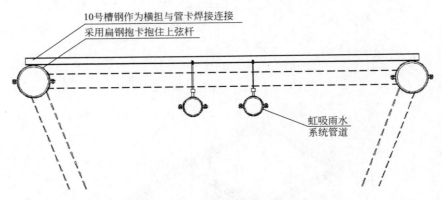

图 6.3-12　桁架下虹吸雨水管支架安装方式二

对于不超过 2 个虹吸雨水系统时，采用生根方式二，超过 2 个虹吸雨水系统时采用生根方式三，有条件的情况下也可以考虑采用生根方式一。优选生根方式二，这也是型材用量最省的方案。

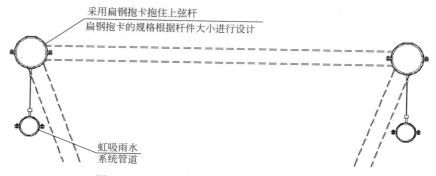

图 6.3-13　桁架下虹吸雨水管支架安装方式三

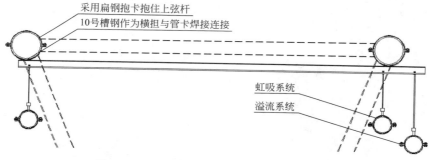

图 6.3-14　桁架下虹吸雨水管支架安装方式四

（2）平行钢梁下的虹吸雨水管排支架

大型钢结构屋顶采用虹吸雨水系统进行雨水排水，虹吸雨水管排敷设在屋面下方，利用两个平行的工字钢钢梁生根作支架固定虹吸雨水管，支架安装方式如图 6.3-15 所示。

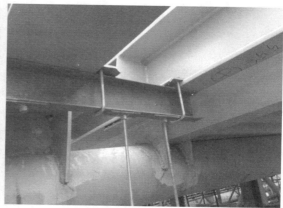

图 6.3-15　平行钢梁下的虹吸雨水管排支架安装图

使用槽钢作为支架横担，各管道吊架底座焊接于该横担上，槽钢横担紧贴钢结构工字钢下边缘，利用倒 U 形卡、固定板及槽钢夹紧工字钢翼缘板，固定整个支架及管道。

固定板处具体做法为：将固定板一端紧贴工字钢翼缘板，另一端边缘处做弯折处理，弯折高度为工字钢边缘板厚度，利用 U 形卡螺栓紧固使固定板和槽钢夹紧工字钢翼缘板。另外，U 形卡及固定板不少于两处，且方向相反，以防止滑脱。

支架与钢梁连接节点如图 6.3-16 所示，平行钢梁下的虹吸雨水管排支架如图 6.3-17 所示。

图 6.3-16　支架与钢梁连接节点图

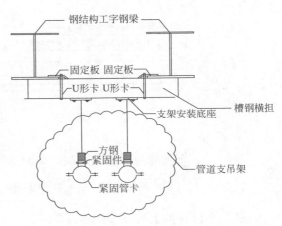

图 6.3-17　平行钢梁下的虹吸雨水管排支架详图

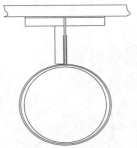

图 6.3-18　圆形钢梁上的桥架、托架示意图

4）圆管钢梁上的桥架托架

大跨度圆形钢结构常见于高大空间建筑的屋顶，而由于功能需要，高大空间建筑内也必须安装电气照明桥架、排水管、消防水管等机电管线。考虑钢结构本体不允许焊接，以免破坏桁架结构的稳定和表面耐火层，所以不能采用传统支吊架的方法。根据钢结构形式，项目研发团队设计了一种新型的装配式支吊架。

本支架使用镀锌扁钢环抱钢梁，通过两个螺栓孔与桥架的 T 形托架连接，形成安装方便的桥架支架，如图 6.3-18 所示。

5）葡萄架式综合支架施工技术

（1）吊点节点深化设计

各类支架的吊杆与钢屋盖连接点，为支架的集中受力部分，经过详细的深化设计，主要分为管桁架与檩条两种形式。

① 吊杆与管桁架的连接，如图 6.3-19 所示。

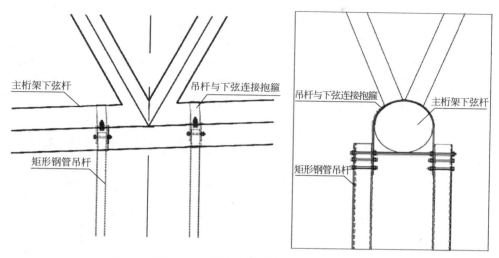

图 6.3-19　吊杆与管桁架的连接详图

② 吊杆、钢丝绳与檩条的连接，如图 6.3-20、图 6.3-21 所示。

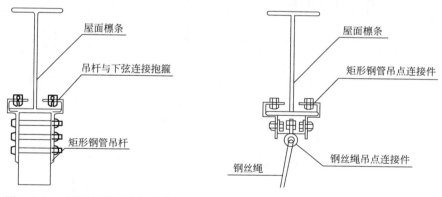

图 6.3-20　吊杆与檩条连接节点　　　　图 6.3-21　钢丝绳与檩条连接节点

③ 吊杆、钢丝绳与综合支架的连接，如图 6.3-22、图 6.3-23 所示。

（2）葡萄架式综合支架及喷淋管线的地面组装

① 制作专用胎架用于综合支架及综合管线的组装，胎架与综合支架大小相当，底部设有轮子，便于移动（图 6.3-24）。

② 综合支架采用螺栓连接，保证连接强度。

③ 综合支架组装好后，进行喷淋管道的组装，喷淋管线应严格控制主管道的位置，确保后续管线的高空连接。

④ 喷淋管道在综合支架上应固定牢靠，并进行涂漆、各部件安装等工序（图 6.3-25）。

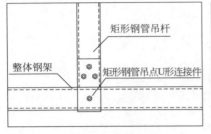

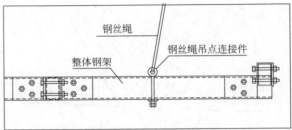

图 6.3-22　吊杆与综合支架连接节点　　　图 6.3-23　钢丝绳与综合支架连接节点

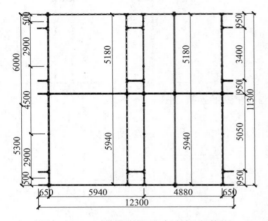

图 6.3-24　葡萄架式综合支架安装图　　　图 6.3-25　葡萄架式综合支架喷淋管道安装图

（3）葡萄架式综合支架及电控线管的地面组装

① 电控管线沿整体钢架矩形钢管敷设（图 6.3-26）。

② 探测组件固定在整体钢架矩形钢管下方（图 6.3-27）。

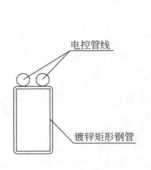

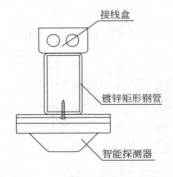

图 6.3-26　管线安装示意图　　　　　图 6.3-27　探测器安装示意图

③ 通用模块安装在电磁阀附近的矩形钢管上（图 6.3-28）。

④ 整体钢架上的电控管线敷设施工需与整体钢架及管道配合，在整体钢架拼装完成后，进行电管敷设；在管道安装完成后，整体钢架吊装前，进行管内穿线，并完成探测器及通用模块的接线，如图 6.3-29 所示。

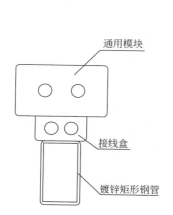

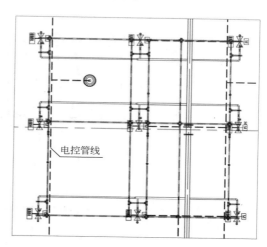

图 6.3-28　通用模块安装示意图　　图 6.3-29　葡萄架式综合支架及综合管线地面组装完成图

（4）葡萄架式综合支架整体吊装

① 综合支架及消防、弱电管线在地面组装完成后，进行整体吊装。吊装采用 4 个电动葫芦和 2 组吊装托架进行，托架放置在整体吊架下方，吊装托架及吊装点设置如图 6.3-30 所示。

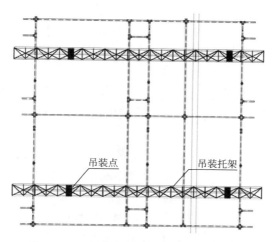

图 6.3-30　葡萄架式综合支架吊装平面图

② 吊装点与电动葫芦连接牢固后，启动电动葫芦将托架缓慢提升至 1.5m 高度暂停，检查各个吊点连接情况，并将各个吊点调整到同一平面，整体钢架倾斜度不超过 2%；再将电动葫芦调至同步后启动，缓缓提升整体钢架至安装高度，如图 6.3-31 所示。

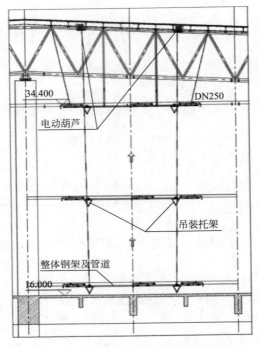

图 6.3-31　葡萄架式综合支架吊装图

③ 整体钢架吊装到安装高度后与吊杆及钢丝绳进行连接，连接牢靠后方可缓慢卸载吊装托架。

（5）葡萄架式综合支架间的管线连接

① 葡萄架式综合支架及综合管线安装完成后，进行消防喷淋主管道的连接贯通，喷淋主管道安装于桁架下弦杆下，利用桁架下弦杆作为消防喷淋主管支架的生根点。

② 葡萄架式综合支架间的电气管线安装：

a. 整体钢架间跨度较大时，必须增加连通矩形钢管，才能将电控管线连通。整体钢架间的连通如图 6.3-32 所示。

b. 连通的矩形钢管用与原整体钢架同一材质的镀锌矩形钢管制作（图 6.3-33）。

c. 连通矩形钢管采用电动葫芦进行吊装，使用高空作业平台进行整体钢架的连接。

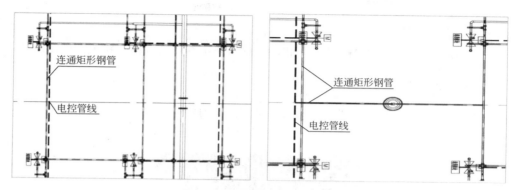

图 6.3-32　连通矩形钢管电控管线敷设图

d. 中间增加钢丝绳吊点，吊点设置在屋面檩条上，如图 6.3-34 所示。屋面檩条吊点使用高空作业平台进行安装。

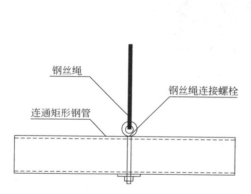

图 6.3-33　钢丝绳与连通矩形钢管连接

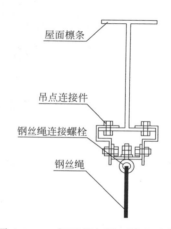

图 6.3-34　钢丝绳与屋面檩条连接

本技术依托跨专业一体化的 BIM 技术，为高大空间钢桁架内风管、虹吸雨水、消防水管、电气桥架等机电管线提供了实施方案，促进了跨专业管理协同，能有效控制管线的安装精度，实现了机电管线与钢桁架的协调统一。

6.3.2　技术指标

《通风与空调工程施工质量验收规范》GB 50243—2016
《通风与空调工程施工规范》GB 50738—2011

6.3.3　适用范围

适用于大型场馆机电安装及施工。

6.3.4 应用工程

中国博览会会展综合体项目（北块）总承包工程（二标段）机电安装工程。

6.3.5 应用照片

中国博览会会展综合体项目钢结构屋面桁架内机电安装应用效果如图 6.3-35 所示。

图 6.3-35 中国博览会会展综合体项目钢结构屋面桁架内机电安装应用效果

6.4 基于设备管道递推的装配式施工技术

6.4.1 技术内容

本技术针对设备管道大型化、综合排布紧凑的大中型设备机房，从机房设备选型、空间布置、管道构件工厂化加工、工序搭接、递推安装、综合误差补偿等方面解决了装配式机房安装过程中的技术难题，主要保留如下子项技术：

（1）装配式机房 BIM 应用技术：将传统机电 BIM 应用技术有效拓展，总结出适合于递推装配式施工的 BIM 深化设计出图体系，包含 BIM 综合图、管道分节图、构件加工图、递推施工图，可指导机房深化设计、预制加工、物流运输及装配施工，实现将成套工厂化加工设备引入施工生产，使工厂预制和装配施工得以实施。

（2）设备管道递推施工技术：以"区段细化、精确测控、多点平行、层次递推"为核心，融合施工流程化管理、信息追踪传递和模块化施工等技术。通过精确定位、递推施工，解决了机房管道安装依赖核心设备就位的弊端，使机房安装工序协调更具灵活性，且具有人力投入少、工期短、机械化程度高等优势。利用

"钢印码＋二维码"技术，解决工厂预制、运输、安装阶段的信息覆盖丢失问题。

（3）装配式机房精度控制及综合误差补偿技术：总结出装配式施工精度控制体系，最大限度减少误差累积，针对无法规避的综合误差，引入纠偏段补偿误差技术，提升装配式施工的普适性。通过合理减少纠偏段研究，提高一次装配完成率，提升装配式施工的科学性、经济性和可操作性。

1. 技术特点

（1）利用 BIM 技术对设备机房（包括结构、基础、设备、管道、管件等）进行毫米级 1∶1 精细化建模，在模型的基础上完成整体机房的拆解规划，并出具构件加工图和递推施工图，用于指导工厂机械化加工和装配式安装作业。

（2）在装配式施工全过程引入精度控制理论和综合误差补偿理论，通过控制设计、加工及装配三种精度，注重纠偏段设置一个核心，达到递推装配施工一次成型、一次成优的目标。

（3）施工过程采用物流化、信息化管理方法，在递推施工图设计阶段，结合机房空间、设备布局、管道排列、进度计划等，完成涵盖设备、构件、管件等安装单元的装配批次规划，使加工、采购、运输形成有序的批次衔接；各批次内利用管道预制生产线制作的构件，在管段上附以包含构件尺寸、加工、安装等信息的二维码，在装配阶段，严格按照递推施工图及二维码信息完成装配作业，完成装配机房内构件、设备的完美、可靠拼装，确保系统功能实现及长期稳定运行。

2. 施工工艺流程

基于设备管道递推的装配式施工工艺流程如图 6.4-1 所示。

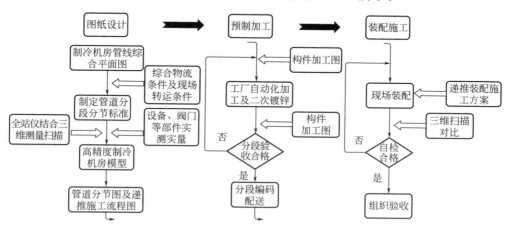

图 6.4-1　基于设备管道递推的装配式施工工艺流程图

3. 操作要点

1）资料收集

装配式机房施工对尺寸要求严格，资料收集是装配施工的前提；精度控制作为原则和标准，贯穿于资料收集乃至装配施工的全过程。本过程收集机房施工所需的全部资料，包括：关于机房施工的设计、施工及验收规范，原始设计图纸，设备选型、管道附件样本和现场施工情况等。

（1）收集机房有关原始设计图纸、会审记录等，对设计内容进行复核确认，如对原始设计有优化建议，需向业主、监理及设计单位提出合理优化方案，并取得设计变更或明确回复，方可根据最新的文件进行机房的系统校核计算、管线综合排布、综合支吊架设计相关工作。

（2）收集设备选型样本、管道附件样本（或基本参数），收集材料技术样本时，制定样本统一技术准则，并作为附件编入材料采购合同，对机房内所有机电设备、管道、附件、配件等进行资料收集。样本统一技术准则见表6.4-1。

样本统一技术准则 表 6.4-1

序号	样本统一技术准则
1	所提供的样本为本项目装配式 BIM 模型搭建的依据，务求精确可靠，如因提供样本尺寸有误，影响后续装配施工，相关损失及责任由样本提供方承担
2	所提供的样本须为 CAD 格式，且严格按照设备实际尺寸及 1：1 的制图比例绘制。其余纸质样本或 PDF 样本可作为辅助材料，但不作为主要依据
3	所提供的样本应涵盖的主要内容，包括但不限于外形尺寸、设备管道接口外形及尺寸、法兰盘尺寸及螺栓孔详图。样本优先以三视图的形式呈现，有条件的可附带三维模型
4	所有样本尺寸数据均应精确至毫米(mm)
5	需要做土建基础的需提供基础图，包含基础做法、基础尺寸、减振形式及相关校核计算
6	所有样本严格按照机房招标清单项提供，且只需提供本项目机房相应型号的设备材料样本
7	所有样本，每种型号规格均需配一张或多张实物图或效果图

（3）现场施工情况及信息收集，包含影响装配施工的场地硬化、水平运输通道、垂直运输条件等，也包含影响模型设计精度的结构施工情况；建筑结构为机电管道设备依附的基础，传统机电模型建立在结构图纸翻模的基础之上，而结构施工过程实际存在的各类误差，使现场与模型不吻合，从而影响机电设备及管线的施工定位；对于精度要求严格的装配式施工，要从源头摒弃结构施工误差的影响，而要逐点复核结构偏差度，工作量巨大，此时，可借助三维激光点云扫描技术。

通过三维激光扫描仪，将施工完成的结构、基础等转换为三维扫描点云数据，再利用点云处理软件（如 Infipoints），进行数据处理后，输出为 BIM 软件的通用 IFC 格式，在简化 BIM 模型数据重建工作流程的同时，满足了装配式施工模型 1：1 还原现场的要求；在此建筑模型上完成机电管线深化设计，解决了因建筑施工误差导致的机电装配施工定位偏差等问题（图 6.4-2）。

图 6.4-2　扫描模型与设计模型结构误差比对分析

2）BIM 深化设计

根据图纸、设计及业主确认的优化建议、设备样本、现场施工情况、施工验收规范等，在点云扫描模型的基础上，进行机房机电专业深化设计及管线综合排布工作，过程中综合考虑结构安全性、检修空间、常规操作空间、标高、综合支吊架布置、设备基础布置、排水沟布置、机房整体观感等，出具 BIM 综合图。

BIM 深化设计阶段，做好设计精度控制工作，因装配式施工对模型三维尺寸精度要求严格，即要求毫米级 1∶1 精确模型，而族作为整个项目 BIM 的基础，其创建的精度和深度，直接影响 BIM 为装配施工创造的价值。为此，针对项目采用的机电设备、管道附件等，根据收集的真实外形尺寸信息，创建毫米级 1∶1精确模型族，并建立项目级族库。模型族库的要求是精细化，即确保族外形尺寸精确至毫米，与实物外形完全吻合，并达到 LOD400 标准的信息化水平。在精细化建族的基础上，完成装配式模型精确搭建，过程中考虑法兰螺栓的安装空间及垫片、垫块、减振材料的收缩余量（图 6.4-3）。

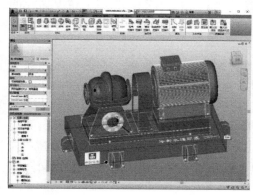

图 6.4-3　精细化模型族库示例

3）管道分节

在机房 BIM 综合图基础上，考虑机房运输通道、回转空间、吊装方式、长距离运输等条件限制，结合管道材质、连接方式等要求，合理进行管道分节，并对每节构件进行唯一性编号，形成管道分节图。影响管道分节的因素众多，详见表 6.4-2。

管道分节影响因素 表 6.4-2

序号	管道分节原则
1	在预制加工和运输吊装条件允许的情况下，尽量减少分节，以缩减漏水隐患点的数量
2	考虑预制、装配阶段累积误差因素，尽量减少分节，分段越多，产生累积误差的点越多
3	管段长度越长，管道热加工变形累积越大，增加变形控制难度
4	构件尺寸越大，异形构件的加工精度控制成本越高
5	工厂自动化加工平台，限制构件尺寸
6	镀锌厂镀锌池的尺寸，限制构件尺寸
7	物流化运输过程中，选用的运输设备限制构件尺寸
8	机房空间，决定构件的运输、吊装回转半径，限制构件尺寸

通过理论研究及项目实践，归纳出机房管道分节通用规则：

（1）长直管道分节，在兼顾支吊架设置位置的前提下，按照 $a = (L-A) / (n-1)$ 的原则进行平均分节，使标准构件具有互为替代性的同时，确保每节构件有 1~2 个支架承力。其中，a 为标准构件长度，L 为管道总长，A 为预设纠偏段或短节长度，n 为支架数量。

（2）三通管道分节，250mm＜三通支管的长度≤500mm，保证法兰螺栓连接便利性的同时，方便构件运输吊装。

（3）弯头管道分节，按照递推方向，远端弯头直焊法兰。

（4）异形管道分节，异形构件如 Z 形、U 形、45°弯等，在加工精度保证的前提下，整体预制，优先安装；在加工精度无法保证的前提下，现场制作，最后安装。

（5）核心设备接管分节，核心设备处，阀门、管件较多，管道整体性被切断，管道分节尽量确保管件安装的整齐性，兼顾观感和操作便利。

4）绘制构件加工图

结合机房管道分节图，针对每节编号构件，利用 Revit 软件的强大出图能力，出具构件加工详图（图 6.4-4），构件加工图应通俗易懂，信息标注清晰，并能完整描述构件的三维尺寸、构成、空间关系等，多以三视图＋三维正交图表示，用于指导工厂机械化加工。

构件加工图的绘制，使成套工厂化加工设备引入施工生产变为现实，管道高

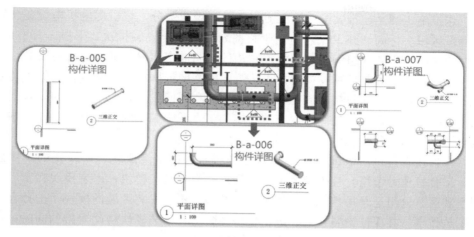

图 6.4-4　装配式机房构件加工图

效切割带锯床、管道高效端面坡口机、管道预制快速组对器、管道纵向物流输送小车、平焊法兰自动焊机、悬臂式管道自动焊机等工业自动化设备组成的预制生产线，实现了法兰组对的工厂化、焊接质量的标准化，同时保证了加工构件的三维尺寸精度。

5）递推施工规划

在上述三套图纸（BIM 综合图、管道分节图、构件加工图）的基础之上，融入时间维度、精度控制和纠偏理论，进行递推装配施工的可行性方案设计，形成递推施工图，其为结合机房空间、设备布局、管道排列以及进度计划等，合理规划的机房内机电专业的递推施工顺序图，是施工模拟的细化和升级，包含装配式施工要求的控制点、纠偏段、装配顺序等信息，用于指导装配式安装作业（图 6.4-5）。

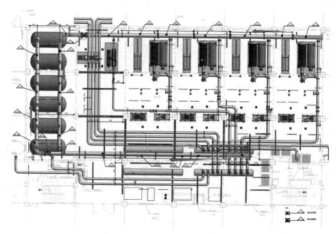

图 6.4-5　装配式机房递推施工图示例

递推施工图是递推装配式施工方案的重要组成部分，将机房内机电设备、管道等按区域、标高、施工工艺、专业关系划分为多个安装批次，形成合理有序、层层递推的施工流水组织，并作为控制构件预制加工和材料采购进场的依据。

递推施工图为装配精度控制提供了重要的基准依据。装配精度控制作为装配施工的关键环节，涉及装配流程设计、控制点和纠偏段位置的选择，甚至包括检测构件的合理性选择。这些因素直接影响如何降低施工中的误差累积，并影响定位和实时监测的便捷程度。

设备接管是机房装配式施工的核心部位，可借鉴集成化、模块化的解决思路，结合管道分节组合技术及递推施工规划，设计吊装模块；吊装模块在工厂预制组装后，分组运至吊装现场；针对不同类型、不同安装区域的模块，选择合理的吊装技术，在保证设备接管、进出机房接管与各吊装模块精确对接的同时，整体提升了机房的安装效率及操作安全性（图 6.4-6）。

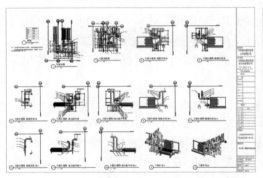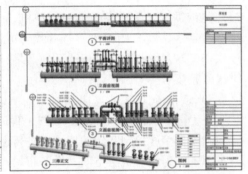

图 6.4-6　设备接管模块化应用示例

6）生产线预制加工

预制加工作为装配式施工关键环节之一，预制构件的加工精度直接决定装配施工的实施效果。作为全过程精度控制的重要组成部分，加工精度控制，即通过革新工艺、方法，采用新型自动化设备，按构件加工图尺寸制作出满足装配要求的构件，兼顾了构件三维尺寸、法兰组对、法兰同轴度、垂直度等因素。具体实施方案是采用自动化设备组成的预制生产线，取代传统的边测量、边制作、边吊装的施工模式。

预制设备的投用，能够规避人为因素、量具因素产生的误差，通过对操作工人的培训、交底，使生产出的构件精度轻松达到工业产品等级，满足装配施工要求；同时，流水线可达到快速标准化生产的目的，节约人力、提高精度，顺应行业变革潮流。

管道构件预制加工，主要包括管道除锈、管道切割下料、坡口、焊接、钢印码标识、焊口检测、二次镀锌（防腐刷漆）、二维码标识等。支架预制加工，主要包括型钢除锈、切割下料、钢板切割下料、支吊架焊接、防腐刷漆、支吊架标识等。机房内其他专业管线（母线、风管、消防管等）也应按照同样的规则，完成工厂化预制或厂家定制工作，进行相应的预制加工生产。预制加工的主要原则及规定请参考表 6.4-3。

预制加工的主要原则及规定　　　　　表 6.4-3

序号	预制加工的主要原则及规定
1	充分利用预制生产线设备先进、精度可靠、集中作业、高效节能的优势，本着"流水化""工厂化"的原则组织构件预制生产
2	依据递推施工图的规划，分批次组织构件预制加工，充分考虑预制、运输、吊装、安装等条件因素，并预留纠偏段现场制作安装，确保工厂化预制率在 90% 以上
3	对于机房内小口径管道(DN≤80mm，如加药系统、定压补水系统、软化水系统等)，采用现场预制加工形式
4	管道支吊架配合递推装配施工，部分可采用现场预制、滞后安装方式，但如设计、加工精度得到保障，所有支吊架可按照支架预制加工图尺寸制作，连同管道整体吊装
5	预制加工完成的成品构件，采用"钢印码＋二维码"标识做好信息记录

7）物流化运输管理

物流化运输管理，要求装配式机房有关的设备、管道附件、预制构件等的进场次序、进场时间满足递推装配式施工顺序，要求在规定的时间，供应安装批次所需的材料设备，这是对材料组织的考验，也是对施工管理精细化的要求。

对于采购的设备、管道附件等材料，关键在于协调并督促各批次按时进场，解决吊装就位问题。

针对预制型管道构件，由于本项目施工工艺的特殊性（二次镀锌处理），构件的物流化运输被切割为预制车间至镀锌厂长距运输、镀锌厂至施工现场长距运输、场内二次搬运、构件吊装就位四部分。因此，运输过程的物流化管理及信息传递显得尤为重要，合理的管理及过程追踪，是递推施工有序进行的前提。

根据项目装配式机房分解构件实际尺寸情况（如某项目机房构件尺寸长度≤6m，宽度≤2m），选择合理的运输车辆（选用两辆车厢为 9.6m×2.3m 的运输车）及吊装转运车辆（25t 吊车和 5t 叉车），完成构件的装载、运输工作。

根据递推施工图的要求批次，在生产线预制完毕后，为构件附钢印码（图6.4-7）；待镀锌工艺完毕，将包含每节构件尺寸、加工、安装等信息的二维码，附于构件上；运输至施工现场后，根据递推施工批次，对预制构件分开堆放（组织得当，现场不存在两个批次以上的积压堆放），避免乱堆乱放，对施工造成不必要的麻烦（图 6.4-7）。在装配过程中，通过二维码信息指导工人及管理人员进行安装，有效提高了施工管理的效率及信息传递的完整性。

在构件预制加工厂及镀锌厂，设立驻场办公室，负责监造，在监督及检测加

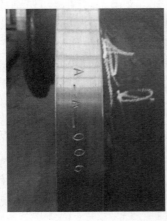

图 6.4-7　预制构件钢印码及物流化运输

工质量的同时，协调好批次加工进度及物流化运输管理工作。

8）递推装配施工

递推装配施工是整个施工过程的关键环节之一，装配精度控制尤为重要，所谓装配精度控制，即在装配施工过程中，采用新方法、新产品，通过优化施工组织、合理设计控制轴网、选择装配控制点，并进行实时的偏差监测，来降低装配过程中误差的叠加、累积。

递推装配施工关键点：

（1）严格按照递推施工规划顺序组织施工。

（2）预制构件吊装前，应对吊装方式进行合理的计算和选择，并综合布置吊点位置，宜使用手动葫芦与电动葫芦相结合的方式进行吊装。

（3）控制点构件装配时，严格按照图纸设计位置就位安装，避免影响与之相连接的后续构件。构件安装过程中，有针对性地进行复核，若出现偏移误差，及时分析原因并予以纠正。

（4）后续构件与已安装完毕的构件进行法兰对接时，应完全找正后方可进行螺栓锁紧，避免法兰四周间隙不一导致漏水。

（5）预制构件完全固定在支吊架后，方可拆卸手动或电动葫芦，避免因装配未固定导致安全事故。

装配施工过程中，要做好精度控制工作，相关技术手段包括全站仪 RTS 放线和模块化递推施工。

RTS 放线应用，即利用 BIM 与三维激光扫描全站仪相结合的放样方案，在施工放样初始阶段，预先将 3D 模型导入工业平板电脑中。在模型中识别来自现场的勘测点（如埋设的控制基准点或控制轴网交点），并用 RTS 在现场和模型中进行定位。RTS 定位完成后，操作员可以根据 RTS 的位置在平板电脑上预览模型，并选择某些点（装配控制点）进行放样。在选定放样点之后，RTS 将精确测出其与所选点之间的距离，然后通过前/后或左/右的指示方向引导用户将控制构件移动至放样点，完成某一控制点的定位工作。如此，可快速将 BIM 模型空间坐标放样为实物坐标，完成相关装配件的精确定位（图 6.4-8）。

图 6.4-8　三维激光扫描全站仪现场放样及复测记录

　　控制点构件就位后，则按照递推施工图设计的施工方案，逐层、分区域完成构件的现场拼装工作。为优化装配进度并提升装配精度，在实际情况下，可采用模块化递推施工方案来处理控制点之间的构件、管件和设备。通过合理设置模块集成，让吊装模块在工厂预制并组装好，分组运输至吊装现场，减少现场的组装作业量，提高装配精准度。关于装配误差的检测，可以采用设置检测构件的方法，利用三维激光扫描全站仪反向测量构件坐标，并与模型坐标进行对比，判断装配误差程度；或者利用三维扫描仪进行阶段性扫描，使用点云处理软件比对扫描数据与施工模型的误差，随时跟踪设计模型与实际施工的差异。这样的实时偏差检测能够最大限度地降低施工过程中误差的叠加和累积。

　　9）纠偏补偿设置

　　以目前的生产技术条件，有效的精度控制及管理，尚不能完全规避构件应力形变、二次镀锌等因素造成的误差累积，甚至于设计、加工和装配阶段也会产生随机性偏差（各环节中严格精度控制标准，累计误差≤5mm），此时，需要补偿综合性误差，设置纠偏段为最直接、有效的方式（图 6.4-9）。纠偏段是在递推施工规划阶段就明确下来的，通过现场测量制作的，用于补偿综合累积误差的特殊构件。通过纠偏段的合理规划和布置，实现装配构件及设备的完美可靠拼装。

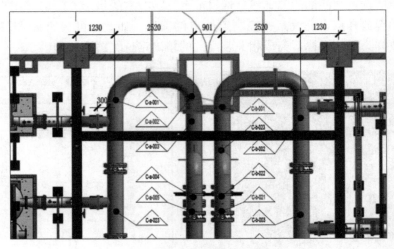

图 6.4-9　纠偏段补偿设置（单位：mm）

通过项目实施，进行装配式施工中纠偏段设置的合理性研究，并总结纠偏段设置原则如下：

（1）纠偏段数量直接决定项目一次装配率，影响装配施工的进度及连贯性；减少纠偏段数量，压缩纠偏段尺寸，即可缩短工期，降本增效。

（2）纠偏段通常设置在弯头处，例如设备的下接弯管处或出机房立管处。需要特别慎重考虑在三通处或异形构件处设置纠偏段，因为这些地方可能涉及二次拆装或现场加工，精度控制较为困难。

（3）纠偏段应设置在便于施工的位置，避免设置在设备或下层管道的上方，以免影响焊接和拆装作业。

（4）设置纠偏段时，不能为了纠偏而盲目设置，以免引起更大的偏差，纠偏段应与控制点或固定设备配合设置，保持协调统一。

6.4.2　技术指标

《建筑电气工程施工质量验收规范》GB 50303—2015
《通风与空调工程施工质量验收规范》GB 50243—2016
《建筑给水排水及采暖工程施工质量验收规范》GB 50242—2002

6.4.3　适用范围

适用于房屋建筑工程中各专业设备机房，尤其针对空间紧凑、设备管道大型化的设备机房的安装。

6.4.4　应用工程

上海移动临港 IDC 研发与产业化基地项目。

6.4.5　应用照片

上海移动临港 IDC 研发与产业化基地项目递推施工原理模拟效果及工厂化流水预制构件如图 6.4-10、图 6.4-11 所示。模块化递推装配施工及现场装配实施效果如图 6.4-12～图 6.4-14 所示。

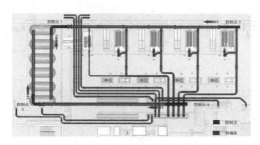

图 6.4-10　上海移动临港 IDC 研发与产业化基地项目递推施工原理模拟效果

图 6.4-11　上海移动临港 IDC 研发与产业化基地项目工厂化流水预制构件

图 6.4-12　模块化递推装配施工

图 6.4-13　现场装配实施效果图一

图 6.4-14　现场装配实施效果图二

6.5　大型体育场屋面 AB 式檩条单元吊装技术

6.5.1　技术内容

大型体育场屋面 AB 式檩条（从平面布置图中将屋面檩条划分为 A、B 单元，A 单元形成吊装单元体在地面预拼装完成后吊装到屋面，安装时，每两个 A 单元间隔一个 B 单元，A 单元形成一定工作面后，在屋面嵌补 B 单元，直到檩条安装完成）单元吊装技术采用 BIM 软件模拟单元分格，对檩条的单元进行深化设计，将整个屋面划分为多个单元体。每个单元体设置拼装胎架，在地面进行拼装和组对。在地面拼装成整体后，采用大型履带起重机直接吊装至屋面，与钢屋盖结构进行临时连接，然后进行焊接作业。檩条单元安装完成后，进行单元间次檩条嵌补。使用全站仪对檩条单元进行全程放线控制，同时檩托板预留可调节空间，对檩条单元安装位置进行调节。

1. 技术特点

（1）利用 BIM 技术，进行 AB 檩条单元的划分、提取，确定檩托的定位控制坐标，并找出主体钢结构弧形变换部位在同一条直线上的定位数据差值，从而仅需放出少量控制线，便能够大面积展开放线定位工作。本项技术减少了测量工作量，同时可以提高施工精确度，确保了檩条系统的安装效果。

（2）可标准化施工：采用标准配件、板材、构造材料及节点，可在工厂进行初步批量加工，运输至现场后只需要通过机械连接即可。

（3）减少高空作业、操作便捷：将大量的高空作业转化为地面标准化的拼装作业，工人在高空仅需进行定位焊接工作。区别于传统方法，减少了檩条在高空组对的次数，避免了大量的高空焊接和人力运输的工作。

2. 施工工艺流程

屋面 AB 式檩条单元吊装施工工艺流程如图 6.5-1 所示。

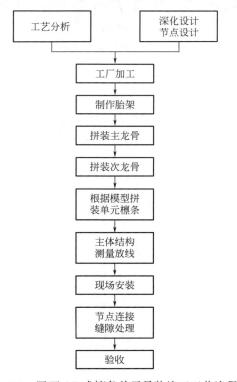

图 6.5-1　屋面 AB 式檩条单元吊装施工工艺流程图

3. 操作要点

1）深化设计

根据现场实际情况，将屋面底板和檩条划分成标准板块，并建立模型，如图6.5-2所示。

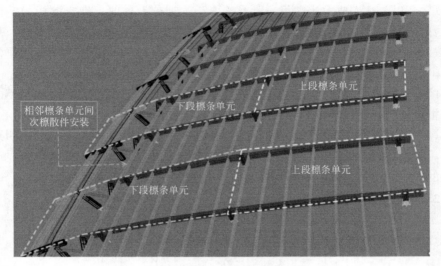

图 6.5-2　主次檩条拼装单元划分示意图

2）现场组装

（1）制作标准样板檩条单元，其他檩条单元均按照样板单元比对制作。

（2）根据檩条单元设计制作拼装胎具，拼装后二次矫正，根据图纸，在地面放大样，拼装后比对大样进行焊接变形调整（图6.5-3）。

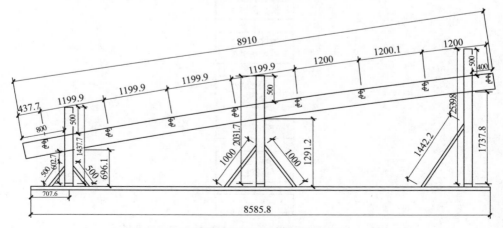

图 6.5-3　檩条单元拼装胎具侧面图（单位：mm）

（3）吊装胎架设计制作：为避免檩条单元结构直接受力，制作吊装胎架，减小吊装变形。

3）现场安装

檩条单元通过4件槽钢转接件，安装于钢结构支托板之上，安装时需确认X、Y、Z三个方向的坐标精度。

（1）提前将理论坐标点测放在支托板上，画出槽钢就位线，并在槽钢就位线位置架设就位靠板，檩条单元就位时，将槽钢与靠板贴合，即可复测檩条上表面位置偏差。

（2）保证檩条单元拼装精度，避免因檩条单元尺寸偏差导致就位调整时间过长。

（3）焊接操作开始之前，通过模型理论坐标确定檩托位置并标示出来，檩托安装完成后应及时复测，避免后期檩条安装不顺直，出现高低差（图6.5-4）。

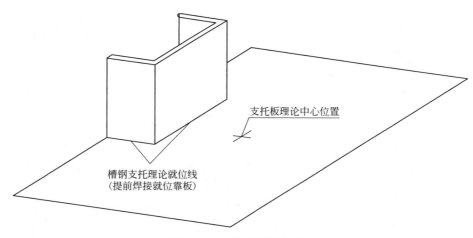

图 6.5-4　檩拖调节示意图

（4）当檩条单元接近就位位置时，作业人员通过缆风绳辅助檩条单元就位，对准控制点后，点焊进行固定。就位后若由于主体钢结构偏差过大，支托槽钢无法完全落在支托板上时，可通过加宽加高支托板进行偏差调整，调整合格后焊接固定（图6.5-5）。

6.5.2　技术指标

《钢结构设计规范》GB 50017—2017

《钢结构焊接规范》GB 50661—2011

《屋面工程技术规范》GB 50345—2012

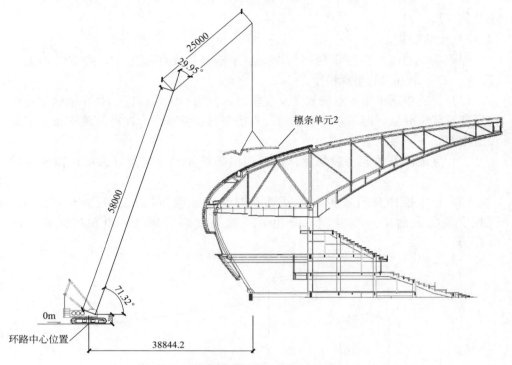

图 6.5-5　檩条单元吊装立面图（单位：mm）

《屋面工程质量验收规范》GB 50207—2012

《紧固件机械性能 不锈钢螺栓、螺钉和螺柱》GB/T 3098.6—2014（现被《紧固件机械性能 不锈钢螺栓、螺钉和螺柱》GB/T 3098.6—2023代替）

《建筑装饰装修工程质量验收标准》GB 50210—2018

《钢结构工程施工质量验收规范》GB 50205—2001（现被《钢结构工程施工质量验收标准》GB 50205—2020代替）

6.5.3　适用范围

适用于标准构造有刚性支撑，能够进行标准板块划分檩条单元的金属屋面施工。

6.5.4　应用工程

成都市东安湖体育公园（一场三馆）金属屋面项目。

6.5.5　应用照片

成都市东安湖体育公园项目施工现场 AB 式檩条单元吊装应用如图 6.5-6 所示。

图 6.5-6　成都市东安湖体育公园项目施工现场 AB 式檩条单元吊装应用

6.6　大面积曲面双层网架整体液压提升施工技术

6.6.1　技术内容

大面积曲面双层网架整体液压提升施工技术针对大跨度倒三角梭形桁架、梅花钢柱、曲面网架等结构形式，利用"超大型液压同步提升技术"控制系统，使得提升系统拥有多种控制方式，包括远程控制、就地控制、操作闭锁。同时，对上下两层网架结构的上下吊点做统一设计，即利用两层结构共用钢骨柱设计共同上吊点，并将两次提升的下吊点设计在同一垂直线上，尽量减少重复工作，两次提升时提升上吊点保持不变，仅对提升下吊点进行置换即可，既节约了成本，又确保了吊装过程的安全。

1. 技术特点

（1）对网架结构建立仿真模型，对网架整体提升过程进行仿真模拟分析，确定最佳吊点位置，保证吊装安全，形成安装方案。

（2）网架结构提升区域拼装工作在地面进行，相比于普通分段安装的高空作业方法，大大提高了网架的施工精度，既保证了施工人员的安全，又提高了施工效率。

（3）采用"超大型液压同步提升技术"对网架结构进行整体提升，节约了临时加固的措施，既缩短了工期，又降低了成本。

（4）对网架结构提升前、提升过程中及就位后的主要杆件应力应变情况进行全程实时监控，确保整个吊装过程的安全。

2. 工艺原理

（1）屋盖网架结构提升吊点的设置以尽量不改变结构原有受力体系为原则，提升吊点均布置在原有的框架柱顶，同时提升吊点的数量应同时考虑提升方案的经济性指标，尽量减少吊点数量和临时设施用量。对提升部分进行建模计算，分析提升过程，结合计算结果，在保证提升结构变形及杆件受力的情况下布置提升吊点。

（2）上下层分两次提升，上下吊点在平面内重合，考虑两次提升过程中尽量减少重复工作，两次提升时提升上吊点保持不变，仅对提升下吊点进行置换。

（3）"大面积曲面双层网架整体液压提升施工技术"采用液压提升器作为提升机具，柔性钢绞线作为承重索具。液压提升器采用穿芯式结构，以钢绞线作为提升索具，有着安全、可靠、承重件自身重量轻、运输安装方便、中间不必镶接等一系列独特优点。

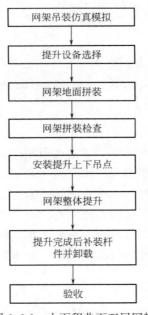

图 6.6-1　大面积曲面双层网架整体液压提升施工工艺流程图

（4）大面积曲面双层网架整体液压提升施工技术采用行程及位移传感监测和计算机控制，通过数据反馈和控制指令传递，可全自动实现同步动作、负载均衡、姿态矫正、应力控制、操作闭锁、过程显示和故障报警等多种功能。操作人员可在中央控制室通过液压同步计算机控制系统人机界面进行液压提升过程及相关数据的观察和控制指令的发布。

（5）网架安装完成后进行工序验收，验收内容包括支座位置的标高、网架轴线及垂直度复测、挠度的检测等，以此来控制安装质量。

3. 施工工艺流程

大面积曲面双层网架整体液压提升施工工艺流程如图 6.6-1 所示。

4. 操作要点

1）网架吊装仿真模拟

（1）根据深化设计图纸，利用软件建立网架结构模型，并施加自重荷载。

（2）针对不同吊点位置，对网架提升前、提升过程中和就位后的各杆件应力应变状态进行模拟，根据整个过程中各杆件的受力情况，比选出最优化的吊点设置位置。

（3）上下吊点设计如图 6.6-2～图 6.6-5 所示。

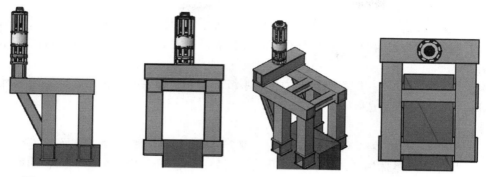

图 6.6-2　吊点侧立面图、正立面图　　　图 6.6-3　吊点轴侧图、俯视图

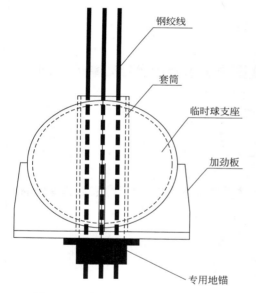

钢绞线

套筒

临时球支座

加劲板

专用地锚

图 6.6-4　提升下吊点临时球示意图

图 6.6-5　下吊点临时球

2）提升设备选择

（1）提升单元在整体提升过程中，根据被提升结构选择额定提升能力的液压提升器作为主要提升承重设备，每个吊点处布置一台。

（2）钢绞线作为柔性承重索具，采用高强度低松弛预应力钢绞线，抗拉强度为 1860MPa，单根直径为 15.24mm，破断拉力不小于 26t。

（3）液压泵源系统为液压提升器提供液压动力，在各种液压阀的控制下完成相应动作。在不同的工程使用中，由于吊点的布置和液压提升器的配置都不尽相同，为了提高液压提升设备的通用性和可靠性，泵源液压系统的设计采用了模块化结构。根据提升重物吊点的布置以及液压提升器数量和液压泵源流量，可进行多个模块的组合，每一套模块以一套液压泵源系统为核心，可独立控制一组液压提升器，同时可用比例阀块箱进行多吊点扩展，以满足各种类型提升工程的实际需要。

（4）电器同步控制系统由动力控制系统、功率驱动系统、传感检测系统和计算机控制系统等组成。

3）提升流程

由于网架结构存在上下两层，两个部分分别位于不同标高处，平面上部分重叠。根据现场整体施工规划，先提升上层部分，再提升下层部分。大面积曲面双层网架整体液压提升流程如图 6.6-6 所示。

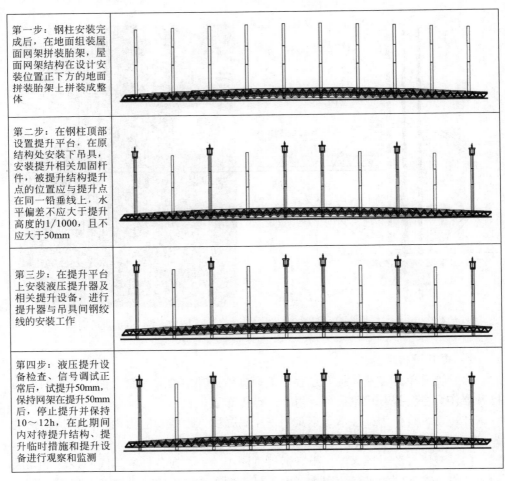

第一步：钢柱安装完成后，在地面组装屋面网架拼装胎架，屋面网架结构在设计安装位置正下方的地面拼装胎架上拼装成整体
第二步：在钢柱顶部设置提升平台，在原结构处安装下吊具，安装提升相关加固杆件，被提升结构提升点的位置应与提升点在同一铅垂线上，水平偏差不应大于提升高度的1/1000，且不应大于50mm
第三步：在提升平台上安装液压提升器及相关提升设备，进行提升器与吊具间钢绞线的安装工作
第四步：液压提升设备检查、信号调试正常后，试提升50mm，保持网架在提升50mm后，停止提升并保持10～12h，在此期间内对待提升结构、提升临时措施和提升设备进行观察和监测

图 6.6-6　大面积曲面双层网架整体液压提升流程图

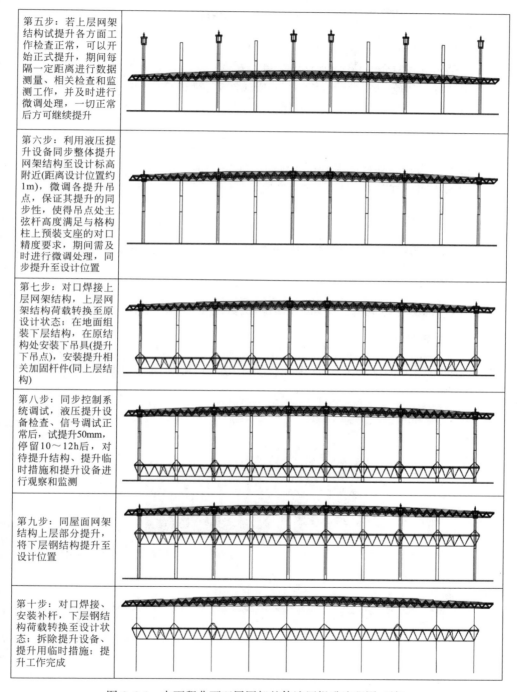

第五步：若上层网架结构试提升各方面工作检查正常，可以开始正式提升，期间每隔一定距离进行数据测量、相关检查和监测工作，并及时进行微调处理，一切正常后方可继续提升	
第六步：利用液压提升设备同步整体提升网架结构至设计标高附近(距离设计位置约1m)，微调各提升吊点，保证其提升的同步性，使得吊点处主弦杆高度满足与格构柱上预装支座的对口精度要求，期间需及时进行微调处理，同步提升至设计位置	
第七步：对口焊接上层网架结构，上层网架结构荷载转换至原设计状态；在地面组装下层结构，在原结构处安装下吊具(提升下吊点)，安装提升相关加固杆件(同上层结构)	
第八步：同步控制系统调试，液压提升设备检查、信号调试正常后，试提升50mm，停留10～12h后，对待提升结构、提升临时措施和提升设备进行观察和监测	
第九步：同屋面网架结构上层部分提升，将下层钢结构提升至设计位置	
第十步：对口焊接、安装补杆，下层钢结构荷载转换至设计状态；拆除提升设备、提升用临时措施；提升工作完成	

图 6.6-6　大面积曲面双层网架整体液压提升流程图（续）

6.6.2 技术指标

《钢结构工程施工规范》GB 50755—2012

《钢结构焊接规范》GB 50661—2011

《钢结构工程施工质量验收标准》GB 50205—2020

《建筑施工高处作业安全技术规范》JGJ 80—2016

《建筑机械使用安全技术规程》JGJ 33—2012

《建筑工程施工质量验收统一标准》GB 50300—2013

《重型结构和设备整体提升技术规范》GB 51162—2016

《钢结构通用规范》GB 55006—2021

6.6.3 适用范围

适用于大跨度钢结构网架结构地面拼装成整体后的整体吊装。

6.6.4 应用工程

中国西部国际博览城（一期）钢结构项目。

6.6.5 应用照片

中国西部国际博览城（一期）钢结构项目上层网架整体提升应用如图 6.6-7 所示。

图 6.6-7 中国西部国际博览城（一期）钢结构项目上层网架整体提升应用

6.7 大跨度钢结构梭形桁架双机抬吊安装施工技术

6.7.1 技术内容

大跨度钢结构梭形桁架双机抬吊安装施工技术针对梭形桁架跨度大、重量大、杆件不对称的特点，解决了控制拼装及安装精度、选择位移监测点困难的难题。通过模拟吊装时的应力应变分布情况，选择最合理的吊点布置方案。通过桁架间的屋面梁来提高桁架就位后的整体稳定性。这一技术的应用加快了施工进度，节约了大量的施工成本，为类似工程的后续施工积累了宝贵的经验。

1. 技术特点

针对大跨度倒三角形梭形桁架的结构特点，对梭形桁架从地面拼装到高空吊装施工，形成了一套系统施工工艺。在施工前利用计算机软件对吊装过程中各杆件的应力进行模拟分析，确定最佳吊点位置，保证吊装安全；所有桁架拼装工作都在地面进行，相比于普通分段安装高空作业方法，显著提高了桁架的施工精度，既保证了施工人员的安全，又提高了施工效率；采用履带起重机进行双机抬吊施工，整榀吊装，节省了桁架临时加固的措施，既缩短了工期，又降低了成本；对桁架吊装前、过程中及就位后的主要杆件进行全程实时应力应变监控，以确保整个吊装过程的安全性。

2. 工艺原理

（1）吊点位置设置在竖向腹杆位置之上，保证吊装过程中力的传递；通过吊装模拟的应力应变分布云图，比选出吊装过程中各杆件受力最合理的吊点布置方案，作为施工时吊点设置的依据。

（2）根据梭形桁架的竖向投影布设操作胎架，然后根据各杆件的水平标高搭设临时固定支架。拼装完成后对桁架各杆件位置进行复测，符合规范及作业要求后再进行焊接工作，确保桁架拼装的精度。

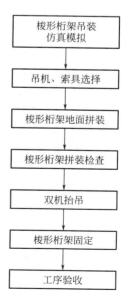

图 6.7-1 大跨度钢结构梭形桁架双机抬吊安装施工工艺流程图

（3）针对梭形桁架跨度大的特点，采用双机抬吊的吊装方法，通过两台履带起重机间的相互配合，将整榀桁架的起重量均匀地分配至两台起重机上，同时提高了吊装过程中桁架的稳定性。

（4）桁架起吊前在梭形桁架两侧安装缆风绳，就位后通过缆风绳调整桁架的垂直度，调整完成后将缆风绳与地面进行锚固，作为临时固定，并立即开始安装桁架间的屋面梁，通过桁架间的屋面梁来提高桁架就位后的整体稳定性。

（5）桁架安装完成后进行工序验收，验收内容包括支座位置的标高、桁架轴线及垂直度复测、挠度的检测等，以此来控制梭形桁架的安装质量。

3. 施工工艺流程

大跨度钢结构梭形桁架双机抬吊安装施工工艺流程如图 6.7-1 所示。

4. 操作要点

1）梭形桁架吊装仿真模拟

（1）根据深化设计图纸，利用软件建立梭形桁架结构模型，并施加自重荷载。

（2）针对不同吊点位置，对桁架吊装前、吊装过程中和就位后的各杆件应力应变状态进行模拟，根据整个过程中各杆件的受力情况，比选出最优化的吊点设置位置（图 6.7-2、图 6.7-3）。

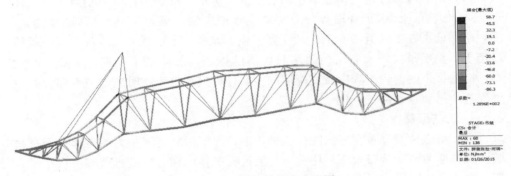

图 6.7-2　模拟吊装应力云图

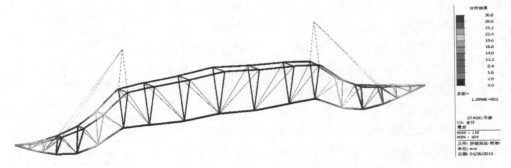

图 6.7-3　模拟吊装位移云图

（3）梭形桁架双机抬吊采用四点绑扎，每个吊钩设置两个吊点，吊点应对称设置，并设置在竖向腹杆位置之上。具体示意图如图 6.7-4 所示。

2）梭形桁架地面拼装

（1）桁架拼装的场地应选择经硬化后的平整的地坪或楼面，若选择楼面时应对楼面承载力进行分析验算以保证楼面承载力满足荷载要求；利用全站仪，将梭形桁架的中线放样至地坪上，根据基准线搭设操作架。

（2）为减小拼装误差累积对精度带来的影响，桁架的拼装应按如下顺序进

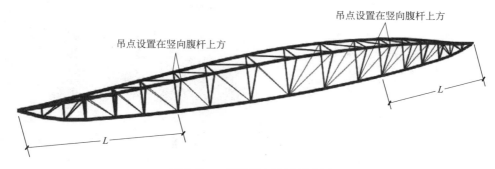

吊点设置在竖向腹杆上方

吊点设置在竖向腹杆上方

L

L

图 6.7-4　桁架吊点设置示意图

行：上下弦杆安装→上弦水平腹杆安装→下弦钢拉杆节点板安装→竖向腹板安装→上弦钢拉杆节点板安装→支座焊接球安装→焊接→钢拉杆安装。

（3）整体焊接应遵循从中间到两端、从上到下的顺序进行施工。

大跨度钢结构梭形桁架拼装流程如图 6.7-5 所示。

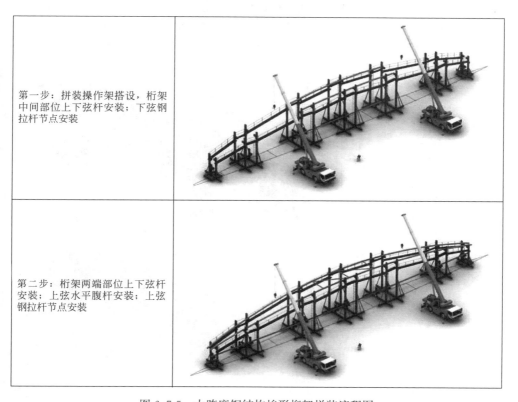

第一步：拼装操作架搭设，桁架中间部位上下弦杆安装；下弦钢拉杆节点安装	
第二步：桁架两端部位上下弦杆安装；上弦水平腹杆安装；上弦钢拉杆节点安装	

图 6.7-5　大跨度钢结构梭形桁架拼装流程图

第三步：铸钢件安装；竖向腹杆安装	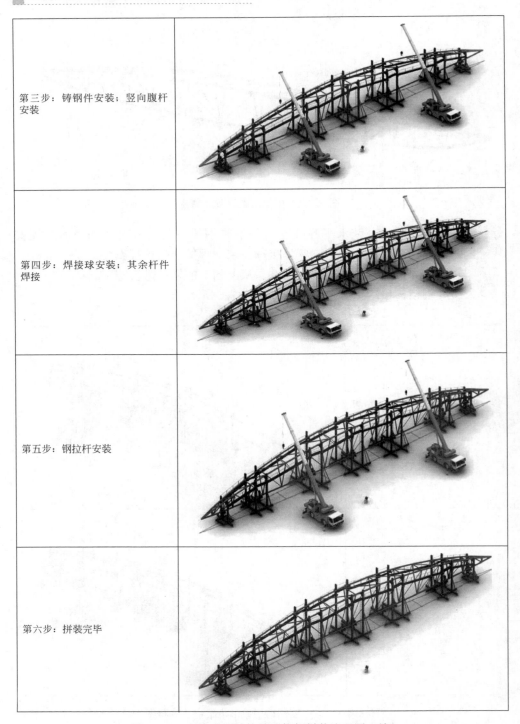
第四步：焊接球安装；其余杆件焊接	
第五步：钢拉杆安装	
第六步：拼装完毕	

图 6.7-5 大跨度钢结构梭形桁架拼装流程图（续）

3）双机抬吊

（1）起重机行走路线上应铺设路基箱，下部垫泥土或者木板确保路基箱不与地坪或楼面接触。吊装时，应确保起重机履带与路基箱中心线重合，同时检查路基箱之间的连接是否可靠。

（2）双机抬吊采用四点绑扎，绑扎位置处应设置包角或柔性垫片，以防止损伤桁架表面漆膜，吊点要绑扎牢固，并确保位置准确对称；为使桁架起吊后不发生较大摆动，桁架两侧方向各设置2道溜绳，以便保持起吊平衡。为保证桁架就位加固可靠，吊装前在桁架两侧方向各设置3道缆风绳，缆风绳宜设置在桁架中部及两端支座位置之上，缆风绳与地面的角度应控制在45°左右（图6.7-6）。

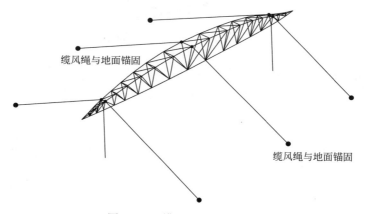

缆风绳与地面锚固

缆风绳与地面锚固

图6.7-6 缆风绳设置示意图

（3）地面准备工作就绪后，在起重指挥下两台起重机同时缓慢起吊，待桁架提升至距操作架100～200mm时，暂停起吊，此时桁架重量全部负载到两台起重机上，开始观察起重机的运转情况、桁架结构的受力及稳定情况（有无变形等），并检查钢丝绳受力是否均匀，待确认无隐患及异常情况后（一般需要持续5～10min）可正式起吊。桁架起吊速度应均匀缓慢，竖向提升超过安装高度1m左右后再水平移动至安装位置（图6.7-7）。

（4）桁架接近支座位置时应均匀缓慢，防止损坏铸钢支座，直至落到铸钢支座上部的焊接球井字板上部，此时观察焊接球是否与井字板吻合，并在桁架悬吊状态下进行调整。调整完成后，立即进行临时固定，固定完毕后，起重机方可摘钩转场。

6.7.2　技术指标

《钢结构工程施工规范》GB 50755—2012

《钢结构焊接规范》GB 50661—2011

《建筑施工高处作业安全技术规范》JGJ 80—2016

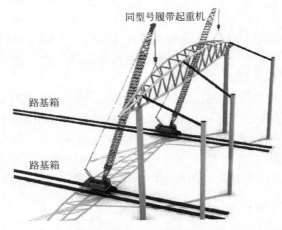

图 6.7-7　大跨度钢结构梭形桁架双机抬吊示意图

《建筑机械使用安全技术规程》JGJ 33—2012

《建筑工程施工质量验收统一标准》GB 50300—2013

6.7.3　适用范围

适用于所有大型展览建筑的大跨度钢结构梭形桁架的地面拼装及整榀抬吊施工。

6.7.4　应用工程

中国西部国际博览城（一期）钢结构项目。

6.7.5　应用照片

中国西部国际博览城（一期）钢结构项目施工现场钢结构梭形桁架双机抬吊应用如图 6.7-8 所示。

图 6.7-8　中国西部国际博览城（一期）钢结构项目施工现场钢结构梭形桁架双机抬吊应用

6.8 公共建筑金属屋面曲面重型装饰板安装技术

6.8.1 技术内容

公共建筑金属屋面曲面重型装饰板安装技术是利用犀牛模型确定双曲装饰铝板连接件的位置和控制线，在模型中精确标注出双曲装饰板连接件中心定位点至控制线的平面距离，并使用卷尺、经纬仪，在装饰板顶部龙骨上进行连接件的定位放线，然后根据优化后的图纸进行编号，最后在现场根据编号进行定位安装。

1. 技术特点

（1）利用 BIM 中犀牛模型，提取典型重型装饰板的连接件定位控制坐标，并找出角度变换部位的双曲装饰板连接件在同一条直线上的定位数据差值，从而仅需放出少量控制线，便能够大面展开放线定位工作，在提高施工精确度的同时可以加快施工速度，减少测量工作量，确保了装饰系统的安装效果。

（2）装饰系统龙骨分上下两层，顶部龙骨为同一标高，根据图纸建立龙骨及装饰铝板模型，进行碰撞分析，确保放线准确可行。

（3）通过模型，运用科学的计算方法计算出扭曲变换部位的装饰板连接件的定位参数差值，将绝对坐标转化为相对点位数据差值，并进行编号。通过定位点的相对性转换，可多点位同时进行，降低了施工放线难度。

2. 施工工艺流程

金属屋面曲面重型装饰板安装施工工艺流程如图 6.8-1 所示。

3. 操作要点

1）基于 BIM 及图纸进行网格化定位线确定

（1）对照设计、现场勘察，绘制 BIM 模型。

（2）根据建立的模型分析装饰系统的造型特点，确定定位控制线。

2）控制定位线选取

分析屋面重型装饰板造型特点（直段、起伏扭曲），以直段装饰板连接件定位点连线为控制线，既是直段重

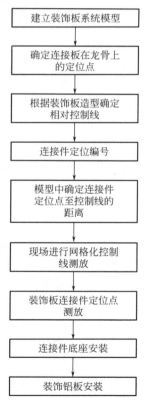

图 6.8-1 金属屋面曲面重型装饰板安装施工工艺流程图

型装饰板连接件的定位线，也是双曲变换重型装饰板段的定位控制线。定位点四面形成网格状控制线，避免了每个连接板定位点的测量定位，减少了大量的测量工作量。屋面结构为大跨度钢桁架结构时，屋面振动较大，测量点位越多，误差越大，采用相对控制线可以更好地保证精度。

3）双曲变换部位重型装饰板连接件的定位

（1）在模型中，确定好双曲部位装饰板连接件的定位点，并标注出连接点至控制线的距离（图 6.8-2）。

图 6.8-2　装饰板连接件的定位点

（2）在装饰板上层龙骨上安装就位，并确保定位、标高及平整度满足要求。随后，在模型中提取直段装饰板连接件定位点坐标，并将定位线（即控制线）测放在顶部龙骨上。

（3）根据模型中双曲重型装饰板连接件定位点距离控制线的平面位置差值，进行双曲装饰板连接件定位点的测放。

4）重型装饰板安装

（1）根据放线定位点将连接板底座全部安装就位，连接件根据模型和图纸进行定位，连接在装饰板上。

（2）连接板随着重型装饰板扭曲变换，尺寸多样，安装前需根据尺寸进行分类编号，确保相应尺寸连接板安装在正确位置的板上，才能确保安装效果。

（3）重型装饰板从中间直段开始安装，同步向两端双曲变换部位推进，随时检查不同板块安装就位时的整体顺滑度，及时消除安装偏差，避免误差累计。

6.8.2　技术指标

《钢结构设计标准 》GB 50017—2017

《钢结构焊接规范》GB 50661—2011

《屋面工程技术规范》GB 50345—2012

《屋面工程质量验收规范》GB 50207—2012

《紧固件机械性能 不锈钢螺栓、螺钉和螺柱》GB/T 3098.6—2014（现被

《紧固件机械性能 不锈钢螺栓、螺钉和螺柱》GB/T 3098.6—2023 代替）

《建筑装饰装修工程质量验收标准》GB 50210—2018

《钢结构工程施工质量验收规范》GB 50205—2001（现被《钢结构工程施工质量验收标准》GB 50205—2020 代替）

《建筑装饰用铝单板》GB/T 23443—2009

6.8.3　适用范围

适用于公共建筑金属屋面连接板基于同一标高基础面上的曲面重型装饰板安装。

6.8.4　应用工程

东安湖体育公园三馆项目金属屋面工程。

6.8.5　应用照片

东安湖体育公园三馆项目金属屋面工程重型装饰板应用效果如图 6.8-3 所示。

图 6.8-3　东安湖体育公园三馆项目金属屋面工程重型装饰板应用效果

6.9　大型体育场馆预制弧形机电管线施工技术

6.9.1　技术内容

近年来，随着建筑工程的不断发展和智能化水平的提高，管道施工技术也在不断创新和改进。其中，大型体育场馆预制弧形机电管线施工技术是一种新兴的管道施工技术，它采用先进的 BIM 技术和全站仪技术，通过预制加工和模块化施工等手段，实现了管道施工的高效率和高质量。

本技术主要解决了大型体育场馆建设中管道施工难度大、施工周期长、施工质量难以保证等问题。传统的管道施工方式需要现场测量、切割和焊接等工序，而且难以保证管道的精度和准确度，施工周期也较长；而采用大型体育场馆预制弧形机电管线施工技术，通过预制加工和模块化施工等手段，实现了管道的高效、高质量施工。

实际应用中，该技术实现了以下效果：一是提高了管道施工的效率和质量，预制加工和模块化施工等手段可以大大缩短施工周期，提高施工效率，同时还可以保证管道的精度和准确度，提高施工质量。二是提高了管道施工的安全性能，采用全站仪和红外线放线仪等技术对管道进行三维定位，可以保证管道的安装准确度，避免了管道安装过程中的安全隐患。三是提高了建筑造型和机电系统的协调性，预制弧形管线可以与建筑造型相适应，保证了建筑的美观性和机电系统的功能性。

综上所述，大型体育场馆预制弧形机电管线施工技术是一种先进的管道施工技术，它通过预制加工和模块化施工等手段，实现了管道施工的高效率和高质量，解决了传统管道施工中存在的问题，同时还提高了管道施工的安全性能和建筑造型与机电系统的协调性，具有广阔的应用前景和市场价值。

1. 技术特点

（1）场馆系统较为复杂，管线类型较多，弧形管线较为集中，且管线安装高度根据结构形式会有变化。

（2）由于结构造型的需求，不同区域其管线弧度不一，管线在不同的结构区域有不同的弯曲半径。

（3）机电管线类型较多，有桥架、风管、水管等，其加工方式不一，但整体安装效果要有统一规划，因此对于管线的加工精度有很高的要求。

（4）为了确保总体弧度控制，在预制加工、支吊架安装、管线拼接等工序中对于弧形管线的定位放线都有很高的要求。

2. 工艺原理

利用 BIM 技术首先对室内管线进行综合布置深化设计，将重点区域所有管线进行综合布置，确保无遗漏且满足机电管线深化设计原则，并对施工工艺及工序进行模拟，确定施工工序、交叉作业时间内容，为施工作业提供参考依据，加快施工作业流程。根据深化设计对管线进行分解，根据不同的管段确定每一段的弧度，绘制管线预制加工图、综合支吊架定位和加工图，然后预制车间根据图纸要求，逐段进行预制加工作业，并精确控制弯曲弧度。在管线加工的同时利用全站仪进行三维空间定位，对加工好的综合支吊架进行定位安装，待支吊架安装完成后，进行管线的分层拼装，拼装过程中严格参照预制加工编号进行，防止拼装错误，造成弧度偏差。最终形成统一、规律、满足系统功能要求的系统排布及安装效果。

3. 施工工艺流程

预制弧形机电管线施工工艺流程如图6.9-1所示。

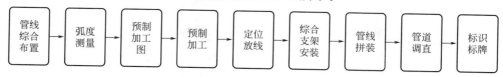

图6.9-1 预制弧形机电管线施工工艺流程图

4. 操作要点

1）管线综合布置

根据机电系统设计图纸，对所有管线进行梳理，将该区域的所有机电系统纳入统一管理，以防止因专业分包系统遗漏而导致深化设计不合理的情况。利用BIM技术，根据管线综合排布的原则，进行管线综合布置，确定每根管线的尺寸与位置关系，综合考虑维修、敷设电缆、管道保温等的操作空间，最终出具各系统的平面、剖面以及关键节点大样图（图6.9-2）。

图6.9-2 BIM综合管线模型

2）弧度测量

根据BIM深化设计图纸，导出相对应的分专业平面图纸，对每一个系统的管线进行中心点的确认，计算并测量出不同区域管线的弧度（图6.9-3）。

3）预制加工图

根据深化设计导出的平面图，对所有管线进行分段处理。根据桥架、风管、水管等的标准管道长度进行切割，并尽可能保证管线接头处在同一线上，确保明露区域整体排布美观。风管预制加工图如图6.9-4所示。

4）预制加工

根据深化设计完成的预制加工平面图，在加工厂进行管线的批量化预制加工。

（1）水管预制加工

本项目采用液压弯管的管道材质主要有镀锌无缝钢管和不锈钢管两种材质。根据实际需求，改装一种液压弯管机，用于本项目的管道加工。

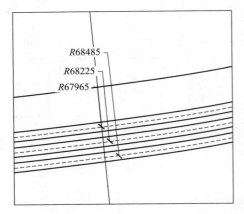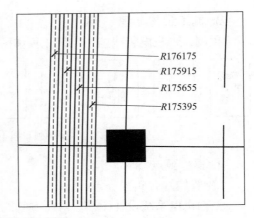

图 6.9-3　管线弧度计算

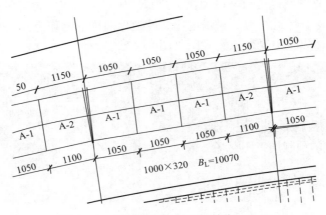

图 6.9-4　风管预制加工图（单位：mm）

该液压弯管机主要由 2 台电动液压器、1 个控制操作台、1 个可调式弯管工作台组成。根据需要加工的管道弧度，不断调整弯管工作台的挡板弧度，然后操纵控制台，利用两端的电动液压器对管道进行弯管操作。

由于加工管道的管径不一致，因此液压弯管器头部的弧形卡扣模具根据管道管径实时更换，以满足不同管径管道的加工需求。

可调式弯管工作台，主要由 1 个操作台面、1 个弯管挡板和 1 组可调式挡板肋板组成。通过挡板后部几组肋板的前后配合移动，便可根据需求调整弯管挡板的整体弧度（图 6.9-5）。

图 6.9-5　可调式弯管工作台

由于在综合管线区域，消防镀锌无

缝钢管和给水排水不锈钢管两种管道的连接方式均为沟槽连接。因此在管道弯管之前，提前利用沟槽机对管道进行压槽作业。否则根据沟槽机的操作状态，弧形管线是无法进行沟槽作业的。

由于管道压制过程中会出现不同程度的回弹，因此在管道挡板调节的过程中，应充分考虑回弹量。同时在管道预制的过程中，顺序进行2次弯管压制作业流程。第一次进行弯曲弧度粗加工，待管道回弹后，进行第二次弧度精加工操作。

为了现场快速测量管道加工弧度，采用一种简易的弧度测量方法：即测量管道中间点的弦高，通过弦高的测量，来控制管道加工弧度。利用角尺对事先画好的管道两端水平方向上管口最内侧标记点拉线进行测量。将管道弧度加工进度控制在±5mm，防止因弧度偏差过大，造成在管道拼装的过程中管卡偏位（图6.9-6）。

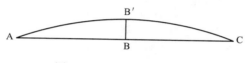

图 6.9-6　弧度测量示意图

（2）风管预制加工

根据提交的预制加工图在场外的风管预制加工车间进行风管加工（图6.9-7）。该车间主要由桁吊、剪板机、折弯机、咬口机、控制柜等主要设备组成。

由于风管的标准节较短，为了确保加工出来的管道拼接效果为设计的弧形，因此在每一段风管镀锌铁皮剪板的过程中内侧与外侧长度不一致，最终加工出来的风管才会出现整体弧度（图6.9-8）。

图 6.9-7　风管预制加工车间

图 6.9-8　预制风管

（3）桥架预制加工

桥架的整体弧形主要有两种方案。第一种方案是现场制作弧形桥架，现场采用内边手动切割，整体拼接，最终形成弧形。由于体育场馆弯曲半径较大，导致

2m 标准节的桥架弧度很小，同时考虑到采购成本的原因，因此选择采用现场制作。第二种方案是直接定制弧形桥架。当桥架弧度较大时，可以直接采取桥架定制的方案。

根据桥架深化设计图纸，计算桥架内边与外边的差值，然后利用手动切割机对桥架两端进行切割（图 6.9-9），确保切割两端长度满足加工图要求（图 6.9-10）。待桥架切割完毕后，进行尺寸精量，将加工误差控制在 ±3mm 内。检测合格后，利用富锌漆在切割断面进行防腐处理。

图 6.9-9　桥架切割图

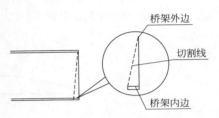

图 6.9-10　桥架加工示意图

（4）综合支架加工

深化设计图纸出具后，深化设计工程师利用管线剖面 BIM 模型，对所有的综合管线区域进行综合支架深化设计，确定每一组支架的定位位置以及加工大样图，然后根据大样图在加工车间进行预制加工。

加工过程中严格参照预制加工图对综合支架进行切割打孔，确保支吊架标准统一、孔洞定位准确（图 6.9-11）。

加工完成后，对所有焊接部位进行除锈、防腐处理，防止安装后由于现场湿度较大而锈蚀。

5）定位放线

由于综合管线区域为走廊区域，且结构梁随着建筑造型发散，因此这就需要全站仪和红外线放线仪相互配合对所有综合支架生根部位进行准确定位。

同时校核管道安装位置，防止因为结构偏差造成管道安装整体偏差。

6）综合支架安装

定位完成以后，利用高空作业车进行综合支架的安装工作（图 6.9-12）。施工过程中，严格参照放线位置进行支架安装，同时利用红外线放线仪进行位置校核，防止支架偏位，造成管道安装时弧度错位。

7）管线拼装

综合支吊架安装完毕后，进行管线的安装。

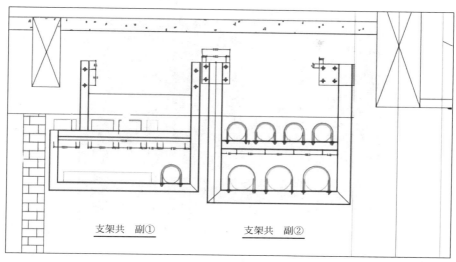

支架共　副①　　　　　　　支架共　副②

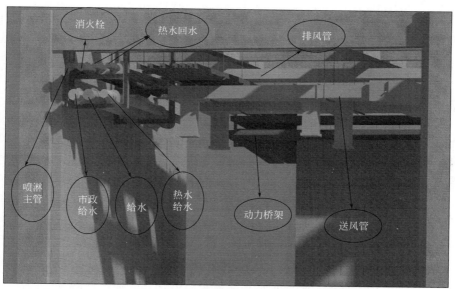

图 6.9-11　综合支架预制加工图

根据 BIM 模型模拟的施工顺序，从上往下依次顺序安装，尽量避免交叉作业或者工序倒置，导致施工进度较慢的工序无施工作业空间，尽可能避免返工作业。

管线拼装过程中严格按照加工过程中管段的编号进行拼装，同时对安装过程中管道的接口位置进行调整，并进行初步固定，防止管线掉落，造成安全隐患。

图 6.9-12　综合支架安装现场图

8）管线调直

所有管线安装完毕后，利用红外线放线仪对管线进行调直处理，确保所有管道间距、管口接头按照深化设计位置进行准确安装。同时对风管、桥架、水管等进行固定，防止管线掉落或者在后续工作中造成偏位，引起二次返工。

管线调直后，对部分可能存在污染的管线进行覆盖、包裹等保护处理，以避免管线在与其他工程交叉施工的作业中造成二次污染。

9）标识标牌

所有管道安装就位后，进行系统试压工作，并组织监理单位进行验收。验收合格后根据设计要求对管道外壁进行保温、喷漆等处理，并按照要求及系统类型悬挂标识标牌。

6.9.2　技术指标

《建筑电气工程施工质量验收规范》GB 50303—2015

《建筑给水排水及采暖工程施工质量验收规范》GB 50242—2002

《通风与空调工程施工质量验收规范》GB 50243—2016

6.9.3　适用范围

适用于所有常规弧形机电管线的预制加工及在体育场馆中弧形管线的安装施工。

6.9.4　应用工程

苏州市工业园区体育中心游泳馆项目；体育场综合管线安装项目。

6.9.5　应用照片

体育场综合管线安装项目预制弧形机电管线成型效果如图 6.9-13 所示。

图 6.9-13　体育场综合管线安装项目预制弧形机电管线成型效果

6.10　受限空间综合管线全装配式施工技术

6.10.1　技术内容

某体育场项目机电管线主要集中于体育场弧形通道内，弧形通道宽度仅有 2.4m，高度达到 6m，管道最密集区域综合管线排布高达 6 层，为了满足通道净空要求，支架整体高度约为 2.6m，支架横杆层间距约为 400mm。经过楼板承载力计算，支架间距需小于等于 2.4m，局部位置支架间距为 1.9m。由于通道内的机电安装空间极为有限，采用常规施工方法无法提供足够的管道上下和人员安装空间，且管道安装后电缆敷设、管道油漆和保温工作同样面临作业空间不足的挑战。为解决这一问题，对弧形通道的综合管线采用装配式模块化整体吊装施工技术，通过综合管线预制加工、地面组装、模块化吊装的方式施工，以提高施工效率、降低安全风险。这种施工方法能够有效应对通道内空间有限的挑战，为电缆敷设、管道油漆和保温工作提供足够的操作空间，保证施工的顺利进行。

1. 技术特点

受限空间的机电综合管线安装及后期的电缆敷设，如果采用常规方法，将面临施工难度很大、成本高，而且会耗费大量的施工时间，将严重影响施工工期。经过研究分析决定采用装配式模块化整体吊装施工技术，采用此工艺不仅安全高

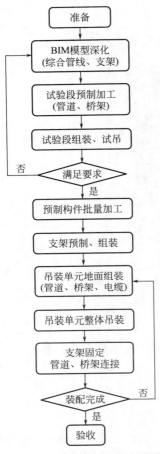

图 6.10-1　受限空间综合管线
全装配式施工工艺流程图

效，还能节省工程成本。

2. 施工工艺流程及操作要点

1）施工工艺流程

受限空间综合管线全装配式施工工艺流程如图 6.10-1 所示。

2）操作要点

（1）BIM 深化设计及模块划分

基于建筑结构模型，将机电模型进一步精细化，并根据吊装模块分段方案，将吊装区域内机电管线切分为独立单元。根据支架排布原则完善吊装单元的支架位置，出具支架详图和综合管线剖面图并标注管道在支架上的位置（图 6.10-2）。

（2）组合式公用支吊架深化设计及安全复核技术

根据 BIM 深化设计管线图，结合建筑结构特性深化设计支架形式，根据综合管线重量分析计算支架受力情况、楼板承载力、螺栓受力情况等，确保支架满足功能且性能安全可靠。

步骤如下：

① 结合综合管线 BIM 深化设计模型、现场建筑结构特性，深化设计支架形式。

② 根据综合管线重量进行支架受力计算。

③ 计算螺栓、结构承载力。

④ 现场进行拉拔试验，复核螺栓和结构承载力。

（3）弧形通道的弧形管道预制加工

结合不同专业管道的大小和管道材质，用于消防管道和给水管道的镀锌管、不锈钢管采用弯管机进行冷煨弯。空调水管采用的焊接钢管直径较大，采用"割圆法"的方法进行多边形拼接，在每一个标准节的端口切割一个角度，通过角度的大小调节圆弧半径。预制件的油漆和保温工作在加工厂内完成，现场仅对接口处进行处理。

实施过程如下：

① 找出通道中心线，并将其简化为模型（图 6.10-3）。

② 计算通道中心线弧长，将弧线按 6m 分段，做分割线与中心弧线的切线，相邻两条切线形成的夹角即为两段管道的夹角。

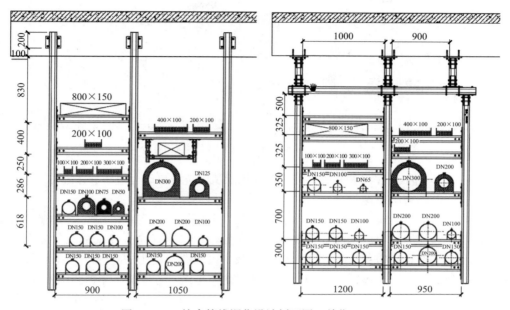

图 6.10-2　综合管线深化设计剖面图（单位：mm）

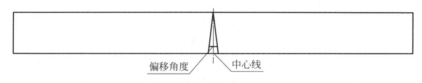

图 6.10-3　弧形管道加工示意图

③ 计算管道在不同弧形区域的切割角度，不同管径的管道在同一个弧形区域的角度相同。

④ 管道角度切割前应在切口位置做三条标记，完成后将两段管道对接并保证标记线对齐。

（4）装配式模块组装

安装时根据综合管线图纸准确定位管道横梁上的位置，从下往上依次逐层安装吊装段上的管道、风管、桥架，并敷设电缆。将相邻两个吊装段在地面完成组装并初步完成对口连接（图 6.10-4）。

步骤如下：

① 根据 BIM 模型将综合管道划分为吊装模块，并设置好每个模块的支架。

② 结合 BIM 深化设计图确定每根管道在支架上的位置，并出具定位图。

③ 按照图纸在支架上逐层安装管道、风管和桥架。

④ 在安装各系统管道的同时完成相应的防腐和保温工序，每根管线末端150～

图 6.10-4　综合管线地面组装模拟图

200mm 范围内不做保温和防腐，待管线现场安装就位后再进行防腐和保温。

（5）电缆装配及敷设

电缆敷设主要是通过电缆在吊装段桥架内滑移的方式实现电缆装配。施工前根据电缆路径测量电缆长度，将电缆按回路分段。综合管线吊装段桥架安装完成后，将电缆滑移支撑装置安装于桥架内以减少电缆滑动的阻力。用电缆固定夹将电缆固定成排，确保电缆不会缠绕。吊装时先将电缆的一头固定在配电室内，逐段吊装电缆并随吊装段滑移。吊装完成后拆除电缆固定装置、滑移支撑装置，并将电缆按规范绑扎。

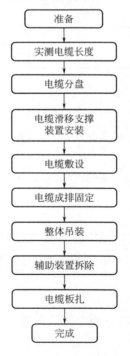

图 6.10-5　电缆敷设步骤流程图

电缆敷设步骤如图 6.10-5 所示。

① 测量经过吊装区域的电缆长度，取上级配电箱到下级配电箱的长度。

② 根据不同回路电缆测量结果裁剪电缆。

③ 在吊装段桥架内安装电缆滑移支撑装置（图 6.10-6）。

④ 敷设电缆时，电缆应单层整齐排布，避免上下堆叠。

⑤ 利用电缆约束装置将电缆固定成排（图 6.10-7）。

⑥ 电缆一端临时固定于楼板或结构上，依次吊装综合管线单元。

⑦ 综合管线吊装模块吊装完成后拆除电缆滑移支撑装置和电缆约束装置，并按照规范要求正式绑扎电缆。

（6）综合管线整体吊装

对于已经拼装好的综合管线吊装单元，利用手拉葫芦或者液压顶升装置将吊装段整体提升，吊装到指定位置后用台架将吊装单元支撑稳固，再将支架固定在楼板上。利用整体吊装的方式解决了受限空间施工难度大的问题，降低了安全风险和提高了安装效率。

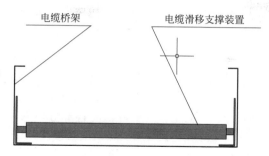

图 6.10-6 电缆滑移支撑装置安装示意图

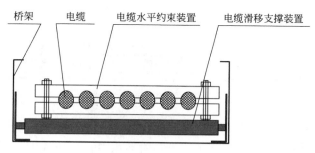

图 6.10-7 桥架内电缆约束装置安装示意图

步骤如下：

① 吊装段加固

按装配式施工方案组装好管道及电缆，整体加固完成吊装段支架。

② 吊装前的准备工作

吊装前，必须全面做好检查核实工作。检查设备安装基准标记、方位线标记是否正确，管道、吊具等是否符合吊装要求。吊装索具的受力必须满足吊装需求。

安装于立杆上的辅助吊装用滑轮如图 6.10-8 所示，安装前应检查焊接部位

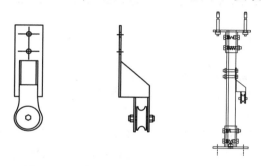

图 6.10-8 辅助吊装用滑轮与立杆组装图

是否存在肉眼可见的裂缝等质量缺陷。吊装辅助滑轮与立杆通过两个 M12 高强度螺栓连接。

③ 试吊

试吊前，吊装总指挥进行吊装操作交底，布置各监察岗位并对监察的要点及主要内容进行说明。起吊 200mm 后停止吊装，检查支架是否牢固或松动变形，检查固定螺栓是否变形松动，检查手拉葫芦，使各部分具有协调性和安全性，复查各部位的变化情况等（图 6.10-9）。

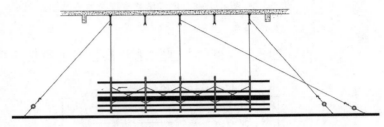

图 6.10-9　综合管线吊装示意图一

④ 正式吊装

试吊检查完毕，确认各个相关因素正常后由总指挥正式下令起吊，检查各岗位到岗待命情况、各岗位汇报准备情况，并用信号及时通知指挥台。正式起吊过程中，各岗位应汇报吊装情况是否正常，如正常则继续起吊直至吊装到位（图 6.10-10）。

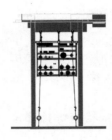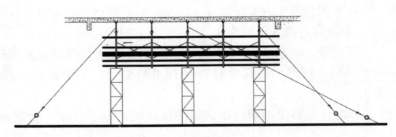

图 6.10-10　综合管线吊装示意图二

⑤ 胎架安装

吊装就位后在吊装点支架下方安装胎架，支架立杆应位于胎架支撑横担正中间，胎架落地点应平整，做好防止倾斜的措施。

⑥ 支架固定

依次连接支架与上部立杆的螺栓，螺栓连接完成后再次检查支架连接件是否牢固。确认正常后先拆出中间的胎架和手拉葫芦卸载，但不拆除。依次拆除两侧的胎架和手拉葫芦完成卸载。胎架拆除完成、手拉葫芦卸载完成后再次检查支架体系是否正常，连接螺栓是否紧固到位。确认正常后拆除手拉葫芦和配套附件。

⑦ 吊装单元误差控制和组对管理

为了确保吊装单元之间管道对口准确，每根管道需严格按照深化设计图的定位要求固定管道，吊装前需提前在地面进行预组对，确定相对位置后在支架上固定牢靠。吊装后优先对管径较大的空调水管进行组对对口，组对完成后加以固定，当管道组对偏差较大时，可以通过支架上的条形螺栓孔微调管道的固定位置。

6.10.2　技术指标

《手拉葫芦》JB/T 7334—2016

《重要用途钢丝绳》GB/T 8918—2006

《建筑给水排水及采暖工程施工质量验收规范》GB 50242—2002

《建筑电气工程施工质量验收规范》GB 50303—2015

6.10.3　适用范围

适用于体育场管类狭小空间综合管线施工，也适用于管线集中区域整体施工。此方法还适用于其他项目弧形区域，包括大口径空调管在弧形建筑物内的施工方式。

6.10.4　应用工程

衢州市体育中心体育场项目。

6.10.5　应用照片

体育场项目综合管道吊装模块地面组装、综合管线吊装、吊装段接口组对及安装完成效果如图 6.10-11～图 6.10-14 所示。

图 6.10-11　体育场项目综合管道吊装模块地面组装

图 6.10-12　体育场项目综合管线吊装

图 6.10-13　体育场项目吊装段接口组对　　　　图 6.10-14　体育场项目安装完成效果

第7章 其他技术

7.1 大型场馆空调计算流体力学的模拟仿真技术

7.1.1 技术内容

对于大型场馆，通常都会存在气流局部不均匀的现象，由于流场的不可视化，传统设计和施工中很难发现这一问题；设计中确定的风口送风射程不足、位置不正确或布置不合理等问题，都可能造成场馆内局部温度过高或过低区域，影响场馆内暖通空调运行的舒适性。如果在完工后的调试和验收工作中发现这些问题，可能导致返工，对工期、成本甚至施工公司的形象都会产生负面影响，因此有必要对场馆内的通风效果进行数值仿真，通过预测空调运行工况下场馆内的气流分布以发现设计中可能存在的弊端，为现场施工提供准确可靠的参考依据。

1. 技术特点

（1）在仿真过程中，采取了局部网格细化、亚松弛、非平衡壁面函数修正等技术手段，能够验证场馆内送回风口的设计布置和参数设置是否符合空调通风要求。

（2）通过气流组织的仿真模拟，可以预测空调运行工况下场馆内的气流分布以发现设计中可能存在的弊端，为现场施工提供可靠的参考依据。

2. 工艺原理

仿真模拟针对空馆状态开展，便于验证仿真模型和方案的可靠性。建模中忽略地面处展板、人员、设备及展台等的散热及对气流的影响，只考虑场馆围护结构的传热和门处气流渗透对场馆内气流和温度的影响，结合设计院提供的空调运行参数（包括送回风口位置、大小、风速、围护结构传热系数等），对空馆状态下展馆内的气流和温度分布特征进行数值仿真的研究和分析。

3. 施工工艺流程及操作要点

1）计算模型简介

本技术以会展中心的 A1（a）馆的空馆模型作为数值计算的典型场馆，参照设计院出版的蓝图，得到 A1（a）馆的建设规模和通风管道布置规划方案，A1（a）馆最大宽度为 110m，最大长度为 270m，喷口标高为 34.500～36.600m。馆内空调送风分别由 29 条主管吹出，主管被安装在顶部的桁架内，管径范围为 0.8～1.8m。在 A1（a）馆内，支管被垂直向下安装于主管的两侧，末端根据初设方案装有圆形喷口，在整个馆内形成了均匀布置的送风口（喷口直径为 0.42m），回风口也被均匀布置在馆内四周墙底（尺寸均按照图纸中的设置）。图 7.1-1 是结合图纸并采用 BIM 技术常用的 Revit 系列软件构建的 A1（a）馆空调送风管布置效果。

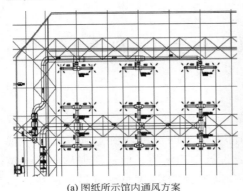

(a) 图纸所示馆内通风方案

(b) 风管布置的Revit模型

(c) 现场风管的安装

(d) 喷口的设置

图 7.1-1　A1（a）馆空调送风管布置效果

2）计算模型的建立

本次模拟是根据 A1（a）馆的建筑结构图纸在 GAMBIT 软件中建立数值计算模型，具体模型如图 7.1-2 所示。A1（a）馆内空调系统送回风布置均为上部送风、下部回风的方式。所以建模时把送风口建立在场馆的顶部，场馆底部则是回风和门的区域。

由于送风口处的高速射流容易相互干涉，为了得到精度更高的气流分布，在送风口位置特意做了计算网格局部细化处理，本模型生成的计算网格单元约为 300000 个。

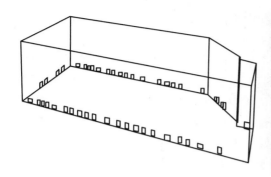

(a) 场馆数值计算模型

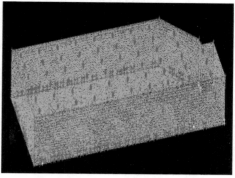

(b) 建立计算网格后的效果

图 7.1-2　GAMBIT 软件中 A1（a）馆整体计算模型的建立

3）计算方法的设定

将 GAMBIT 构建完的计算模型导入 FLUENT 软件中进行仿真模拟，会展中心 A1（a）馆为单层超高建筑，风口垂直高度超过 36m，参考设计院的计算参数，数值计算中设置夏季和冬季工况下每一个风口的出风速度为 14m/s，风口的夏季出风温度为 288K（15℃），冬季出风温度为 300K（27℃）。

根据实地考察测试，得出 A1（a）馆夏季室外通风平均温度为 31.6℃，冬季室外通风平均温度为 4.2℃。为了接近实际工况，按照实测设置了一定的门外气流渗透，冬季在实测条件下得出门外流速稍高于夏季（测试仪器采用风速仪，为经标定过的 KONOMAX6006 热线风速仪，如图 7.1-3 所示）。场馆内墙壁和屋顶在本次数值计算中设置的传热系数均参照《工业建筑供暖通风与空气调节设计规范》GB 50019—2015 来取值。

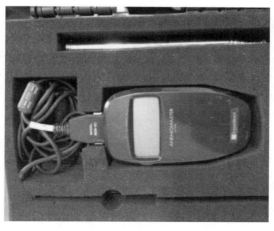

图 7.1-3　采用的热线风速仪型号

　　由于计算的整体模型区域较大（270m×110m×40m），会造成计算量增加，为避免计算误差的发散，在数值模拟过程中采用了亚松弛因子（under-relaxation factor）修正使得仿真更接近实际工况。

　　在计算迭代至 2500 多步时，FLUENT 软件显示各方程的计算残差小于系统默认的 10^{-3} 数量级（图 7.1-4），同时温度监控器在计算至 2800 步时显示稳定工况下温度基本不再变化（图 7.1-5），因此可以认为计算收敛。本次模拟中，由于送风的高速气流会导致雷诺数（Re）升高，流动状态为湍流，故在软件中的气流方程应采用 k-ε 方程，而在贴近壁面处，由于气流在沿程中的互相干涉和碰壁后有大量速度损耗，故贴壁处的气流由于雷诺数较低而不再适用于 k-ε 方程，因此在壁面处的流动方程经文献查阅特意做了非平衡壁面函数的修正，并引入了压力梯度关系，如此设置可以使高雷诺数流场的数值模拟更精确。计算的各项方程参数见表 7.1-1。

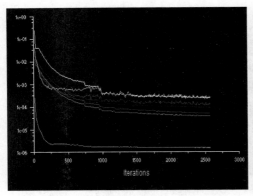

图 7.1-4　计算残差收敛效果　　　　　图 7.1-5　温度监控器显示

各控制方程变量、扩散系数及广义源项　　　　　　　　　表 7.1-1

方程	φ	Γ	S
X 方向动量方程	u	$\eta + \eta_t$	$-\dfrac{\partial p}{\partial x} + \dfrac{\partial}{\partial x}\left(\eta_{\text{eff}}\dfrac{\partial u}{\partial x}\right) + \dfrac{\partial}{\partial y}\left(\eta_{\text{eff}}\dfrac{\partial v}{\partial x}\right) + \dfrac{\partial}{\partial z}\left(\eta_{\text{eff}}\dfrac{\partial w}{\partial x}\right)$
Y 方向动量方程	v	$\eta + \eta_t$	$-\dfrac{\partial p}{\partial y} + \dfrac{\partial}{\partial x}\left(\eta_{\text{eff}}\dfrac{\partial u}{\partial y}\right) + \dfrac{\partial}{\partial y}\left(\eta_{\text{eff}}\dfrac{\partial v}{\partial y}\right) + \dfrac{\partial}{\partial z}\left(\eta_{\text{eff}}\dfrac{\partial w}{\partial y}\right)$
Z 方向动量方程	w	$\eta + \eta_t$	$-\dfrac{\partial p}{\partial z} + \dfrac{\partial}{\partial x}\left(\eta_{\text{eff}}\dfrac{\partial u}{\partial z}\right) + \dfrac{\partial}{\partial y}\left(\eta_{\text{eff}}\dfrac{\partial v}{\partial z}\right) + \dfrac{\partial}{\partial z}\left(\eta_{\text{eff}}\dfrac{\partial w}{\partial z}\right)$
紊流能量方程	k	$\eta + \dfrac{\eta_t}{\sigma_k}$	$\rho G_k - \rho\varepsilon$

续表

方程	φ	Γ	S
紊流能量耗散方程	ε	$\eta + \dfrac{\eta_t}{\sigma_\varepsilon}$	$\dfrac{\varepsilon}{k}(C_1 \rho G_k - C_2 \rho \varepsilon)$
能量方程	T	$\dfrac{\eta}{p_r} + \dfrac{\eta_t}{\sigma_T}$	0

注：表中 $G_k = \dfrac{\eta_t}{\rho}\left\{2\left[\left(\dfrac{\partial u}{\partial x}\right)^2 + \left(\dfrac{\partial v}{\partial y}\right)^2 + \left(\dfrac{\partial w}{\partial z}\right)^2\right] + \left(\dfrac{\partial u}{\partial y} + \dfrac{\partial v}{\partial x}\right)^2 + \left(\dfrac{\partial u}{\partial z} + \dfrac{\partial w}{\partial x}\right)^2 + \left(\dfrac{\partial w}{\partial y} + \dfrac{\partial v}{\partial z}\right)^2\right\}$；

$\eta_{eff} = \eta + \eta_t$；$\eta = \dfrac{\rho c_\mu k^2}{\varepsilon}$；

φ——通用变量；Γ——与 φ 相对应的广义扩散系数；S——与 φ 相对应的广义源项。

4）边界条件的设置

在计算模型和方法确定后，需在 FLUENT 软件中设置空馆状态下的各类边界条件，以使最终计算结果符合实际工况。会展中心 A1（a）馆的空馆模型各类边界条件的设置参考设计院提供的数据，对于送风喷口的设置，气流流速按照设计图纸中的 14m/s 设定，送风温度为夏季 288K（15℃）、冬季 300K（27℃），边界类型设置成 Velocity inlet；回风口的尺寸、数量和位置按图纸进行设定，边界类型为 Outflow；场馆内各类墙体、屋顶和门设置成 Wall，采用第二类常热流边界条件定义，其中墙体的传热系数参考图纸，综合考虑普通墙体和玻璃幕墙来取值，分别按照设计规范输入一定的导热系数和门外渗透负荷，门口按照测试工况下的流动速度，设置了一定的热流渗透，详细设置方式可参考表 7.1-2、表 7.1-3，本次仿真中，速度和压力耦合的方式采用 SIMPLE 算法。

空馆模型边界条件的设定　　　　　　　　　　　　　表 7.1-2

设置参数	数值	边界条件	设置参数	数值	边界条件
室外温度（冬季）	4.2℃	—	回风口	—	Outflow
室外温度（夏季）	31℃	—	墙体负荷	表 7.1-3	Wall
喷口速度	14m/s	Velocity inlet	门	0.07~0.55m/s	Velocity inlet

空馆模型围护结构负荷设置　　　　　　　　　　　　表 7.1-3

设置参数	数值（W/m²）	设置参数	数值（W/m²）
单位墙体平均冷负荷	16.7	单位墙体平均热负荷	25.8
单位屋顶冷负荷	3.6	单位屋顶热负荷	5.1
单位地面冷负荷	2.2	单位地面热负荷	2.6

5）数值计算方法的验证

气流速度验证的计算参考陆耀庆主编的《实用供热空调设计手册（第二版）》，以下是冬季采用喷口垂直送风的工况下，距喷口33m处（距地面高度1m处）的平均风速，其计算步骤如下：

$$\frac{V_x}{V_s}=k_p\frac{d_s}{x}\left[1-1.9\frac{Ar}{k_p}\left(\frac{x}{d_s}\right)^2\right]^{\frac{1}{3}} \tag{7.1-1}$$

式中：V_x——计算平面的平均风速；

$\quad\quad V_s$——喷口的送风速度（按模拟的14m/s计算）；

$\quad\quad k_p$——射流常数，当$V_s\geqslant2.5$m/s时，此处取6.2；

$\quad\quad d_s$——喷口直径，此处取0.42m；

$\quad\quad x$——计算平面和喷口的距离，此处取33m；

$\quad\quad Ar$——阿基米德数，为：

$$Ar=\frac{g\Delta t_s d_s}{V_s^2(t_n+273)} \tag{7.1-2}$$

式中：t_n——计算平面的室内温度，此处取23℃；

$\quad\quad g$——重力加速度，此处取9.81m/s²；

$\quad\quad \Delta t_s$——送风温差，此处取8℃。

计算得出$V_x=0.27$m/s，而仿真中得出该点的气流速度为0.3m/s，误差为12%左右，参考国外学者计算的大型冷库气流，这个误差范围在仿真计算中是比较理想的。导致这一误差的原因是数值计算中，近地面1m的平面中增加了室外气流，另外仿真过程中复杂的模型、网格的设置、数值方程的运用及计算精度的选择等均是通过经验得出的，这些都可能导致最后计算的偏差。

根据上海同济建设工程质量检测站对A1（a）单层场馆的检测结果（表7.1-4），测试当天室外温度为5℃，与仿真结果4.2℃相近，测试当天室内温度为17.1℃，而本次仿真得出的温度为17.3℃，仿真误差相差仅为0.2℃。

A1（a）单层场馆的仿真结果与实测结果对比　　　　　　　　表7.1-4

实测结果		仿真结果	
测试室外温度	5℃	仿真室外温度	4.2℃
测试室内温度	17.1℃	仿真室内温度	17.3℃

综合上述内容，气流的计算误差为12%（符合传统文献记录的10%～30%误差范围），温度预测的误差为0.2℃，可判定本次计算中引入的各类方程和网格设置基本准确，仿真方案可靠。

7.1.2　技术指标

《民用建筑供暖通风与空气调节设计规范》GB 50736—2012

《通风与空调工程施工质量验收规范》GB 50243—2016

《通风与空调工程施工规范》GB 50738—2011

《建筑给水排水及采暖工程施工质量验收规范》GB 50242—2002

7.1.3　适用范围

适用于超高大空间建筑空调气流组织的仿真，特别适用于大型场馆空馆状态下的气流和温度分布特征的数值仿真。

7.1.4　应用工程

国家会展中心（上海）机电安装项目；上音歌剧院项目。

7.1.5　应用照片

国家会展中心 A1（a）馆标高 1m 水平面的稳态温度场及气流场分布如图 7.1-6、图 7.1-7 所示。

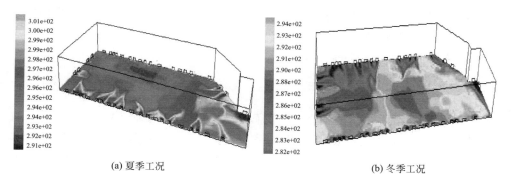

(a) 夏季工况　　　　　　　　　　　　　　(b) 冬季工况

图 7.1-6　国家会展中心 A1（a）馆标高 1m 水平面的稳态温度场分布

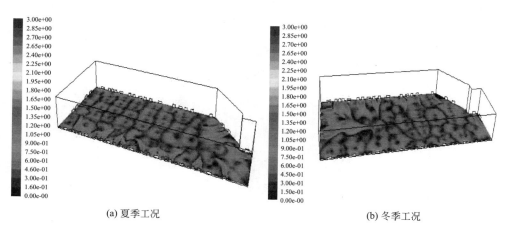

(a) 夏季工况　　　　　　　　　　　　　　(b) 冬季工况

图 7.1-7　国家会展中心 A1（a）馆标高 1m 水平面的稳态气流场分布

7.2 重型支吊架不同设置方式的有限元计算分析技术

7.2.1 技术内容

在机电工程施工中常会出现大量大管径的钢管，这些钢管一般被用作空调冷凝水、冷冻水、天然气或其他工业气体管道，直径可能会超过1m。对于大型悬吊式钢管，支吊架的设置形式作为影响其安全性的关键因素之一，应得到足够的重视。但在目前传统作业的模式下，管道支吊架钢材组合的选型仅凭经验，可能导致安全性不足或材料浪费的现象。针对重型支吊架不同的设置方式，利用有限元模拟仿真技术进行研究，通过合理地设置各类模型和计算参数，得到其受力及变形量的预测数据，为各类支吊架设置形式和选型提供支撑。

1. 技术特点

采用有限元数值模拟技术预测分析不同支吊架设置方式下各节点的综合受力情况，得到最合理的支吊架设置结构，为工程的实施提供参考和借鉴。

2. 施工工艺流程及操作要点

1) 重型支吊架形式的确定

(1) 支吊架形式的设计

重型支吊架有不同设置方式，进行有限元计算分析要先确定重型支吊架分析对象，然后采用有限元数值模拟分析支吊架不同设置方式下各节点的综合受力情况，得到最合理的支吊架设置结构。以三根并排设置的空调冷凝水管，规格为DN1000，三管双立柱支吊架的形式作为有限元计算分析对象进行说明，如图7.2-1所示，其中横梁长度为5000mm，立柱高度为3000mm（立柱高度可由现场确定，但若超过保温管径的5倍，则需要增设斜拉件），管道中心点间距为1600mm。

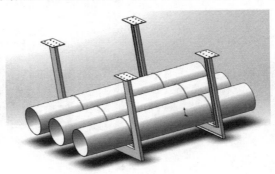

图7.2-1 支吊架立体示意图

（2）管道等效重力设置及钢材性能参数

采用简化的水管定义计算模型，即在有限元计算时仅考虑水管，省略保温层和水的影响，但是，必须将水和保温层的重量折算到管道上，通过增加管道的折算当量密度来实现重力加载。管道在支吊架间距内总体重量包括管道自重、满管水重、保温层重。在设计垂直载荷时，按照相关要求应考虑制造及安装因素，采用标准载荷乘以 1.35 的荷载分项系数，计算后得到 DN1000 管道的等效密度为 4.51×10^{-8} t/mm³。

对支吊架选型中，槽钢材料选择 Q235B，材料的屈服强度为 235MPa，许用拉应力 $[\sigma]=157$MPa，许用剪应力 $[\tau]=130$MPa，密度为 7850×10^{-12} t/mm³，弹性模量 $E=210000$MPa，泊松比为 0.3，材料性能参数汇总见表 7.2-1。

钢材的材料性能参数 表 7.2-1

名称	材料	屈服强度和许用应力（MPa）	密度（t/mm³）	弹性模量（MPa）	泊松比
槽钢立柱	Q235B	屈服强度 235；许用拉应力 $[\sigma]=157$	7850×10^{-12}	210000	0.3
槽钢横梁					
管道			4.51×10^{-8}		
螺栓	M20×175mm	许可抗拉和抗剪载荷分别为 38.28kN 和 36.74kN			

2）有限元计算模型的建立

管道支吊架的钢材有各种的组合选型，为了得到最合理的钢材支吊架设置结构，选择 5 号槽钢立柱和 36b 号槽钢横梁、20 号槽钢立柱和 36b 号槽钢横梁、36b 号槽钢立柱和 36b 号槽钢横梁三种钢材组合形式的支吊架进行有限元计算，在 ANSYS 标准中按照截面的相关参数定义截面。由于支吊架在管道沿程上呈现周期规律，故选取相邻的两个支吊架作为研究对象。在有限元建模的过程中，为了提高效率，忽略了螺栓、横梁与立柱的焊缝，进一步依据横梁和立柱的梁单元节点内力对这些零部件单独进行受力分析和评定。

计算时的边界条件如下：有限元模型中将立柱顶端与土建结构的膨胀螺栓生根处设置为全固定约束；对管道施加重力载荷；在管道和横梁接触位置设置刚性区域，使管道与横梁不会产生相对位移。管道及支吊架的有限元计算模型如图 7.2-2 所示。

3）计算结果与分析

（1）5 号槽钢立柱和 36b 号槽钢横梁组合力学分析

图 7.2-3 是 5 号槽钢立柱和 36b 号槽钢横梁组合情况下的 Mises 应力图（综合 X、Y、Z 方向上受力的应力图），可以发现，支吊架的 Mises 应力最大值为 289MPa，Mises 的最大应力发生在横梁上，在横梁槽钢翼缘和腹板的连接处，Mises 应力的最大值超过了槽钢的屈服强度 235MPa，不满足强度要求。

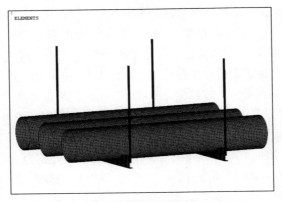

图 7.2-2　管道及支吊架的有限元计算模型

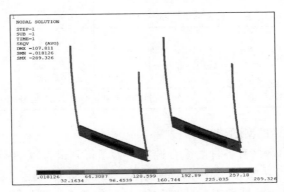

图 7.2-3　支吊架 Mises 应力（5 号槽钢立柱和 36b 号槽钢横梁组合）

（2）20 号槽钢立柱和 36b 号槽钢横梁组合力学分析

由于 5 号槽钢立柱和 36b 号槽钢横梁组合形式的支吊架综合应力不符合要求，将立柱的型号增大为 20 号槽钢，横梁还是采用 36b 号槽钢再次试算后，上述问题有所改善但仍不满足要求（具体表现在 X 方向的应力超过许用拉力，最大为 163MPa）；同时发现当槽钢横梁朝向设置相反时，支吊架限制了管道和横梁的偏移，相当于给支吊架施加了额外的约束，导致支吊架应力的增加（两者相差约 10.4％），具体如图 7.2-4 所示。但两个支吊架的槽钢朝向相反时，可以有效减小支吊架的最大位移（相同时为 35.65mm，相反时为 7.96mm，如图 7.2-5 所示）和轴向位移。

（3）36b 号槽钢立柱和 36b 号槽钢横梁组合力学分析

将立柱和横梁槽钢型号都设置为 36b 号槽钢后进行下一步仿真校核，介于上述仿真中发现横梁槽钢相反设置时，可大大减少位移变形，而应力的增大基本可控，故本次按相邻的横梁槽钢开口方向相反设置。考虑到相邻槽钢开口方向相反

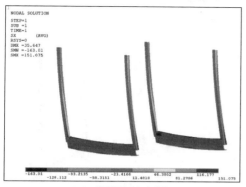
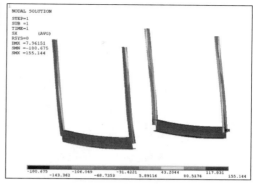

(a) 横梁设置方向相同　　　　　　　　　　　(b) 横梁设置方向相反

图 7.2-4　不同方向横梁槽钢的 X 方向应力（20 号槽钢立柱和 36b 号槽钢横梁组合）

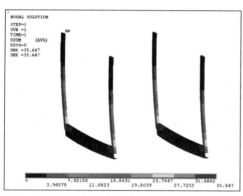
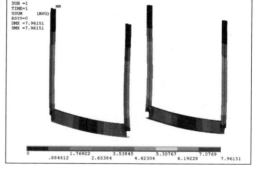

(a) 横梁设置方向相同　　　　　　　　　　　(b) 横梁设置方向相反

图 7.2-5　不同方向横梁槽钢的最大位移（20 号槽钢立柱和 36b 号槽钢横梁组合）

有"面对面"和"背靠背"两种形式，在支吊架整体分析时，分别计算两种情况。

采用 36b 号槽钢支吊架的整体 Mises 应力结果如图 7.2-6 所示，图中可以发现，两种槽钢布置形式下，Mises 应力分布基本一致，最大值都为 94MPa，低于材料的屈服强度，符合强度要求，安全裕度为 60％。Mises 应力的最大值发生在立柱与横梁的连接处。横梁上，梁上下的 Mises 应力较大而梁腹板中间的 Mises 等效应力值较小。立柱上，除了与横梁相连位置的 Mises 应力值较大之外，其余位置的 Mises 应力值都较小。支吊架的 Mises 应力结果符合强度的要求。

X 方向是沿横梁长度的方向。相较立柱而言，横梁受到了更大的弯曲作用，会使梁上下两侧受到较强的拉伸和压缩作用，导致 X 方向的应力值较大，可能超过材料的许用抗拉和抗压应力，因此，需要格外关注横梁 X 方向的应力。

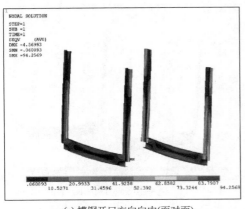
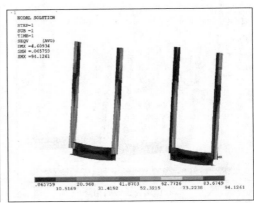

(a) 槽钢开口方向向内(面对面)　　　　　　(b) 槽钢开口方向向外(背靠背)

图 7.2-6　支吊架的 Mises 应力云图（36b 号槽钢立柱和 36b 号槽钢横梁组合）

　　面对面和背靠背两种布置形式下支吊架 X 方向的应力如图 7.2-7 所示。两种情况下，压应力最大值都为 94MPa，发生在立柱与横梁连接处的立柱槽钢外侧翼缘上，低于材料的许用抗压强度 157MPa，满足要求，安全裕度为 40.1%；拉应力的最大值为 85.1MPa，发生在立柱与横梁连接处的立柱槽钢内侧翼缘以及横梁中间下侧位置上，同样低于材料的许用抗拉强度 157MPa，满足要求，安全裕度为 45.8%。在横梁上，应力分布呈现层状的规律，上侧受压应力为负，下侧受拉应力为正，故符合横梁的受力规律。

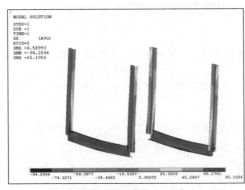
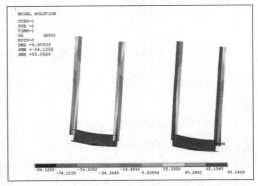

(a) 槽钢开口方向向内(面对面)　　　　　　(b) 槽钢开口方向向外(背靠背)

图 7.2-7　支吊架 X 方向的应力（36b 号槽钢立柱和 36b 号槽钢横梁组合）

　　上述两种工况下，支吊架的总位移最大值都为 4.6mm，发生在横梁中间部位（图 7.2-8），低于横梁长度的 1/200（即 25mm），满足刚度的要求，安全裕度为 81.6%。吊架 Z 方向（重力方向）位移量的最大值为 4.5mm，发生在横梁的中间位置（图 7.2-9）。横梁的中间位置位移最大，越靠近立柱位移值越小，符合承重横梁在重力方向的位移分布规律。根据对支吊架的整体受力及变形量分析可以发现，槽钢开口方向是向内或向外，对计算结果基本没有影响。

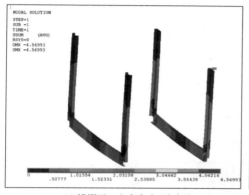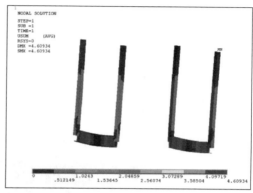

(a) 槽钢开口方向向内(面对面)　　　　　　　　　(b) 槽钢开口方向向外(背靠背)

图 7.2-8　支吊架总位移云图（36b 号槽钢立柱和 36b 号槽钢横梁组合）

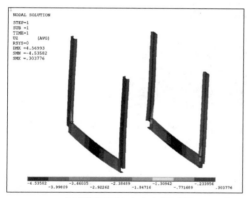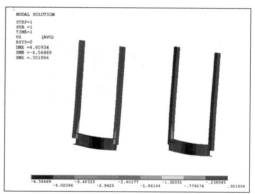

(a) 槽钢开口方向向内(面对面)　　　　　　　　　(b) 槽钢开口方向向外(背靠背)

图 7.2-9　吊架 Z 方向位移云图（36b 号槽钢立柱和 36b 号槽钢横梁组合）

4）有限元计算分析技术应用

通过有限元计算，对三根 DN1000 的水管共用支吊架分别建立不同钢材设置方式的有限元模型，进行应力计算分析，可知应力分布及大小是否满足要求，可为建筑工程机电安装中支吊架的选型和设置形式提供参考。

7.2.2　技术指标

《管道支吊架 第 1 部分：技术规范》GB/T 17116.1—2018

《金属、非金属风管支吊架（含抗震支吊架）》19K112

《建筑给水排水及采暖工程施工质量验收规范》GB 50242—2002

《通风与空调工程施工质量验收规范》GB 50243—2016

7.2.3 适用范围

适用于大型场馆中机电管线支吊架设置形式的有限元模拟仿真分析。

7.2.4 应用工程

上海国际金融中心项目；国家会展中心（上海）机电安装项目。

7.2.5 应用照片

国家会展中心（上海）机电安装项目重型支吊架现场应用效果如图7.2-10所示。

图 7.2-10 国家会展中心（上海）机电安装项目重型支吊架现场应用效果

7.3 高大空间高空作业平台施工技术

7.3.1 技术内容

常规高处机电管线安装采用移动作业平台、升降车、脚手架等，而在大型场馆、展厅等超高空间施工中，采用升降式悬挂高空作业平台或利用钢桁架结构搭设高空作业平台的方式进行机电安装作业，有效代替传统施工方式，保障了施工工期及施工安全。

升降式高空作业平台施工技术是以型钢焊接平台作为平台单元，桁架上弦杆或檩条上架设的扁担梁为受力点，电动葫芦提升，手动葫芦加固，升降车运送人员，从而满足材料运输及工人操作平台的需要。利用钢桁架结构搭设高空作业平台技术是将桁架式钢屋盖下设有的钢结构框架作为装饰吊顶支撑体系，以框架网格作为一个搭设单元，以一定间距铺设槽钢横担，满铺木板进行管线施工。

1. 技术特点

升降式悬挂高空作业平台，可带材料随平台提升至安装高度，平台的安装和升降较为方便，具有良好的安全性能和经济效益。

利用钢桁架结构搭设高空作业平台，在钢结构框架网格上搭设槽钢，上铺木跳板，形成操作平台，搭设完成后在桁架内进行材料倒运及安装。

2. 施工工艺流程及操作要点

1）施工工艺流程

升降式高空作业平台施工工艺流程如图 7.3-1 所示。

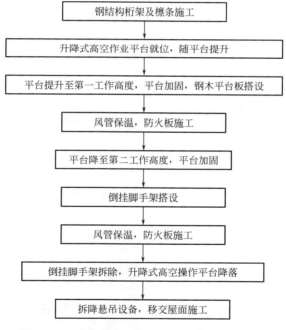

图 7.3-1　升降式高空作业平台施工工艺流程图

2）操作要点

（1）升降式高空作业平台

① 高空作业平台设计

a. 钢平台单元尺寸的确定

根据桁架间的净距、作业内容及施工荷载，计算确定钢平台单元的规格，并将其作为基准单元。

225

b. 钢平台结构设计

平台底座采用型钢焊接制成，在其底部设置了安全网，以防止施工过程中小零件的坠落，如图 7.3-2 所示。平台设置 1.2m 高护栏，立杆间隔为 1.5m，横杆两道，底部设 180mm 高扁钢踢脚板，整个护栏设置钢丝网。平台两侧分布两排吊耳，吊耳使用钢板焊接于底座型钢上，焊接完成后经过无损检测确保牢靠。平台通过使用 Midas 有限元分析软件进行了详细的验算和复核，包括对钢结构承重以及自身稳定性的验算和复核，防止钢结构变形及在升降及施工过程中平台发生折弯、扭曲。

② 升降与固定系统

钢平台升降与固定系统如图 7.3-3 所示。钢平台悬挂采用吊带兜挂固定在扁担梁或主桁架弦杆上，扁担梁横跨应有三根檩条，与主檩条之间接触处使用橡皮垫防护，由檩条分担受力，吊点设置于扁担梁中心，下端通过专用链条与平台吊点连接。升降式高空作业平台提升采用电动葫芦遥控同步控制和单点调整，使用时注意事项如下：

在平台提升过程中，同步使用升降车进行观测以防止平台偏斜。钢平台提升应缓慢，控制提升速度。电动倒链采用环链式电动葫芦，并配有安全装置。电机刹车，采用"电磁刹车"技术，在满载状态下电源关闭的同时，刹车能立即发生作用。紧急停止开关，当按钮按下时设备的电源将被切断，同时按钮自动锁定。极限开关，上下极限开关可在提升、下降超限时自动断电，确保安全。平台提升到位后，为保证施工的安全性能，增加多个手动葫芦吊点，并将葫芦锁死以避免机械受力，保证施工过程中操作平台的稳定性。平台的提升工况及施工工况均应经过详细的验算复核，包括提升工况及施工工况下檩条、葫芦、吊装索具、手动葫芦、电动葫芦等，确保具有足够的安全系数，保证施工安全。

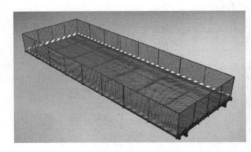

图 7.3-2　钢平台结构设计图

图 7.3-3　钢平台升降与固定系统

③ 高空作业平台拓展

机电安装工程不同于装饰工程大面积无死角施工，而是根据机电管线布置呈点、线状分布，因此，升降式高空作业平台在基准单元的基础上，应配合活动单元考虑平台的拓展，在满足施工需要及施工安全的同时有效降低施工成本，加快施工工期。

a. 纵向拓展——平台搭接

对于机电管线的线型区域，使用 2 个或 2 个以上平台纵向布置、分别提升，就位固定后对连接处绑扎牢靠，拆除连接处护栏，组成长平台，如图 7.3-4 所示。

b. 横向拓展——配合钢木平台板

对于机电管线较密集的区域，为减小平台本身自重，使用钢木平台板活动单元配合平台进行横向拓展，两个平台以一定间距提升到位并加固后铺设钢木平台板活动单元，组成较大的组合平台，如图 7.3-5 所示。

在平台铺设钢木平台板活动单元前，应使用扣件脚手架对平台进行固定，控制平台间距。另外，钢木平台板与支座钢管连接采用 J 型连接件加螺帽固定。

图 7.3-4 平台纵向拓展

图 7.3-5 平台横向拓展

c. 局部拓展——配合倒挂脚手架

对于机电管线的末端、突出的平台部分，或因钢桁架影响无法使用平台的区域，将采用配合倒挂脚手架的方式，从钢结构桁架及檩条处生根，搭设于平台旁边，满足机电施工需要，如图 7.3-6 所示，搭设要点如下：

倒挂脚手架荷载为 $100kg/m^2$。利用钢桁架及檩条为吊接点设置钢管双横杆，横杆与钢梁间使用橡皮保护，以防碰坏钢架及油漆。架体纵向两边应设置剪刀撑，横向操作层需设水平剪刀撑，架体操作层四周设置生命索，同时架体操作层四周设二道扶手及密目网、挡脚板。为保证倒挂脚手架的安全性，在平台底部立柱与下横杆连接处纵向应增设钢丝绳与上部屋架支撑点连接，用紧线钳拉紧，升降式高空作业平台布置根据机电管线走向而定，可垂直于桁架方向也可平行于桁架方向，升降式高空作业平台布置如图 7.3-7 所示。

图 7.3-6　平台局部拓展　　　　图 7.3-7　升降式高空作业平台布置图

④ 高空作业平台使用

应根据现场实际情况对高空作业平台进行设计，并编制专项施工方案，随后进行专家论证。平台制作完成后对法兰接点和吊耳焊缝进行磁粉探伤检查，检查合格后方可出厂。平台提升前屋架钢结构必须全面验收合格，并做好相关钢结构移交手续。平台升降到位后，在平台两端与主桁架腹杆设置固定索，用钢丝绳紧绳器紧固，以防平台晃动。升降式高空操作平台在搭设完成后、使用前，由项目部组织专业工程师、质检员、安全员进行验收，按升降式高空操作平台荷载 $100\mathrm{kg/m^2}$ 的要求，使用吊车进行沙袋堆载试验，确认合格后，方可进行验收。

（2）利用装饰吊顶钢结构搭设的高空作业平台

对于桁架式钢屋盖下设有的钢结构框架作为装饰吊顶支撑体系的工程，以结构框架生根点，设置高空作业平台，施工既安全又便捷。

① 高空作业平台设计：

以框架网格作为一个搭设单元，以一定间距铺设槽钢横担，满铺木板，如图 7.3-8 所示。

高空作业平台设计承重可设定为不小于 $150\mathrm{kg/m^2}$，对横纵两跨搭设单位进行受力分析并计算校核，如图 7.3-9～图 7.3-11 所示，计算结构次梁均布重压，计算位移，进行力学计算校核。

高空作业平台计算校核应经设计复核，满足结构承重要求。

② 高空作业平台搭设要点：应点焊在钢结构横梁上，防止位移发生坠落。高空作业平台搭设分两步进行，首先搭设出主通道，主通道搭设完成后对剩余部分进行分段搭设，搭设示意图如图 7.3-12 和图 7.3-13 所示。

③ 高空作业平台应设置通道或爬梯连通邻近的辅楼，用于人员通行及材料运输。

④ 在高空作业平台上进行机电主管施工，对于末端等部位，不便于使用平台施工的，利用升降车进行安装。

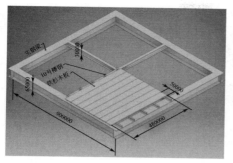

图 7.3-8　搭设单元效果图（单位：mm）

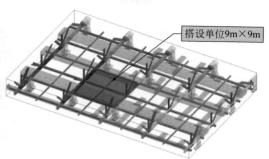

图 7.3-9　力学分析模型建立图

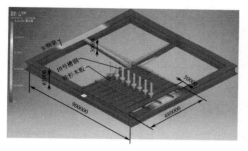

图 7.3-10　结构次梁受 2.83t 的均布
重压位移图（单位：mm）

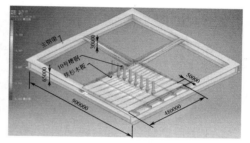

图 7.3-11　Z 向最大应力图（单位：mm）

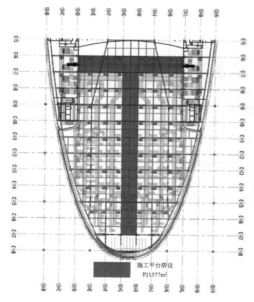

图 7.3-12　主通道搭设示意图

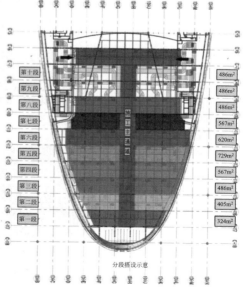

图 7.3-13　分段搭设示意图

对于大型公建超高空间施工，升降式高空作业平台及利用装饰吊顶钢结构搭设高空作业平台代替满堂脚手架，在保证安全性的前提下，可以有效加快施工进度、降低施工成本，有着广泛的参考价值及应用推广价值。

7.3.2　技术指标

《通风与空调工程施工质量验收规范》GB 50243—2016
《通风与空调工程施工规范》GB 50738—2011

7.3.3　适用范围

适用于大型场馆高大空间的机电安装及施工。

7.3.4　应用工程

中国博览会会展综合体项目（北块）总承包工程（二标段）机电安装工程；安庆江淮汽车厂房机电安装项目。

7.3.5　应用照片

中国博览会会展综合体项目主通道及分段搭设完成效果如图 7.3-14、图 7.3-15 所示。

图 7.3-14　中国博览会会展综合体项目主通道搭设完成效果

图 7.3-15　中国博览会会展综合体项目分段搭设完成效果

7.4　展坑型展位箱施工技术

7.4.1　技术内容

当室内展览场馆中未设计展沟时，机电系统管线通常沿楼板底部敷设，通过地面预留的展坑，接入其中嵌入的展位箱，为每个展台提供供电、供水、排水、通信等接驳接口。通过建立机电系统BIM模型，合理确定展区内展位箱数量与布局，并对展位箱形式及规格尺寸进行定型化设计，确定机电系统接驳口位置，然后提交结构施工单位预留洞口或展坑。

展位箱箱体应进行防火处理，以满足土建预留孔洞处的建筑防火要求。内部水、电、气接口采用接驳模块化设计，水气接驳模块及配电接驳模块与水、气管线及电缆接驳后，通过支撑架布置于展位箱内，管线布局合理，水、电、气接驳便捷，维护便利，并对展位箱箱体进行防火处理，提升建筑防火性能，具有广泛推广价值。

1. 技术特点

（1）应用BIM技术对展位箱进行设计，包括展位箱箱体、内部的接驳模块及支撑体系等部件，满足展位箱使用功能的需要。

（2）展位箱内接驳模块水、电、气配管，安装方便，展位接驳口设置合理，可满足使用及运维需求。

（3）展位箱盖板独立设置，在地坪施工时安装展位箱盖板的预埋框，通过控制预埋框的精确定位、标高和水平度，实现展位箱盖板与地面装饰的和谐统一。

2. 施工工艺流程及操作要点

1）施工工艺流程

展位箱施工工艺流程如图7.4-1所示。

2）操作要点

（1）展位箱布置设计

利用BIM技术根据展位水、电、气接驳需求合理布置展位箱的位置和数量。

展位箱布置应结合结构梁及预应力张拉洞口位置，复核预留洞是否与结构冲突，展位箱洞口边缘应距结构梁及预应力张拉洞口500mm以上，以保证展位箱防火施工及水、电、气配管配线。

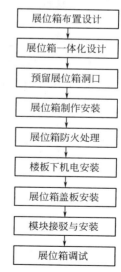

图7.4-1　展位箱施工
工艺流程图

（2）展位箱一体化设计

展位箱采用 BIM 技术一体化设计，包括展位箱箱体、水气或强弱电接驳模块，以及接驳模块支撑架，展位箱内接驳模块应设计紧凑，方便使用及维修。同时，展位箱应进行防火处理，以满足建筑防火需要。

① 展位箱设计

a. 展位箱应比预留洞口略小 20～30mm 为宜，确保展位箱可安放于预留洞中。

b. 展位箱边缘外翻 150mm 为宜，使其悬挂于混凝土楼板上。

c. 展位箱深度不宜过浅，需考虑安装完成后管线、电缆在内部盘绕，应根据管线及电缆综合考虑。

d. 根据展位箱内接驳模块接管管口的方向及位置，确定展位箱各管口的位置，管口应设套管，长度以 100mm 为宜，便于接管后进行防火封堵。

② 油漆及防火设计

a. 展位箱钢板应严格进行除锈，外表面油漆应满足与防火材料的结合性，内表面油漆应满足防止展位箱内积水腐蚀的要求。

b. 根据建筑防火要求及施工的可操作性，确定防火材料，可选的类型有防火板或防火涂料。

③ 展位箱接驳模块设计

a. 接驳模块设计是展位箱设计的关键，需由厂家配合完成。

b. 根据展位箱功能及尺寸，合理确定接驳模块尺寸。

c. 由于展位箱内空间狭小，接驳模块安装后无法在箱内进行配管配线安装，接驳模块接驳宜使用软连接，通过深化设计，实现地上接驳和整体安装，如图 7.4-2 所示。

④ 展位箱盖板设计

由于展厅需考虑车辆行走，应根据盖板大小及荷载要求合理选择盖板的材料及形式。盖板应有橡胶垫，防止地面车辆行走振动传导至展位箱上，如图 7.4-3 所示。

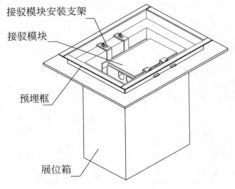

图 7.4-2　水气展位箱安装示意图

图 7.4-3　展位箱盖板图

（3）预留展位箱洞口

在结构楼板浇筑过程中，预留展位箱洞口，严格控制留洞定位及尺寸，操作要点如下：

在结构单位进行预留洞口施工过程中，机电单位应密切跟踪，避免遗漏，同行、同列展位箱同线，控制误差在20mm内。

严格控制洞口尺寸及平整度，预留洞口每边两端预埋垫铁，钢板表面与结构完成面平齐，便于后续展位箱焊接固定。

（4）展位箱制作安装

① 展位箱的制作，有以下要点：

a. 展位箱使用的钢板应严格进行除锈，Sa2.5级喷砂除锈或St3级手工除锈。

b. 展位箱钢板全部采用焊接连接，双面坡口，双面满焊，坡口全焊透，角焊缝高度为10mm，箱体上边沿焊缝余高不宜过高，1～2mm为宜，便于后续预埋框找平找正。

c. 展位箱严格根据深化设计点位预留给水排水及压缩空气管管口及强电、弱电套管管口。

d. 安装于展位箱侧壁的管口，在制作过程中只开孔，在展位箱安装后再焊接套管，防止套管焊接后与预留洞口冲突导致展位箱无法安装于展位坑中。

② 展位箱安装如图7.4-4所示，有以下要点：

图7.4-4　展位箱安装图

a. 展位箱安装应精确定位，控制标高，确保纵横同线，同时，应根据建筑完成面标高及预埋框高度，确定展位箱顶标高控制值，防止由于展位箱安装过高导致预埋框及盖板高出建筑完成面。

b. 展位箱使用钢板或垫铁找平找正，与展位箱及预埋钢板均应焊接牢靠。

c. 展位箱边长大于400mm时，边沿中间应增加垫铁，防止在施工过程中车辆碾压造成展位箱变形。

d. 展位箱安装后，在侧面现场焊接预留管口套管。

(5) 展位箱防火处理

① 防火涂料必须选择"室内厚浆型钢结构防火涂料"，并经过第三方检验合格后方可使用。

② 防火涂料的施工必须位于展位箱找平找正之后，以免防火涂料施工完成后被破坏。

③ 使用厚浆型防火涂料，应严格控制施工质量，对于涂料的施工厚度，必须严格执行规范规定，且必须施工均匀。

④ 外涂防火涂料必须与楼板底装饰油漆保持一致，以确保统一美观。

(6) 楼板下机电安装

楼板下机电管线、桥架、电缆接入展位箱中，应控制以下要点：

① 给水、压缩空气管线接入展位箱内，考虑到展位箱操作空间狭小，应使用丝扣连接后转换接头，伸入展位箱内，减少在展位箱内的焊接、热熔等操作。

② 排水管口与展位箱采用法兰连接。

③ 电缆敷设应在展位箱内预留足够长度，方便地上接驳。

(7) 展位箱盖板安装

在浇筑展厅完成面地坪前进行展位箱盖板的预埋框安装施工，安放于展位箱上，由于预埋框作为展位箱支架的生根点及装饰盖板的限位框，预埋框边沿又作为建筑地坪的一部分，展位箱上安装预埋框，控制预埋框的精确定位、标高及水平度尤为重要。预埋框安装控制要点如下：

① 预埋框安装结合建筑地坪施工放线进行，根据建筑地坪分块浇筑，边线严格控制预埋框与结构轴线平行，各预埋框同行同列。

② 根据标高基准线复核展位箱标高及水平度，应对展位箱四角分别进行测量。对于展位箱过高的，应及时予以调整。

③ 预埋框调整完成后，四边点焊，与展位箱固定，防止在浇筑混凝土时预埋框移位及预埋框焊接变形。

(8) 模块接驳与安装

① 展位箱接驳模块水、电、气配管配线

展位箱接驳模块水、电、气配管配线采用软连接，在地面上完成，然后与预埋框固定，安装于展位箱内，避免展位箱内狭小空间内的操作。

接驳模块排水管直接插入展位箱排水口，并留有1～2cm空隙，以便展位箱内积水排出。

接驳完成后，管线、电缆在展位箱中的洞口应进行防火封堵。

具体展位箱连接如图7.4-5、图7.4-6所示。

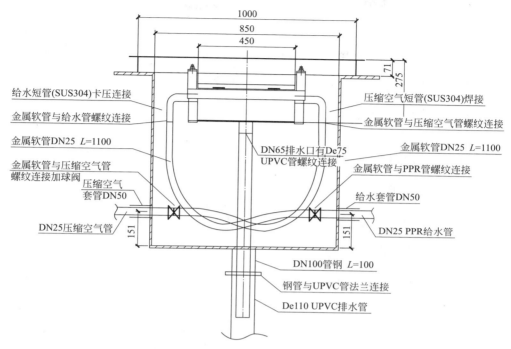

图 7.4-5　展位箱接管图（单位：mm）

图 7.4-6　水气展位箱安装完成图

② 展位箱接驳模块安装

接驳模块先安装于支撑架上，再一同放于展位箱内，固定于预埋框上。安装过程中应保证各电缆、管线不绞绕。给水金属软管应保证放入后平滑无折弯，避免硬弯老化损坏而漏水。

电气展位箱强电进线采用三相五线制，利用接地干线对展位箱进行接地。

（9）展位箱调试

展位箱调试之前，与其连接的给水、排水、压缩空气管道等必须经过试压、灌水等工作。展位箱强电、弱电插座必须于正式供电之后进行调试工作。展位箱的调试涉及多专业、多功能的交叉作业，需各专业精密配合。

7.4.2　技术指标

《通风与空调工程施工质量验收规范》GB 50243—2016

《通风与空调工程施工规范》GB 50738—2011

7.4.3　适用范围

适用于大型场馆机电安装的展位箱施工技术。

7.4.4　应用工程

中国博览会会展综合体项目（北块）总承包工程（二标段）机电安装工程；杭州国际博览中心项目。

7.4.5　应用照片

中国博览会会展综合体项目展位箱安装效果如图 7.4-7 所示。

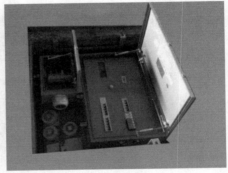

图 7.4-7　中国博览会会展综合体项目展位箱安装效果

7.5　体育场馆异形屋面雨水分区汇流总量计算技术

7.5.1　技术内容

近年来，大型综合性体育场馆项目在国内得到了迅速发展，其中屋面形式多为单层索网膜结构。然而，对于异形屋面，由于其结构的特殊性，导致雨水流动方向随着屋面的坡度在时刻变化，传统计算方法会存在一定误差。

为了解决这一问题，通过重新划分异形屋面的汇水面积，根据汇水面积计算该区域汇流总流量，进行屋面分区汇水总流量的二次计算，并针对异形屋面的雨水流动特性进行不同分区水流量的精确计算和模拟，避免了传统计算方法跃层水量的计算偏差。本项目还模拟了不同区域天沟汇水总量，进行了异形屋面全负荷的精准计算，确保了在极端条件下雨水总量的准确性，从而实现了屋面不同分区内雨水排水的效率和稳定性。

该技术的应用将为大型综合性体育场馆项目屋面的雨水排水问题提供一种可靠的解决方案。同时，该技术的应用也将为类似项目的设计和建设提供有益的参考和借鉴。

1. 技术特点

（1）常规情况下，雨水沿着屋面高点连接而成的分水线向两侧低点流动，然而，由于该屋面结构形式为"马鞍形"异形屋面，因此在极端情况下，屋面还会有部分雨水从最高点直接跃层流向最低点，导致常规计算最低不利点的雨水总量无法满足实际排水需求。

（2）屋面造型为"马鞍形"，导致屋面天沟无法全部作为集水沟使用，中间集水沟局部及底部部分有汇流作用；通过模拟计算，得出不同区域天沟内的极限条件下汇水总量，根据虹吸系统排水流量的精确计算，确定虹吸雨水系统最大排水量，从而得出需要溢流水总量，根据溢流水总量得出天沟外溢流口准确参数。

2. 工艺原理

（1）屋面特点：游泳馆屋面为钢结构索网屋面，屋面表面为带直立锁边的金属屋面，其直立锁边高度为 65mm，造型为"马鞍形"，高点与低点高差为 10m。

（2）屋面排水沟：屋面排水沟沿着屋顶一圈设置有 800mm（宽）×330mm（高）的不锈钢天沟，用于汇集雨水。

（3）在屋面两侧最低点，天沟外边对称设置 4 组，每组有 3 个 70mm（高）×700mm（宽）的溢流槽，用于防止屋面雨水过多时溢出天沟，造成无组织排水。

3. 模拟计算工艺流程及操作要点

1）模拟计算工艺流程

模拟计算工艺流程如图 7.5-1 所示。

2）操作要点

（1）降雨量计算

因各地暴雨强度公式不一致，项目位于苏州市，根据设计要求，苏州市暴雨强度计算公式为：

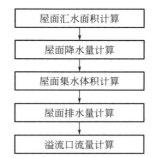

图 7.5-1　模拟计算工艺流程

237

$$q = \frac{3306.63(1 + 0.8201 \lg P)}{(t + 18.99)^{0.7735}} \tag{7.5-1}$$

式中：q——设计暴雨强度（mm/min）；

$\quad\quad t$——降雨历时（min）；

$\quad\quad P$——设计重现期（年），苏州市暴雨强度年限为：$P = 100$ 年。

计算结果 $q = 7.47 \mathrm{L}/(\mathrm{s} \times 100\mathrm{m}^2)$

（2）屋面汇水面积计算

该屋面结构形式如图 7.5-2、图 7.5-3 所示。

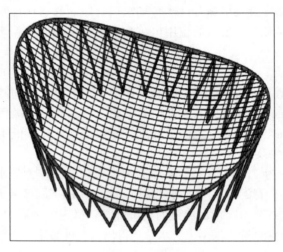

图 7.5-2 轴测图

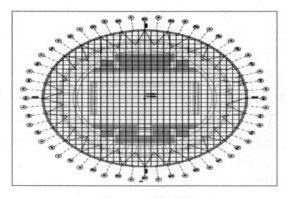

图 7.5-3 俯视图

根据雨水斗设置的位置，参照虹吸雨水排水系统数量对屋面进行分区，按照其投影面积计算屋面汇水面积。

根据雨水斗点位，屋面汇水面积分区如图 7.5-4 所示。

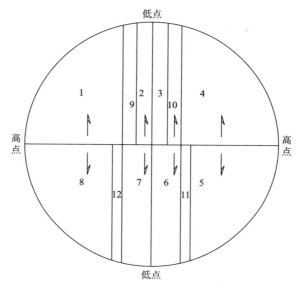

图 7.5-4 屋面汇水面积分区

由于该屋面结构形式为"马鞍形"异形屋面，雨水还会有从最高点直接流向最低点的斜向流动。因此沿着雨水流动方向，下一个区域汇水面积的计算，除自身区域外，还应该包括其上部区域面积的 1/3。屋面汇流面积如图 7.5-5 所示。

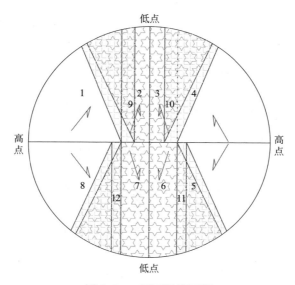

图 7.5-5 屋面汇流面积

即：
$$S_{1汇流}=\frac{1}{3}S_1；S_{9汇流}=S_9+\frac{1}{3}S_1；S_{2汇流}=S_2+\frac{1}{3}S_{9汇流} \qquad (7.5\text{-}2)$$

依次类推，计算完成 12 个系统各自所对应的汇流面积。

计算数据见表 7.5-1。

分系统汇水面积 表 7.5-1

系统名称	汇水面积 （m²）	设计流程 （l/s）	雨水斗数量 （pcs）	单个雨水斗流程 l/（s×pcs）
YYL-1	1745	130.35	2	65.18
YYL-2	1160	86.65	2	43.33
YYL-3	1160	86.65	2	43.33
YYL-4	1745	130.35	2	65.18
YYL-5	1545	115.41	2	57.71
YYL-6	1375	102.71	2	51.36
YYL-7	1375	102.71	2	51.36
YYL-8	1545	115.41	2	57.71
YYL-9	910	67.98	1	67.98
YYL-10	910	67.98	1	67.98
YYL-11	715	53.41	1	53.41
YYL-12	715	53.41	1	53.41

（3）屋面降水量计算

从降雨至虹吸系统形成稳定虹吸流状态的过程中，虹吸雨水系统起初将处于普通重力流，当虹吸雨水斗被雨水完全浸入时，虹吸系统将形成，经历一个过渡时间，虹吸效应才能够形成，之后形成稳定的虹吸状态。

选取本项目 1/4 屋面，即三个系统为例：YYL-1、2、9，根据虹吸雨水系统专业厂家模拟计算，虹吸雨水系统虹吸启动时间分别为：YYL-1 为 23s，YYL-2 为 32s，YYL-9 为 34s。

在该时间段内，由于虹吸系统还未形成或者未稳定，因此屋面暂时将雨水进行汇集并以重力形式排除一部分。当屋面集水体积较小时，雨水将会超过屋面天沟、集水槽等直接溢出，散排至室外。为防止这种情况的发生，就要计算每个区域的集水体积，确保集水量满足降水量的要求。

假设在极端情况下，即在 100 年一遇的暴雨的情况下计算降水量，计算结果见表 7.5-2。

极端条件下分系统降水量 表 7.5-2

系统名称	计算面积(m²)	计算时间(s)	计算时间内降雨量(L)
YYL-1	1745	23	2998.08
YYL-2	1160	32	2772.86
YYL-9	910	34	2311.22

（4）屋面集水体积计算

为确保顺利形成虹吸系统，在每个雨水斗斗体位置处设置集水槽，以保证虹吸效应顺利形成。因此集水体积为：

$$V = V_集 + V_沟 + V_重 \qquad (7.5-3)$$

式中：$V_集$——集水槽汇集雨水体积；

$\quad\quad V_沟$——屋面天沟汇集雨水体积；

$\quad\quad V_重$——虹吸系统重力流排水体积。

集水槽尺寸统一为：$1000\text{mm} \times 650\text{mm} \times 500\text{mm}$，因此：$V_集 = 1 \times 0.65 \times 0.5 = 0.325\text{m}^3$。

屋面造型为"马鞍形"，而天沟最高点至最低点的高差为12m，这就导致屋面外圈的天沟仅仅作为排水沟使用，没有集水的作用，只有最低点一段能够存留雨水。当1区、9区集水槽满水后，雨水会随着天沟溢流至下一个区域即2区。因此1区、9区天沟集水量可以忽略不计。

根据天沟坡度，在屋面天沟模型中测量得知，天沟在最低点有效集水长度为8m，即该区域天沟两端底部最高点和最低点区域天沟最高点相平，如图7.5-6、图7.5-7所示。即 $L_沟 = 4\text{m}$，经计算天沟有效面积 $S_沟 = 0.25\text{m}^2$，因此：$V_沟 = S_沟 \times L_沟 = 0.25 \times 4 = 1\text{m}^3$，天沟集水容量见表7.5-3。

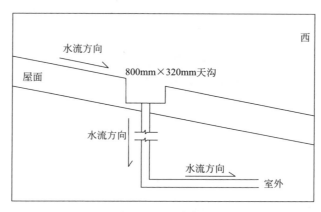

图 7.5-6 天沟断面

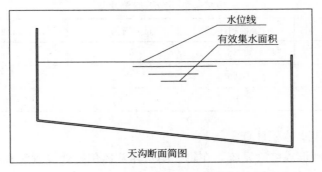

图 7.5-7　天沟有效面积

天沟集水容量 ($V_集$)　　　　表 7.5-3

系统名称	集水槽数量	集水槽体积(m³)	天沟集水体积(m³)	总集水体积(m³)	集水量(L)
YYL-1	2	0.325×2	0	0.65	650
YYL-2	2	0.325×2	1	1.65	1650
YYL-9	1	0.325	0	0.325	325

（5）屋面排水量计算

在屋面形成正式虹吸流状态之前，会以重力流的形式进行排水，其排水量约为虹吸雨水排水量的 0.6 倍，重力流排水量见表 7.5-4。

重力流排水量 ($V_重$)　　　　表 7.5-4

系统名称	设计流量(L/s)	重力流排水流量(L/s)	排水量(L)
YYL-1	130.35	78.21	1798.83
YYL-2	86.65	51.99	1663.68
YYL-9	67.98	40.788	1386.79

（6）溢流口流量计算

根据设计要求，在最低点天沟侧边设置溢流口。

单个溢流口的设计流量为 18.36L/s，因此，溢流口排水量：$V = 18.36 \times 32 \times 3 = 1762.56$L。

（7）结果分析

① YYL-1 系统：

$V_1 = 2998.08$L

$V_{1存} = V_{1集} + V_{1沟} + V_{1重} = 650 + 1798.83 = 2448.83$L

$V_{1溢} = V_1 - V_{1存} = 2998.08 - 2448.83 = 549.25$L

② YYL-9 系统：

$V_9 = 2311.22\text{L}$

$V_{9存} = V_{9集} + V_{9沟} + V_{9重} = 325 + 1386.79 = 1711.79\text{L}$

$V_{9溢} = V_9 - V_{9存} = 2311.22 - 1711.79 = 599.43\text{L}$

③ YYL-2 系统：

YYL-2 系统总的雨水量为 2 区降雨总量与 1 区、9 区溢流总量的和。

即：$V_2 = 2772.86 + V_{9溢} + V_{1溢} = 2772.86 + 599.43 + 549.25 = 3921.54\text{L}$

$V_{2存} = V_{2集} + V_{2重} = 1650 + 1663.68 = 3313.68\text{L}$

$V_{2溢} = V_2 - V_{2存} = 3921.54 - 3313.68 = 607.86\text{L}$

经分析：2 区需要溢流的雨水量小于该区溢流口排水流量。因此，经过计算对比得出结论，在该时间段内，降雨总量小于集水量和溢流槽溢流量的总和，因此，此系统设计符合要求。

7.5.2　技术指标

《虹吸式屋面雨水排水系统技术规程》CECS 183—2015

7.5.3　适用范围

适用于场馆类异形屋面的虹吸雨水系统汇水面积及系统排水、溢流等分析图的计算。

7.5.4　应用工程

苏州工业园区体育中心土建及安装二标段项目。

7.5.5　应用照片

苏州工业园区体育中心土建及安装二标段项目屋面雨水斗、雨水系统安装效果及屋面雨水斗成型效果如图 7.5-8～图 7.5-10 所示。

图 7.5-8　苏州工业园区体育中心土建及安装二标段项目屋面雨水斗安装效果

图 7.5-9　苏州工业园区体育中心土建及安装二标段项目雨水系统安装效果

图 7.5-10　苏州工业园区体育中心土建及安装二标段项目屋面雨水斗成型效果

第2篇

超高层建筑工程

第8章 管道工程

8.1 超高层建筑管道井管道安装技术

8.1.1 技术内容

超高层建筑管道井管道安装，在低层（±0.000 层或地下一层）进行管井内管道预加工，利用管井或起重设备将预制的管道采用倒装法、成排安装法或预制拼装法，安装到管井相应位置，按设计及规范要求进行管道固定、导向、承重支架设置，并进行相应压力试验、冲洗及保温。管井管道施工采用综合支架，减少了钢材用量，降低了施工成本，提高了综合效益。

1. 技术特点

（1）根据管道口径大小、重量、输送流体温度不同，设置承重、固定、导向支架。

（2）将各类管道根据接头方式和输送流体用途的不同，按维修频次高低，分类设置管道在管井中的位置，便于运行维护、保养。

（3）施工中根据现场实际采用倒装法（将预制好的管道从底部倒装入管井中，在安装过程中逐层向上升起）、成排安装法（将预制的管道在地面上成排布置好，然后整体吊装到管井中）、预制拼装法（将管道在地面上进行预制和拼装，将多个小段的管道先组装成一段长管道，然后再整体安装到管井中），进行管井管道安装。

（4）对管道接口、管道试压、冲洗等较为特殊的环节，分类进行，高层试压时的水可以循环利用，用于冲洗低层管道。

2. 施工工艺流程及操作要点

1）施工准备要点

（1）依据土建建模，分专业及管线综合对电子版机电图进行深化设计。

（2）查阅建筑、结构图纸，了解楼层中的梁、柱管井位置、大小、高度。

（3）选择主要垂直管井，进行剖面分析，对冷却及冷冻空调水管道、各类排水管道、给水管道进行合理排列，并通过 BIM 进行 1：1 比例模拟分析，需经常维修保养的管道排列在检修口位置。

（4）根据已完成的剖面图，对平面图进行修改。使剖面图中管线的标高位置与平面图一致。

（5）深化设计图纸送业主、设计单位进行审核，根据审图意见进行修改，直至审核通过。

（6）超高层建筑系统庞杂，水、电、风、智能四个专业相互通气、协调，并对系统原理进行深入研究，分析理清相互工作界面。对施工图纸出现的问题，与设计单位沟通并协调解决。

（7）编制针对性强的专项管材和机电设备垂直运输、施工方案，并报业主和总承包单位备案。

（8）依据国家标准、行业及新型材料的企业标准，对各类管材进行研究，分析。梳理其使用环境、流体压力、温度等，对材料有充分的理解和把握（表8.1-1）。

超高层建筑常用管材

表8.1-1

序号	管材名称	依据标准	用途	连接方式
1	无缝钢管	《输送流体用无缝钢管》GB/T 8163—2018	空调、消防、压力排水等管道	焊接、法兰、沟槽
2	焊接钢管（镀锌钢管）	《低压流体输送用焊接钢管》GB/T 3091—2015	空调、排水、消防等	丝扣、焊接、法兰、沟槽
3	衬、涂塑钢管	《给水涂塑复合钢管》CJ/T 120—2016	给水、压力排水、消防	丝扣、法兰、沟槽
4	铜管	《无缝铜水管和铜气管》GB/T 18033—2017	给水、净水、空调	焊接、法兰、卡压等
5	不锈钢管	《薄壁不锈钢管》CJ/T 151—2016、《流体输送用不锈钢焊接钢管》GB/T 12771—2019	给水、净水、虹吸雨水	焊接、卡压、环压
6	柔性接口排水铸铁管	《排水用柔性接口铸铁管、管件及附件》GB/T 12772—2016	生活污水、废水管	法兰、卡箍
7	HDPE管	GB/T 13663系列标准、《建筑排水用高密度聚乙烯（HDPE）管材及管件》CJ/T 250—2018	给水、排水、虹吸雨水	热熔、沟槽

（9）专业工程师在施工准备阶段，应掌握各类膨胀节、阀门、管件、法兰、密封垫、螺栓等材料属性和使用范围，防止不适配的配件应用于工程，造成各类泄漏事故。

2）材料运输及支架制作施工操作要点

（1）超高层建筑管材垂直运输。充分利用土建各类吊装装备、施工用货梯、大型管井对各类材料进行吊装运输。

（2）当材料尺寸过大无法通过施工升降机运输时，可利用人工桅杆吊运材料，将材料分别吊运至各楼层，桅杆吊装专项方案应组织专家论证并通过审核。

（3）对消防喷淋管道、空调设备前后管道、二次热镀锌管道、涂塑钢管进行丝扣、法兰、三通及弯头预套丝、焊接等预制工作，然后运至施工现场或返工厂进行拼装，此过程工艺应符合预加工要求，保证工程质量。

（4）依据设计要求及《室内管道支架及吊架》03S402、《室内管道支吊架》05R417-1等对各类管道支吊架进行预制加工。

（5）超高层建筑管井管线密集，对各类支吊架进行综合设置。综合设置时，应将维修保养周期短、管道口径大、重力流的管道设置在综合支架的检修口区域，并应计算支吊架是否符合设置要求，经设计审核后使用。

（6）各类管道支吊架应计算管道本身重量、保温材料重量、流体重量及管道配件重量，按国家标准和图集选取相适应的各类支架。

3）管道井管道安装要点

（1）考虑安全运行及维修管理方便，以及楼板、柱、梁承重等各因素，超高层建筑管道井管道垂直直线距离（高度）一般控制在200m以内，然后通过设备层或避难层进行管井转换，在管道井内，管道设置承重支架、固定支架、导向支架等各类支架。

根据式（8.1-1）可知，钢管直线膨胀距离计算长度和温差，与管道直径无关，具体公式及参数如下：

$$\Delta L = a(T_1 - T_2)L \tag{8.1-1}$$

式中：ΔL——管道热膨胀伸长量（m）；

T_1——管道运行时的介质温度（℃）；

T_2——管道安装时的温度（℃）；

L——计算管段的长度（m）；

a——碳素钢的线膨胀系数（12×10^{-6}/℃）。

当两固定支架距离为100m、$T_1 - T_2 = 80℃ - 20℃ = 60℃$时，计算可得$\Delta L = 72$mm，即钢管在直线距离100m可伸缩范围内，温差按60℃考虑，钢管最大伸缩量不会超过80mm，成品膨胀节伸缩量为0~80mm。

（2）超高层建筑空调水管在管井内安装，最长固定支架距离应控制在100m以内，中间设置膨胀节，膨胀节两端设置导向支架，导向支架及固定支架设置参照图集《室内管道支吊架》05R417-1执行。承重和固定支架应固定在楼板或承重结构上，主要承重固定支架设置时，应请结构设计人员进行校核计算。

（3）给水排水立管支吊架设置：层高小于5m时，每层设置一个；层高大于5m时，每层设置支架不得少于2个。

（4）生活给水系统立管每隔8~10层及给水干管穿越伸缩缝应设置不锈钢波

纹管，在避难层和设备层，管道支架应采用弹性托架和隔振支架，减少振动传递到相邻楼层。

（5）焊接类管道，考虑减少焊口和频繁移动焊接设备的要求，可采用在管井顶部设置固定吊装工具，±0.000 层固定点焊接，依次由下而上吊装就位的倒装法进行施工。倒装法即首先将管道从第一层，自管井内实施提升置于上部。依据管井内竖向管道的支撑及固定方式，将其在已经完成安装的管道支架上进行固定操作。牢靠固定后，再进行下段管道的吊装工作。选用法兰连接或焊接方式将其和上一段已经完成安装的管道准确对接，依据自高至低的顺序进行安装施工。

（6）沟槽及法兰类连接管道，可采用成排安装和预制拼装方法进行管道井管道施工。高层、超高层建筑管井成排立管模块化安装法是利用 BIM 技术将成排立管进行综合排布，根据管材、楼板间距、管井大小、吊装位置等综合因素，绘制立管模块预制加工图；利用模块将预制管道组合成成排管束进行整体吊装，采用顺装法（即管道模块从管井上方吊入，按从低到高的顺序逐段拼装）工艺进行安装；采用管道模块对接导向管夹实现与已安装的管道模块快速对接。

（7）各类轻质金属管道和非金属材质管道，根据管道定尺长度，采用由干管到支管的普通安装方法进行施工。

（8）空调水系统管道采取焊接工艺时，应执行《现场设备、工业管道焊接工程施工规范》GB 50236—2011 标准，管道井内管道采取沟槽连接工艺，建议口径控制在 DN300 以下，并在立管底部与水平管连接 10m 内，采取焊接或者法兰连接方式，增大系统运行的安全性，并采取可靠的固定及承重方式。

（9）机制柔性铸铁排水管，采用 304 不锈钢拉锁型卡箍，立管底部 10m 长度及水平横干管长度超过 20m，采用加强型卡箍。立管与水平排出管弯头处，采取不低于 C20 混凝土墩及其他加固措施，以防止管道受冲击。

（10）管井安装管道时，卡箍式紧固螺栓和法兰连接螺栓孔位置，应调整至管井检修口方向，以便于螺栓的拧紧及检修操作。

（11）排水立管、卡箍式接口立管管卡应设在接口处卡箍下方，法兰承插式接口立管管卡应设在承口下方，且与接口净距不宜大于 300mm。

（12）空调管道从管井接出，阀门设置应便于检修，靠近立管第一片法兰应离开管井外壁 20cm 以上，并在阀门两侧均设置支架。水平干管接出的支管，应从顶端或侧面接出，禁止从底端接出。在水系统最高点或者所有可能积聚空气的高点，设置带切断阀的自动排气阀，在系统所有可能排污或放水的低点，设置泄水阀。

（13）卡箍式铸铁管和塑料管及钢管连接时，如两者外径相等，采用标准卡箍和标准橡胶圈密封，如两者外径不等，应采用刚性接口转柔性接口专用过渡件或采用由生产厂家提供的异径非标卡箍和异径非标橡胶圈密封垫。法兰承插式铸铁管和塑料管及钢管连接时，如两者外径相等，应采用柔性连接，如外径不相等，采用刚性连接。

（14）空调水平管道安装时，如设计无规定，坡度取 0.003，气管为顺坡，水管为逆坡。管道安装完成后余留孔隙采用不燃材料填实，套管不应限制管道的轴线伸缩位移，焊缝与支吊架、建筑物、套管边缘的距离不得小于 200mm。

4）管道井管道试压、冲洗、保温施工要点

（1）管道安装完毕后进行管道试压，给水管、空调供回水管、消防管采用水压试验，排水管采用灌水通球试验。

（2）试压应以系统最低点处压力为准。管井内管道试压点应设置在管井的最低点，当无法设置在最低点，试压点设置在其他位置时，试验压力应为表显压力值与试压点与管道最低点高差压力值之和。

（3）水压试验通常分区、分段进行。给水系统按叠加水箱设置分段进行；消防水系统通常分为高、中、低区分区试压，空调水系统通常根据不同工作压力分区进行试压。

（4）设计有规定时，按设计规定进行，设计无规定时，空调、给水、消防管道的强度试压，当工作压力小于等于 1.0MPa 时为 1.5 倍工作压力，但最低不小于 0.6MPa；当工作压力大于 1.0MPa 时，为工作压力加 0.5MPa，因强度试验带有破坏性，故强度试验不应进行多次，有缺陷时，待缺陷整体整改完成后，再进行强度试验。

（5）分区分层试压，系统试压水量较大时，在试验压力下稳压 10min 压力不得下降，试压系统水量较小时，升至试验压力后稳压 10min 压力下降不得大于 0.02MPa，再将系统压力降至工作压力，在 60min 内压力不得下降，外观检查无渗漏为合格。

（6）压力表经过检定且在合格使用期限内，精度不低于 1.6 级。

（7）管路缓缓进水，同时打开顶端放气阀门，使管路中空气排尽。升压过程中发现压力表指针摆动不稳，且升压较慢时，应重新排气后再升压。

（8）试压应分两次进行，第一次在立管完成后，进行强度试验；第二次在管道系统施工完成后，以严密性为主。高层试压水可接至低层管道，利用自然压力冲洗低层管道，节约淡水资源。

（9）试压完毕后及时做好资料整理工作，各方签字后归档。

（10）冲洗管道应使用洁净水，冲洗奥氏体不锈钢管道时，水的氯离子含量不得超过 25ppm。

（11）冲洗时，按各专业规范要求的具体流速冲洗管道。

（12）排放水应引入可靠的排水井或水沟中，排放管的截面积不得小于被冲洗管截面积的 60%。排水时，不得形成负压。

（13）水冲洗应连续进行，以排出口的水色和透明度与入口水目测一致为合格。

（14）空调冷热水管道、冷凝水排放管道、生活热水管道，与室外大气接触输送液体管道均应进行保温处理，保温材质及厚度等参数均按设计要求进行，施工质量按相应国家标准和图集要求进行。

（15）管路凡遇穿墙或楼地面处部位应设置管套，管套的内径应满足包裹绝热层穿越。水平管道穿越墙体或梁柱段，当遇有预埋套管时，其绝热层宜采用保温材料做充填，填塞应密实饱满，必要时可用铝箔胶带临时封贴固定。

（16）管道阀门的绝热保温应按其实际外形尺寸选择相应的保温材料包裹绝热（包括连接法兰），对于管壳与阀体铁件空隙处可用保温材料充填密实，阀门手柄摇杆部应以 2 倍保温层厚度给予包裹埋没（应不影响阀门开关），以保证绝热后阀门不结露。

（17）管道井内非明装的管道，在试压和冲洗完成后，应按照隐蔽工程验收方式进行过程验收，联动调试完成后，组织整体管道系统验收，并交付使用，竣工资料应同步进行。

8.1.2　技术指标

《建筑给水排水及采暖工程施工质量验收规范》GB 50242—2002

《通风与空调工程施工规范》GB 50738—2011

《通风与空调工程施工质量验收规范》GB 50243—2016

《工业金属管道工程施工规范》GB 50235—2010

《工业设备及管道绝热工程施工规范》GB 50126—2008

《自动喷水灭火系统施工及验收规范》GB 50261—2017

《现场设备、工业管道焊接工程施工规范》GB 50236—2011

《沟槽式连接管道工程技术规程》T/CECS 151—2019

《建筑排水金属管道工程技术规程》CJJ 127—2009

《建筑节能工程施工质量验收规范》SZJG 31—2010

《建筑工程施工质量验收统一标准》GB 50300—2013

《室内管道支吊架》05R417-1

《室内管道支架及吊架》03S402

8.1.3　适用范围

适用于建筑高度超过 100m 的民用建筑给水排水管、空调供回水管道、冷却水管道、消防水系统管道井内管道安装。工作压力不大于 2.5MPa。不包含各类输油、输气压力管道。

8.1.4 应用工程

南京紫峰大厦项目；上海华敏帝豪大厦项目。

8.1.5 应用照片

南京紫峰大厦项目管道井管道安装效果如图 8.1-1 所示。

图 8.1-1 南京紫峰大厦项目管道井管道安装效果

8.2 空调立管固定支架的轻量化设计技术

8.2.1 技术内容

本技术应用于上海闸北广场合并重建城市更新项目，项目建筑面积约 10 万 m²，属于商业办公综合体性质，总建筑高度 179m，共 36 层。该项目空调系统由两套水系统组成：第一套水系统承担 18～36 层冷热负荷，其冷热源由塔楼屋面风冷热泵直供；第二套水系统承担 1～16 层冷热负荷，其冷热源直接采用 17 层板式换热机组所供冷热量，板式换热机组一次侧通过立管与塔楼屋面风冷热泵相连。

高层建筑空调系统冷热源多设于屋面或地下室，通过竖井内的空调立管上下连通，为每个楼层供给冷量、热量，因此作为系统主管的空调立管呈现出大口径、大高差的特点。立管工作环境复杂，除满水自重、运行荷载外，还需考虑停电停泵带来的水锤冲击，其固定支撑节点的设计将直接影响到立管整体的受力性能，是施工过程中质量控制的关键环节。

1. 技术特点

本技术以力学计算和仿真模拟的方法对固定支架进行荷载构成与受力分析，提出一种轻量化的固定支架设计形式和安装要求。

2. 工艺原理

1) 运行工况下空调立管固定支架荷载分析

空调系统工况主要有水压试验、检修维护、实际运行 3 种。在检修维护和水压试验时，无热膨胀产生的推力与拉力等荷载，支架受力较小，可不予分析。实际运行时，固定支架承受荷载包括管道及介质荷载、补偿反弹力、轴向不平衡内力、活动管架摩擦力、振动载荷、沉积物及其他载荷。

2) 固定支架结构形式设计

对于高层建筑，大多数管井均设置于核心筒内，一般至少有一侧为钢筋混凝土剪力墙，其余为砖砌墙体。基于前述条件，通过分析型材规格、立管排布原则、固定点形式、承重荷载与固定点数量的内在联系，进而对固定支架结构形式进行轻量化设计。

3. 施工工艺流程及操作要点

1) 施工工艺流程

空调立管固定支架施工工艺流程如图 8.2-1 所示。

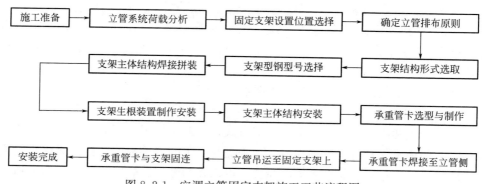

图 8.2-1 空调立管固定支架施工工艺流程图

2) 操作要点

（1）运行工况下空调立管固定支架荷载分析操作要点

① 管道及介质荷载

管道及介质荷载包括管道自重、内衬、保温层、管道附件、管架、介质重量。大口径管道轻质保温层和管道附件重量相对其自重可忽略不计。管道自重：$P_z = p \times L$（p 为对应规格钢管单位长度重量，L 为立管长度）；介质荷载：$P_r = \rho \times L \times \pi D^2 / 4$（$\rho$ 为介质密度，D 为立管管径）。

② 管道补偿反弹力

空调系统管道一般设置波纹补偿器，其运行时上下管段因伸缩分别产生方向相反的补偿反弹力：$P_a = K \times \Delta L$（K 为补偿器刚度，ΔL 为伸缩位移量）。

③ 管道轴向不平衡内力

在垂直立管上，由于内部压力（工作压力或试验压力）的不均衡或高差引起的静压不同而使管道承受不平衡内力，轴向不平衡内力：$P_n = P_o \times A_i$（P_o 为管内介质的内部压力，A_i 为补偿器有效截面面积）。

④ 活动管架摩擦力

垂直立管安装时，固定支架之间多设立活动管架，以保证管道垂直方向自由伸缩，其摩擦力相对于轴向推力或拉力很小，可忽略不计。

⑤ 振动载荷

管路系统振动会导致管道位移，位移产生应力。一般情况下，制冷系统设备运行振动经过隔振处理和多处减振，传递至垂直立管的振动已经很小，此项可忽略。

⑥ 沉积物及其他载荷

此类荷载包括管内沉积物、操作平台荷载等。空调系统介质为清水，按常规维护要求，管路系统应定期做水质处理，系统内基本无沉积物；另外，一般情况下，管井内无专门设立的操作平台，此类载荷亦可忽略。

综上所述，空调立管总荷载为以上各项荷载的总和，即 $P = P_z + P_r + P_o + P_n$。对于冷热共用两管制空调系统，供热时管道产生膨胀应力，以工作压力加上膨胀应力计算 P_n，并与以试验压力计算的 P_n 比较，取最大值计入总荷载。

（2）固定支架结构形式设计操作要点

① 承重管卡形式

立管与支架固定方式通常采用管卡方式，一般包括翼状钢肋板、管道垫木等部件。双肋板形式具有更长的焊缝，带来更为稳定的连接性能。由于无缝钢管管壁厚度较小，通过内设厚度足够的弧板，可以将肋板焊缝处的集中剪切力分散到弧板四周，从而避免管壁局部应力过大的现象。承重管卡设计形式如图 8.2-2 所示。

② 立管排布原则

空调立管路数较少且多为偶数，一般是 2～4 路，合理的立管排布方式可以优化支架受力情况。空调立管在安装、试压完成后还需进行保温，三层及以上层数排列将会影响后续施工，一般考虑两层排布。根据集中荷载下挠度公式：

$$\omega_{max} = Fb(l^2 - b^2)^{3/2} / 9\sqrt{3}\, lEI \tag{8.2-1}$$

式中，l、b 分别为槽钢总长和集中应力距离一端的长度，EI 为槽钢的弯曲刚度。

在最不利受力横梁取相同规格槽钢的条件下，立管采用双层排布具有更好的抗形变能力。双层排布示意图如图 8.2-3 所示。

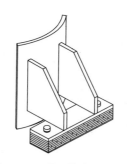
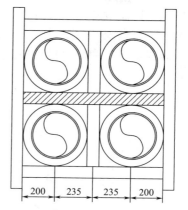

图 8.2-2　承重管卡设计形式　　　　图 8.2-3　双层排布示意图（单位：mm）

③ 支架结构形式

管井内固定支架一般有三种形式：水平悬挑式、三角托架式和落地横担式。其中，水平悬挑式固定支架因其着力点最少，所承担的荷载也极为有限，而三角托架式固定支架则是在水平悬挑式固定支架的基础上增设斜撑固定，无论在稳固性还是承重性能上均优于水平悬挑式固定支架。落地横担式固定支架主要是两道主梁，一端固定在剪力墙上，另一端竖向支撑于管井结构梁上（图 8.2-4）。从固定端受力角度而言，落地横担式固定端受力小于三角托架式受力，整体承重性能更好。因此落地横担式优于三角托架式、水平悬挑式。

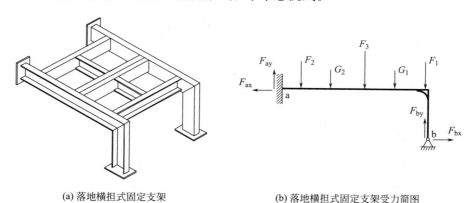

(a) 落地横担式固定支架　　　　　　(b) 落地横担式固定支架受力简图

图 8.2-4　落地横担式固定支架示意及受力分析

④ 生根装置

生根装置是连接固定支架与土建结构的重要部件，是将所有荷载传递到结构墙体上的唯一媒介。生根装置一般以 10mm 钢板作为基座，钢板四角设置 4 根膨胀螺栓与剪力墙固结，钢板与支架主梁焊接连接。若 4 根膨胀螺栓的受剪强度不满足承重要求，则需设法增加生根装置上螺栓数量或者剪力墙上生根装置数量（图 8.2-5）。考虑到钢板面积有限，不宜设置过多膨胀螺栓，因此通过增设斜撑来增加生根装置数量较为可行且具备推广性。

图 8.2-5　生根装置示意图

⑤ 最终设计形式与支架设置原则

支架结构：横担式结构，支架一端设置于楼面结构梁上，另一端通过生根装置与剪力墙固结。支架次梁呈宫格状；生根装置为 10mm 钢板，四角配 4 根膨胀螺栓，螺栓规格和生根装置数量可依据负载选择，增加生根装置应采用短斜撑的方式。

排布原则：3 路及以上立管排布宜采用双层排布。

承重管卡：采用内设弧板双肋板形式。弧板弧度与立管适配，焊接固结；翼状肋板平行设置，间距 10cm，一端与弧板焊接，另一端与支撑板焊接；支撑板长度为 20cm，宽度与支架等宽，下设垫木，两端通过螺栓穿过垫木与支架连接。

设置原则：长度超 30m 的立管固定支架至少设置两副，其中一副设于立管底部，另一副设于立管上部 1/3 处。当立管荷载超过 117t 时，宜在原先两副支架的基础上增设一副固定支架，固定支架间应设置热补偿装置消除热变形，热补偿装置应设置在靠近上方固定支架的位置。

8.2.2　技术指标

《通风与空调工程施工质量验收规范》GB 50243—2016
《钢结构设计标准》GB 50017—2017

8.2.3　适用范围

适用于超高层建筑管井安装。

8.2.4　应用工程

上海闸北广场合并重建城市更新项目（现丽丰天际中心）。

8.2.5 应用照片

上海闸北广场合并重建城市更新项目固定支架安装效果如图 8.2-6 所示。

图 8.2-6 上海闸北广场合并重建城市更新项目固定支架安装效果

8.3 空调水管道清洗预膜施工技术

8.3.1 技术内容

宁夏亘元万豪大厦项目位于银川市文化行政核心区域，建筑面积 17.38 万 m²，地上 50 层，地下 3 层，裙楼 4 层，建筑高度 222m，是西北重镇银川的新地标建筑。

对于已投入使用的超高层建筑空调水系统，在运行一段时间后，会使换热器、水泵、管道内部沉积碳酸盐、硅酸盐、硫酸盐、磷酸盐等硬垢以及金属氧化物，在系统运行过程中产生的锈渣脱落及油脂将会堵塞制冷机组、空调机组、风机盘管进水口过滤网，影响冷冻水与热水循环，导致制冷及制热效果降低。

为了解决这一问题，空调水管道清洗预膜施工技术，采用大分子螯合物，通过强振动使水垢分解变成分散粉末状，溶于水中并排出系统，最后添加化学镀膜剂在设备及管道表面形成保护层，以延长设备及管道使用寿命。

1. 技术特点

（1）适用范围广：对碳钢、不锈钢、铜及铜合金、铝及铝合金等管道均适用；系统上已安装的各种传感器、探头、自控仪表均不会受到化学清洗剂的影响，全部可在线进行清洗。

（2）绿色无污染：本技术采用的化学清洗剂为中性产品，产生的废液可直接排入市政，减少了废液特殊处理的费用，很大程度地节约了施工成本。

2. 施工工艺流程及操作要点

1）施工工艺流程

空调水管道清洗预膜施工工艺流程如图 8.3-1 所示。

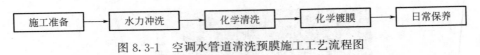

图 8.3-1　空调水管道清洗预膜施工工艺流程图

2）操作要点

（1）管道清洗预膜技术的优点

本技术化学清洗剂采用的是中性镀膜清洗剂，适用于多种材质，对碳钢、不锈钢、铜及铜合金、铝及铝合金，以及各种垫片垫圈，不会引起化学腐蚀。各种化学垢层被溶解后不会造成末端阻塞，同时系统上已安装的各种传感器、探头、自控仪表均不会受到化学清洗剂的影响，可在线进行清洗。

采用常规化学清洗药剂酸洗后的废液排到水中会对水生动植物、微生物的存在造成极大的威胁，对混凝土等建筑材料和金属材料有很强的腐蚀作用；而碱洗后的废液具有较强的碱性（pH＞10），直接排入水中会使土地盐碱化，影响水中植物和鱼类正常生活，还会使水中产生大量泡沫。

采用专有的高分子镀膜剂及镀膜催化剂，在金属表面上能很快地形成一层保护膜，提高缓蚀剂抑制腐蚀的效果。对水处理系统化学清洗之后立即进行镀膜处理，可有效地延长系统和设备的使用寿命，并确保安全性。

（2）施工技术要点

① 水力冲洗

用物理方法将系统中的污物及颗粒状杂质冲洗干净。将冷冻机和热交换器进、出口阀门关闭，接通旁路，开启系统中的排空阀，通过补水箱注满清水后，关闭排空阀，开足水泵，维持最大冲洗流量和流速。同时，在冲洗过程中，分析监测循环水，直到冲洗结束后关闭旁通管、管网。水力冲洗结果如图 8.3-2 所示。

② 化学清洗

化学清洗工序包括：粘泥剥离→水置换（漂洗）→化学清洗（化学清洗过程中要求水流速 1.5m/s 以上，支管流速 1.0m/s 以上），化学清洗剂如图 8.3-3 所示。

③ 化学镀膜

在正常热负荷情况下进行。为使膜层完整、致密，镀膜时间不少于 8h。

a. 控制系统水位，循环水浊度＜20NTU，系统管道通水运转，检查各处无漏水点。

b. 连通所有末端设备，系统管道通水运转。

c. 投加镀膜剂及镀膜助剂连续运转至少 8h。

d. 管道系统水质酸碱度检测：用玻璃棒蘸一点空调水系统溶液滴在 pH 试纸上，观察试纸颜色变化。

图 8.3-2　空调水管道不同阶段冲洗水样　　　　　图 8.3-3　化学清洗剂

e. 挂片测试：采用碳钢挂片挂在空调水系统机组 Y 型过滤器中，系统连续运转 24h 后取出碳钢挂片，在挂片上滴硫酸铜溶液，观察硫酸铜溶液颜色变化，大于 10s 后碳钢挂片由蓝色变成红色表示镀膜成功。

④ 日常保养

每个月定期安排专业工程师给空调水系统添加保养剂，同时对各系统水质进行采样，测试水质。根据水质化验结果及时调整，使设备及控制系统处于最佳运行状态。

8.3.2　技术指标

《通风与空调工程施工质量验收规范》GB 50243—2016

《通风与空调工程施工规范》GB 50738—2011

8.3.3　适用范围

适用于超高层建筑空调水管道的清洗、涂膜施工。

8.3.4　应用工程

宁夏亘元万豪大厦项目；上海世纪大道 2-4 地块项目。

8.3.5 应用照片

宁夏亘元万豪大厦项目管道清洗预膜应用如图 8.3-4 所示。

图 8.3-4 宁夏亘元万豪大厦项目管道清洗预膜应用

8.4 逐层偏移管道井立管施工技术

8.4.1 技术内容

超高层建筑因追求建筑物外形的独特性，使得许多建筑物的立面均有较大的倾斜度，从而其内部的管井也随着建筑结构的偏移而偏移。逐层偏移的竖向管井使得管道安装的垂直度难以控制，加大了整体管线安装的难度。本技术解决了在逐层偏移的竖向管井内安装排水管道的问题，使管道在安装过程中更加方便快捷和准确，同时控制了因结构复杂造成管道安装的额外成本。

1. 技术特点

（1）超高层建筑偏移管井内综合管道施工技术：采用双红外十字平面精准定位技术、可调式限位器三维精准固定管道技术、超高层管线累积误差消除技术等多项施工技术，实现了偏移管井竖向管道与倾斜管道高质量组装及安装，现场安装一次成型、整体观感质量良好，确保了超高层建筑偏移管井内管道总体施工质量。

（2）工艺解决方案：本技术从工艺上解决了建筑结构自身偏差导致的预留洞口偏差及管道在偏移后穿越楼板不垂直、偏移管道支架受力不均匀等问题。

2. 工艺原理

（1）根据施工图纸，运用 BIM 技术，对倾斜管井内管道安装进行深化设计；以结构主体为参照，先对管道洞口进行初步定位，再采用双红外十字交叉定位技术对每个管道井洞口及偏移管道进行精准定位。

（2）倾斜管道通过限位器辅助精准定位并安装，实现对偏移量、偏移角度的精准控制。

（3）施工工艺上，采取多层平行流水施工，采用层间连接节点调整吸收微量误差，整体上消除了超高层累积误差，从而高质量地完成了偏移管井内管道的安装。

3. 施工工艺流程及操作要点

1）施工工艺流程

逐层偏移管道井立管施工工艺流程如图8.4-1所示。

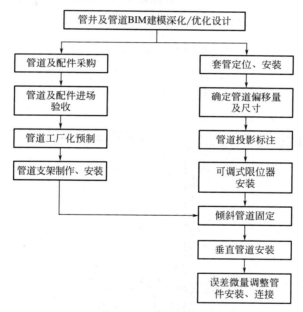

图8.4-1　逐层偏移管道井立管施工工艺流程图

2）操作要点

（1）BIM建模深化/优化设计

① 对照设计图纸，现场勘察，绘制 BIM 模型图，如图8.4-2所示。

② 根据建立好的 BIM 模型深化/优化设计竖向管道。

如图8.4-3所示，每一层楼都存在管井的偏移，并且由于建筑外观的特殊性，管道的偏移距离和层高并非呈线性关系。

（2）管道洞口定位

在偏移管井中进行立管的安装，管道洞口的定位尤为重要，洞口的偏差会直接影响到管道是否垂直及偏移管道的长度。

261

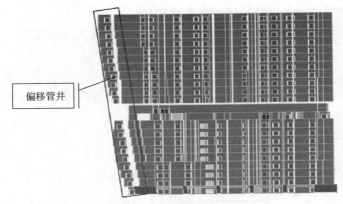

图 8.4-2　偏移管井 BIM 模型图

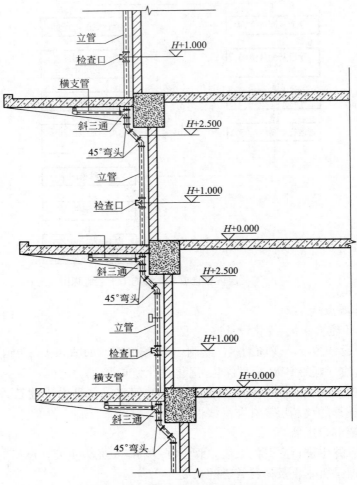

图 8.4-3　逐层偏移竖向管道优化图

① 以图纸为依据，以土建已成型的结构为参照，用红外线放线仪对管道洞口进行初步定位，并用油漆做好标记（图 8.4-4）。

② 确立现场的测量基点，并与土建单位和测量单位进行沟通，获取测量数据。

③ 核对误差：土建或测量单位测量偏差数值并由测量员进行再复核，对最终偏差值取平均值。

④ 采用双红外线十字交叉精准定位管道洞口位置，确定套管位置。

⑤ 安装金属套管，并用钢钉在套管四个方向固定牢靠，作为限位点，确保浇筑混凝土时套管不偏移。

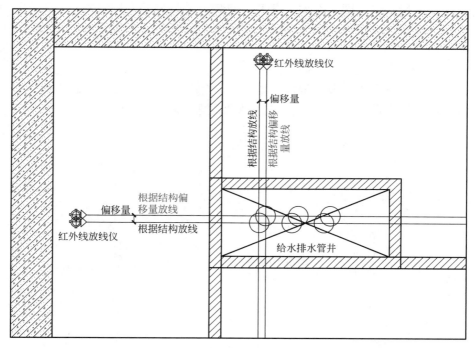

图 8.4-4　双红外线十字定位管道图

（3）确定管道偏移量

① 结合市场供应和材料损耗要求，弯头标准件为 45°，确定出倾斜管道的夹角为 45°。通过上下楼层管洞中心距和楼层高度、现场梁的高度、管件的长度，在确保偏移管道 45° 的情况下，计算出倾斜管道的长度。

② 结合实际现场情况，确定出每个管井的每根管道长度。偏移管道长度确定后，即可计算出穿越上下楼板管道的长度。

（4）管道工厂化预制、编码

根据确定好的管道尺寸，在加工厂进行管道加工预制，并在每根管道上进行二维码编码。现场安装时按照管道编码及安装工艺进行组装即可。

（5）管道安装

传统管道在管井内安装时，施工人员会进入管井进行吊线，以此为参照进行立管安装，但偏移管井内吊线仅能保证立管的安装，却不能确保倾斜管道的安装。若管道的安装未达到 45°，会导致管道安装完成后与管件连接不紧密，可能会出现渗水现象。为此创造性地自制了可调式限位器，利用可调式限位器精准固定倾斜管道，进行辅助安装。安装步骤如下：

① 先按照深化设计图纸，确定管道安装顺序。不同管井，按管井在结构层内的水平位置，先内后外进行安装；同一管井，按管道在管井内的相对位置，先内后外进行安装；同一管井上下管道安装，采取多层平行流水施工工艺，采用层间连接节点调整吸收微量误差、整体消除超高层累积误差的施工技术进行安装。

② 在墙上标注出管道走向投影。

③ 可调式限位器安装。根据现场需要，自制专用可调式限位器，如图 8.4-5 所示。将限位器调至管道正下方位置，采用膨胀螺栓临时固定。

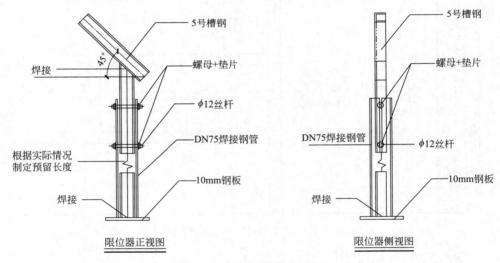

图 8.4-5　可调式限位器示意图

④ 倾斜管道安装：将倾斜管道放置在可调式限位器上，用临时抱箍固定。

⑤ 垂直管道安装：将垂直管道穿过套管、安装就位，并用正式支架固定。

⑥ 误差微量调整，管件安装、连接：利用可调式限位器，调整斜向管道的倾斜度、水平位置及标高，使其与垂直管道及管件对正、连接（图 8.4-6）。

⑦ 最后复核安装偏差，偏移管道角度偏差应控制在 3‰以内。

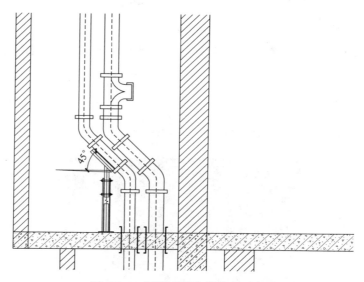

图 8.4-6　可调式限位器作业示意图

8.4.2　技术指标

《通风与空调工程施工质量验收规范》GB 50243—2016

《建筑给水排水及采暖工程施工质量验收规范》GB 50242—2002

《通风与空调工程施工规范》GB 50738—2011

《工业金属管道工程施工规范》GB 50235—2010

《管道支吊架 第 1 部分：技术规范》GB/T 17116.1—2018

《管道支吊架 第 2 部分：管道连接部件》GB/T 17116.2—2018

《管道支吊架 第 3 部分：中间连接件和建筑结构连接件》GB/T 17116.3—2018

《电弧焊焊接工艺规程》GB/T 19867.1—2005

《工程测量规范》GB 50026—2007（现被《工程测量标准》GB 50026—2020代替）

《室内管道支吊架及吊架》05R417-1

《给水排水标准图集—室内给水排水管道及附件安装》S4

8.4.3 适用范围

本技术适用于超高层建筑外形特殊、偏移管道井内管道安装工程。

8.4.4 应用工程

重庆来福士广场项目综合机电专业分包项目（B2 标段）；成都领地·环球金融中心项目。

8.4.5 应用照片

重庆来福士广场项目偏移管井立管现场安装效果如图 8.4-7 所示。

图 8.4-7 重庆来福士广场项目偏移管井立管现场安装效果

8.5 给水铜管固定支架的施工技术

8.5.1 技术内容

南京德基广场二期，位于南京市中山路，新街口商业区的中心地段，主楼高度为 299.6m，共 59 层，1～8 层为商场，11～37 层为办公用房。38 层以上丽思·卡尔顿酒店区域的机电安装项目，水系统管井较多，且管井内高差较大。

给水和热水采用紫铜管，属于有色金属管的一种，是压制的和拉制的无缝管，铜管质地坚硬，不易腐蚀，且耐高温、耐高压，可以避免像镀锌钢管使用时间不长就会出现自来水发黄、水流变小等问题。

超高层建筑竖向管道管线长，给水、热水系统采用铜管，根据铜管的材质特点，系统运行过程中管道重量、管内水的重量等静荷载和系统运行的动荷载叠加，对管道固定支架设置的稳固性有较高要求。目前，尚没有施工图集和相关标准可直接应用。在德基广场丽思·卡尔顿酒店的机电安装工程中，为了将竖向铜管的静荷载和动荷载有效地传导到结构上，采用了特殊的固定支架。在系统强度试验过程中，支架安全稳固，确保了水系统运行的可靠。

1. 技术特点

（1）安全、可靠：能达到固定铜管、防止因铜管自重和运行荷载引起的下滑作用。

（2）牢固、合理：更适合于铜管安装的固定支架，能达到与型钢支架隔离，避免因支架紧固使铜管受到挤压变形。

（3）节材、降本：充分利用短管余料，节约了材料。

2. 工艺原理

图纸设计的立管支架是采用在支架内衬铜皮，外用 U 形卡固定。以 5m 立管作为样板验证其牢固性，经过 5d 后，检查观测到立管有往下滑的现象，但 U 形卡螺帽已经被拧紧了，如果再紧固，可能会挤压铜管而变形。铜皮与铜管之间摩擦系数小，不能阻止因铜管的自重超过摩擦力而出现下滑的现象。为解决此问题，通过现场人员的研讨，采用了铜管外壁焊接双层铜管、对夹式套管固定在楼板结构上的固定支架。

3. 施工工艺流程及操作要点

1）施工工艺流程

给水铜管固定支架施工工艺流程如图 8.5-1 所示。

图 8.5-1　给水铜管固定支架施工工艺流程图

2）操作要点

（1）固定支架结构

① 采用在铜管和型钢支架之间焊接两层铜短管，第一层铜短管直接和铜管焊接，第二层铜短管内壁和第一层铜短管的外壁焊接牢固，上下施焊，第二层铜短管的外壁直接与支架焊接固定，这样在铜管本体的外面有 2 层铜管保护，具体如图 8.5-2 所示。

② 制作型钢支架，具体如图 8.5-3 所示。

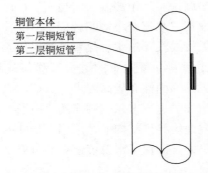

图 8.5-2　铜管本体外焊接铜短管示意图

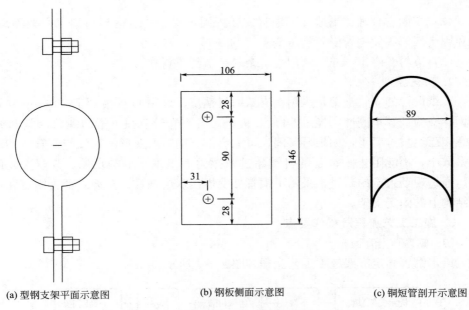

(a) 型钢支架平面示意图　　　　(b) 钢板侧面示意图　　　　(c) 铜短管剖开示意图

图 8.5-3　型钢支架平面示意图（单位：mm）

③ 固定支架与结构楼板采用膨胀螺栓固定，具体如图 8.5-4 所示。

（2）固定支架制作

① 第一层铜短管材料的选取、制作：可选取比铜管大一个规格的铜短管做第一层保护（比如铜管是 DN50，第一层铜短管选用 DN65），本着节约资源、绿色施工的原则，充分利用现有铜管的剩余短管余料制作，按照铜管本体大小制作下料铜短管的长度，要和铜管本体的大小比例协调，不能太长，也不能太短，一般可按 60～150mm 下料，将铜短管剖开，一分为四，第一层保护铜短管制作完毕。

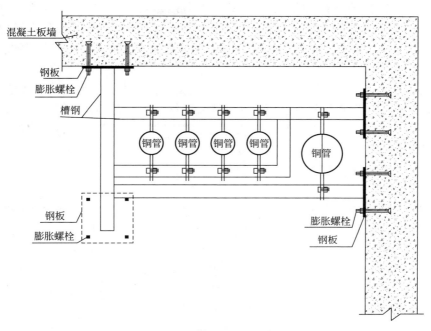

图 8.5-4　铜管固定支架安装示意图

　　② 第二层铜短管材料的选取、制作：第二层铜短管要比第一层铜短管大一个规格。

　　③ 型钢支架制作：选用与铜管同一规格的无缝钢管短管，具体长度根据铜管规格选定，将无缝钢管短管剖开，在短管的两端焊接 6～8mm 厚的钢板，在每个钢板上钻 2 个 M12 螺栓孔，型钢支架下面安装槽钢底座，具体如图 8.5-5 所示。

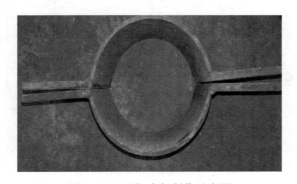

图 8.5-5　型钢支架制作示意图

　　（3）固定支架安装

　　根据铜管规格大小和数量，选用 [10 槽钢做共用底座，底座固定在结构梁上，可以直接将所受铜管的重量及运行动荷载传导到结构上，避免楼板因受力有限出现裂纹等质量缺陷。核心筒处竖向给水排水管井中铜管固定支架设置楼层分别是 43、47、51 和 55 层，客房竖向给水排水管井中铜管固定支架设置楼层分别是 47、52、57 层。

按照铜管大小，每隔 4～5 层设置固定支架，选用配套的型钢支架固定铜管，螺栓紧固适当，以免铜管受挤压；在紧挨着型钢支架的上部、铜管本体外壁与第一层铜短管满焊（由持有特种作业操作证的焊工焊接），第二层铜短管位置及安装方式与第一层铜短管相同，采用 3 面焊接。

（4）主要质量控制点

① 焊接制作

焊接材料设备：氧气、乙炔瓶，氧气、乙炔表，风带、焊枪，无铅铜焊料等。

预热：左右均匀加热。火焰和母材的角度是 85°，离开火焰芯 5～10mm，将母材的颜色预热至红黑色。

钎焊添加：火焰角度比预热时的角度往上抬高，和焊棒的角度成 90°，保持母材的颜色，从后方添加焊材，下一步从前面添加焊材，钎焊形成是将火焰引至身前，添加焊材约 2s，这时，对配管不要加热。

焊接效果：钎焊均匀、光滑，焊缝饱满，无气孔、裂纹，无异物附着。

在第一层铜短管的外面再焊接第二层铜短管，焊缝上下与第二层铜短管长度整体满焊，焊接方法同第一层铜短管的焊接，具体如图 8.5-6 所示。

图 8.5-6　单根铜短管固定支架安装示意图

两层铜短管的受力全部落在型钢支架上，增大了受力面积，通过力的传导，可以有效地传递到土建结构上，同时避免了因铜管壁薄不能与型钢有效接触、无法通过紧固螺栓的办法来固定铜管的缺陷。

② 动火管理

动火前，及时办理动火证，在动火周围清理可燃物，配置有效灭火器，监护人监护到位，在支架焊接洞口处用防火布进行隔离，防止火花往下飘落。

③ 防洞口邻边高空坠物、物体打击

管道竖井上下贯通，在安装铜管的上下层采取钢板或厚木板进行硬隔离，防止上下层物件掉落、伤人。操作人员操作时，属于邻边洞口施工，需挂安全带。管井四周需采用防护栏杆进行隔离，无关人员禁止入内。

8.5.2　技术指标

《室内管道支架及吊架》03S402

《建筑给水铜管道安装》09S407

8.5.3　适用范围

适用于超高层建筑中铜质给水管道安装。

8.5.4　应用工程

南京德基广场二期丽思·卡尔顿酒店项目。

8.5.5　应用照片

丽思·卡尔顿酒店项目冷热水系统铜管支架现场应用效果如图 8.5-7 所示。

图 8.5-7　丽思·卡尔顿酒店项目冷热水系统铜管支架现场应用效果

8.6 管井立管倒装法及大口径自动焊接施工技术

8.6.1 技术内容

在超高层建筑管井立管施工中，通常采用传统的"正装法"，即由下向上逐根连接安装管道，每层都需要放置管道并水平运输至管井处。然而，这种方法大大增加了人力、材料和设备的转运次数，降低了施工效率，同时也增加了安全风险。特别是在空间狭小的管井内，传统手工焊接施工难度大，很难保证质量。

在管井施工组织上，根据该现状，结合超高层特点，引入了一种新的管井立管施工技术，即分区段"倒装法"，该技术以设备转换层为界进行分段倒装，将每区段材料集中运输在对应的设备层，施工中节约了人力成本，同时避免了焊接设备在不同楼层大量的搬运工作。

在施工工艺上，借鉴了石油、天然气等工业管道上广泛应用的、较为成熟的自动焊接技术应用于民用建筑中，基于"倒装法"施工中焊接设备不需要频繁搬运的优点，在固定的位置安装自动焊接设备，采用机器自动化作业代替传统手工作业，提升了机电施工的质量和效率。

1. 技术特点

1）提高管井立管施工质量

通过采用管井立管"倒装法"施工工艺，确保立管垂直度在规范允许范围内，即小于 $5L‰$，管道之间焊接对口平直度在 1/100 以内，全程不大于 10mm。大口径管道自动焊接，焊缝质量优于人工焊接，焊接过程由机器完成，有效避免了工人在作业中受到伤害。

2）确保了施工安全

管道施工作业面固定，仅仅在固定层楼板管井处进行施焊、连接等一系列工作，大大避免了人员操作安全事故的发生。

管道吊装采用"倒装法"施工顺序，大大避免了管道每层水平运输的安全隐患，管道的水平运输仅限于设备层，垂直运输仅限于施工管井内，其影响面小，安全性高。

3）提高管井立管施工效率

通过采用自动焊接和立管分区段倒装施工技术，可以在超高层建筑的一个区段内完成管井工程，相比传统方法，可以节约 20%～30% 的时间。同时，这种施工技术还可以减轻塔式起重机垂直运输的压力。该技术将大量的管道垂直运输工作分解到每节管道的对口焊接和提升中，在有效地与其他工序穿插进行的同时，提高了施工效率，缩短了工期。

2. 施工工艺流程及操作要点

1）施工工艺流程

（1）整体实施流程

整体实施流程如图 8.6-1 所示。

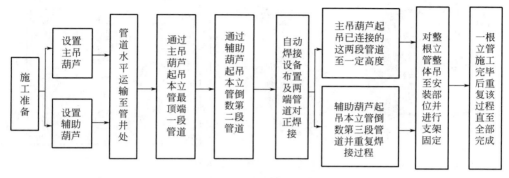

图 8.6-1　整体实施流程

（2）管井立管施工流程

"倒装法"施工顺序：最高层立管安装→（安装焊接固定）→依次向下一层安装，直到底层。

2）操作要点

（1）"倒装法"施工技术

所有管井立管均通过运输放置在起吊层相应管井处，采用"倒装法"由高位到低位依次施工。吊装设备主要有卷扬机、电动葫芦、手动葫芦、钢丝绳等工具，吊装主要方法：在起吊层管井处，利用本区段管井最高顶板处的主吊葫芦/卷扬机提升起吊第一节管道（即该立管系统中最末端一段立管），提升管道一定高度后，利用起吊层上两层管井顶板处的辅助葫芦垂直提升第二节管道（即该立管系统中倒数第二段立管），调整两节立管的位置，保证两节管道垂直并对接，在焊接作业层（一般为起吊层上一层）进行管道焊接，待焊接牢固后，进行整体提升，然后利用辅助葫芦起吊第三节立管，依次重复以上步骤由上向下倒装进行焊接吊装，直到整条立管连接完毕，然后进行高位其他立管的管道连接，待高位所有立管连接施工完毕后（在高位立管吊装连接施工过程中，同时将高位立管支架制作安装），最后将高位立管逐根提升到安装部位层，进行高位管道立管支架固定等工作，则高位立管施工完毕。中位、低位立管施工方法与前述步骤相同。立管"倒装法"施工大大提高了施工质量及效率，同时保证了施工安全。

（2）大口径管道自动焊接技术

通过采用磁力管道小车配合 CO_2 气体保护焊机形成自动焊接设备。通过研究及模拟试验，设定其最佳的工作参数，如焊丝规格、焊接电流、焊枪 CO_2 流量等，并通过焊接工艺评定确定合理的焊接工艺程序，最后使用无损检测对焊缝质量进行检测验证。设备组成详见图 8.6-2。

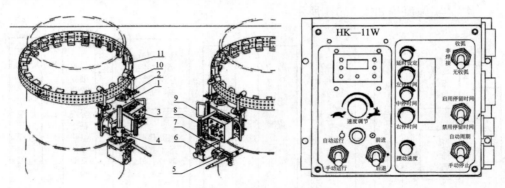

图 8.6-2　设备组成详图

1—小车主体部分；2—驱动部分；3—控制箱；4—调节移动座；5—焊枪角度微调装置；
6—焊枪摆动器；7—焊枪夹持器；8—便携手柄；9—安装手柄；10—导向轮；11—钢带导轨

① 焊接准备

进行磁力小车安装以及磁力小车接线及调整。

② 焊接过程

在管井内焊接作业位置布置好自动焊机后，初步调整工艺参数（电流、电压），设置连续焊接时间或者断续的焊接和休止距离以及收弧时间，确认 CO_2 气体流量及熔池的保护效果。

开始焊接，观察电弧，调整焊接速度及其他焊接工艺参数直到合适数值；焊接结束后按停止开关，或者在工件末端设置障碍物以触动小车感应停止开关，使小车自动停止工作。

③ 焊接质量检验

焊接作业完成后，依据《通风与空调工程施工质量验收规范》GB 50243—2016、《现场设备、工业管道焊接工程施工质量验收规范》GB 50683—2011 对焊缝质量进行检测。

8.6.2　技术指标

《通风与空调工程施工质量验收规范》GB 50243—2016

《现场设备、工业管道焊接工程施工质量验收规范》GB 50683—2011

8.6.3 适用范围

适用于超高层水管井倒装法施工。

8.6.4 应用工程

深圳平安金融中心项目；武汉绿地中心项目。

8.6.5 应用照片

深圳平安金融中心项目管井立管倒装应用及大口径自动焊接施工技术应用如图 8.6-3、图 8.6-4 所示。

图 8.6-3 深圳平安金融中心项目
管井立管倒装应用

图 8.6-4 深圳平安金融中心项目
大口径自动焊接施工技术应用

8.7 异形狭窄后浇管井管道安装与 楼板浇筑封堵同步施工技术

8.7.1 技术内容

武汉绿地中心项目机电工程位于湖北省武汉市武昌区和平大道 840 号，工程总建筑面积 711982m²，主塔楼设计高度 636m，定位亚洲最高楼宇，核心筒为“Y”形异形结构。

商业综合体建筑和超高层建筑，由于其建筑功能的复杂性和多元性，加上建筑造型和结构梁的限制，管道井极有可能会布置成非矩形的不规则形状，其管道井的空间非常狭窄（图 8.7-1）。而对于后浇筑管井，在浇筑之前由于从上至下整体没有楼板作为地面支撑，机电管道整体安装基本无法进行。

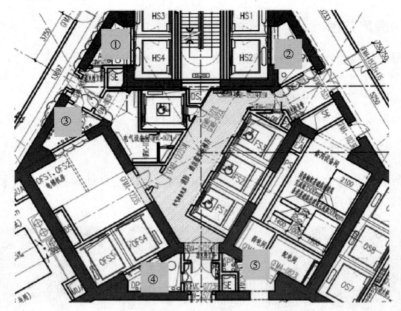

图 8.7-1　管井异形洞口图

　　若先将竖井管道需要穿越的洞口进行预留（一般为条形长洞口或单个方形木盒），待楼板浇筑完成后，再进行机电管道安装，最后再进行管道周边洞口的收口和封堵，则会由于管道井内管道布置众多而密集，待封堵洞口过于零碎，人工基本无法再进行操作施工。

图 8.7-2　管道先安装则无法进入
洞口封堵或吊模

　　为了避免后期收口封堵的问题，若先将管道安装，再进行洞口封堵，则管道井内待浇筑的楼板洞口被管道切分为一个个不规则的小三角形和梯形，而楼板浇筑必须进行吊模和拆模工序，由于管道安装完成后管井内操作空间有限，操作也十分困难（图 8.7-2）。

　　为了解决上述无法封堵或吊模困难的情况，采用一种应用于异形狭窄后浇管井管道安装与楼板浇筑封堵同步施工的技术，即在管道安装过程中即同步进行楼板浇筑封堵施工，而不是在管道安装完成后再进行吊模施工，也不是先预留大洞口待管道安装完后再封堵。该技术在管道安装至靠近本层楼板处，采用

Z 形承托板进行混凝土和防火封堵材料的承重，并在承托板上切出供管道穿越的洞口，套在管道上，用型钢在细碎洞口处加固，满足管道井楼板荷载要求，然后进行封堵，封堵完成后再进行下一步管道的安装，该方法操作便捷，便于机电管道优先插入施工，管道安装与封堵相互不影响，且封堵效果良好。

1. 技术特点

1）节省工期

管道安装与楼板浇筑封堵同步的施工方法使管道安装与楼板浇筑无缝衔接，机电管道安装可以在楼板浇筑过程中同步施工，相较于传统方法，有效节省了工期。

2）节约成本

相较于传统方法，只需要进行一次楼板封堵操作，节省了模板拆除工序的施工成本。

3）质量保证

管道安装与楼板浇筑封堵同步的施工方法，便于处理管道套管外壁与混凝土之间缝隙的封堵，操作空间条件好，封堵效果好。

2. 工艺原理

在管道井管道自下而上安装至距管道井洞口楼板下 300mm 时，安装 Z 形钢制承托板，于承托板上切出供管道穿越的洞口，并焊接安装管道的套管，然后浇筑混凝土或用防火材料封堵，最后让管道穿过套管自下而上完成管道的安装。

3. 施工工艺流程及操作要点

1）施工工艺流程

管道安装与楼板浇筑封堵同步施工工艺流程如图 8.7-3 所示。

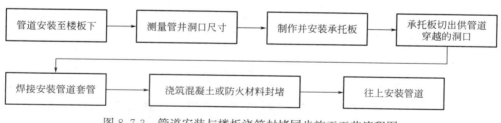

图 8.7-3　管道安装与楼板浇筑封堵同步施工工艺流程图

2）工艺原理

管道安装与楼板浇筑封堵同步施工工艺原理如图 8.7-4 所示。

3）操作要点

（1）管道安装至楼板下

管井内管道自下而上安装，安装至洞口距离上层楼板约 300mm 处时，停止安装。

（2）测量管井洞口尺寸

清理现场洞口杂物，测量现场待封堵异形洞口的实际尺寸。

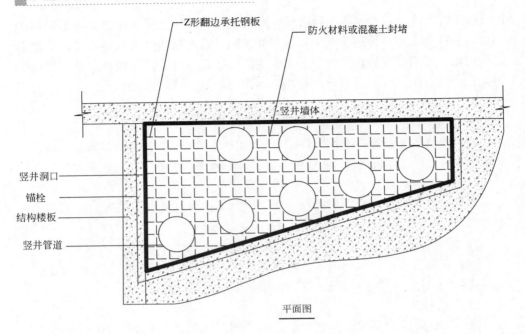

平面图

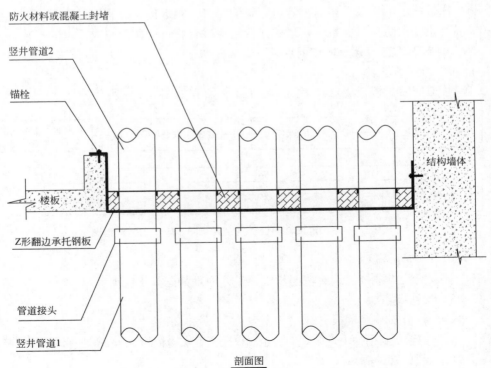

剖面图

图 8.7-4　工艺原理图

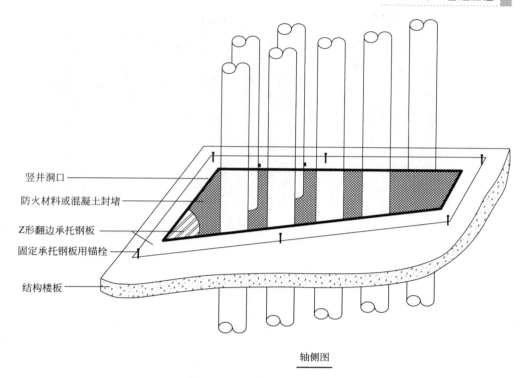

轴侧图

图 8.7-4 工艺原理图（续）

（3）制作并安装承托板

根据洞口的形式和大小，用钢板制作钢制承托板。承托板采用L 40mm×4mm 的角钢和厚 5mm 钢板焊接制作成 Z 形承托板，承托板的形状与洞口大小相匹配。尺寸过大可分为几块制作。用螺栓固定 Z 形承托板于洞口边缘，尺寸较大的多块承托板在中间焊接。

（4）承托板切出供管道穿越的洞口

在下一层的高位，用红外线放线仪放出管道在承托板的具体位置，按照定位切割供管道穿越的一个个洞口，洞口尺寸应采用管道套管的尺寸。切割完洞口后，对切割不充分的地方用槽钢进行加固。

（5）安装管道套管

在本层承托板安装管道用钢套管，将套管与承托板进行焊接。

（6）浇筑混凝土或防火材料封堵

套管安装完成后即可绑扎钢筋、浇筑混凝土（图 8.7-5）。对于小型洞口，可不浇筑混凝土，直接采用防火材料进行封堵。

（7）向上安装管道

待混凝土强度满足要求后，将楼板下的管道穿过套管向上安装（图 8.7-6）。

图 8.7-5　混凝土浇筑 　　　　图 8.7-6　管道穿过套管向上安装

8.7.2　技术指标

《给水排水管道工程施工及验收规范》GB 50268—2008

8.7.3　适用范围

适用于异形狭窄后浇管井管道安装与楼板浇筑封堵同步施工。

8.7.4　应用工程

武汉绿地中心项目。

8.7.5　应用照片

武汉绿地中心项目管井管道安装效果如图 8.7-7 所示。

图 8.7-7　武汉绿地中心项目管井管道安装效果

8.8　机房装配化施工技术

8.8.1　技术内容

武汉绿地中心项目总建筑面积 711982m²，主塔楼设计高度 636m，被定位为亚洲最高楼宇，总制冷量达 11000 冷吨，包含 4 大制冷机房、13 个核心设备层。

大力发展装配式建筑已成为建筑业发展的必然趋势，为了全面实现预制装配化建筑施工，在机电安装领域，预制装配化施工技术的研究显得尤为重要。机房作为建筑的"心脏"，为建筑提供"动力"和"血液"，其施工质量及施工进度也是保证机电系统完善的关键因素。机房装配化技术的提出，有利于从技术、进度、质量、安全及成本等全方位提升机房的施工水平。

1. 技术特点

装配化施工可以解决现场施工周期提前的问题，可减少现场的动火作业，提高安装工程的质量，具有提质增效的特点。

2. 施工工艺流程及操作要点

1）施工工艺流程

机房装配化施工工艺流程如图 8.8-1 所示。

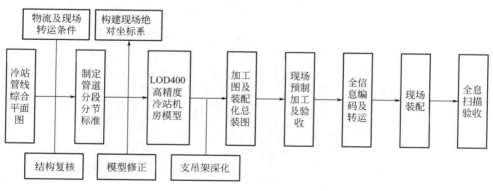

图 8.8-1　机房装配化施工工艺流程图

2）操作要点

（1）机房模块化设计

在设计阶段，利用计算机三维建模技术与虚拟建造（VC）技术，对实际建造过程予以本质呈现。制定模块化分段技术体系，并对其进行空间管理（图 8.8-2）。将中央制冷机房千余个构件按五大模块类型进行划分，分别为制冷机组进出水支管模块、水平干管模块、水泵进水模块、水泵成排出水模块及支架分节模块，按照同一类型的设备进出口进行管节划分，如冷机/水泵/板换的接口水平管＋进出水侧竖向分节＋主干管分支水平管为一组（图 8.8-3）。预制单段管节应尽可能控制在常规形状，如水平/竖直管段，为便于控制，预制的单段管带有的弯头数量不宜超过 3 个。

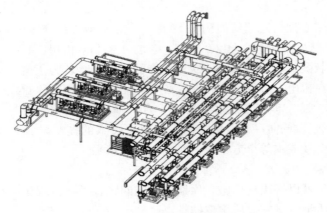

图 8.8-2　机房管道分段编码

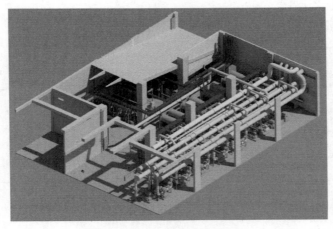

图 8.8-3　机房管道总装配图

（2）基于图形管理的全预制加工技术

利用 SOA（Service-Oriented Architecture）技术为依托的预制生产系统实现对各类构件实际生产的有效管理，通过对加工设备的数控系统进行改进，对 BIM 模型进行数据化处理，将文件信息全面地解析为数据信息。在预制化加工过程中，计算机管理的生产系统主要有全自动焊机、相贯线切割机、自动坡口机等，通过相应的数控加工接口软件，实现模型数据与自动化生产线的无缝衔接（图 8.8-4、图 8.8-5）。采用自动化生产线读取加工件数据，足以精细到每个螺栓孔的定位，实现精确加工。

图 8.8-4　八轴相贯线切割　　　　　　　图 8.8-5　自动化焊接

（3）二维码物资供应链及物流配送管理技术

为实现对构件全过程的跟踪管理，研发了二维码物资供应链追溯系统，通过 SQL SERVER 数据库将物流保障系统同工程数据管理系统有机连接到一起，对构件信息编码执行快速有效的存取操作，并为构件设置对应的射频识别电子标签，起到准确标记的效果。在提供二维码标签的同时，实现关键数据可视化，如系统、编号、上下游关系等，工作人员只需通过手机等智能设备扫码，便可直观地了解各构件间上下游连接关系，指导工作人员快速识别装配部署（图 8.8-6）。

图 8.8-6　二维码指导快速装配

（4）模块化单元的装配技术

在整体规划和设计过程中，可以基于 BIM 模型进行组装测试，以研究各个预拼装段和相应模块的可行性。同时，可以通过试验和动画模拟分析来研究组装过程和流程，与现场实际情况进行反复比较，这样能够确保满足现场施工环境的要求（图 8.8-7）。研发运用成排管道整体提升与自动耦合技术，利用支架自动耦合器与支架连接板，连接支架横担与支架立柱，通过提升支架横担上焊接的吊装环，实现管道整体提升（图 8.8-8）。在管道提升过程中，在支架自动耦合器以及底座滚轮的共同作用下，两侧支架立柱自动内收，直至垂直，实现成排管道整体支撑与自动耦合。采用一种配合叉车可 360°旋转的管道提升装置，管道可从水平到竖向以及固定、提升整个过程，都在地面完成，由机械代替人工（图 8.8-9）。

图 8.8-7　模块化快速拼装施工

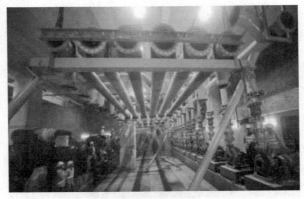

图 8.8-8　成排管道整体支撑及自动耦合体系

图 8.8-9 一种配合叉车可 360°旋转的管道提升装置

（5）装配机房的高精度测控关键技术

利用测量机器人与 BIM 技术，将设计坐标、尺寸在施工现场精确定位，实现机电管线的精确放样（精度可确保在±1mm）（图 8.8-10）。通过全息扫描技术记录目标物体表面若干数量的密集的点所对应的三维坐标等多个相关信息，在极短时间内完成对目标的复建，得到所需的三维模型，同时获取包括线、面、体在内的一系列重要的图件数据（图 8.8-11）。

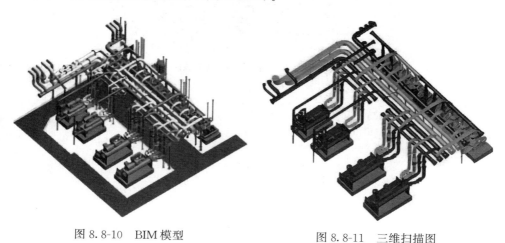

图 8.8-10 BIM 模型　　　　　　　　图 8.8-11 三维扫描图

8.8.2 技术指标

《制冷设备、空气分离设备安装工程施工及验收规范》GB 50274—2010
《装配化建筑评价标准》GB/T 51129—2017

8.8.3 适用范围

适用于利用预制化、BIM 分段设计施工的模块化建筑。

8.8.4 应用工程

深圳平安金融中心项目；武汉绿地中心项目。

8.8.5 应用照片

深圳平安金融中心项目机房装配化施工应用如图 8.8-12 所示。

图 8.8-12 深圳平安金融中心项目机房装配化施工应用

第9章 电气工程

9.1 垂直电缆的吊装敷设技术

9.1.1 技术内容

在超高层建筑的垂直电缆敷设施工过程中，提出了超高层建筑电气竖井内垂直电缆吊装和敷设的新技术，相比传统人力拉动电缆的方式更具安全性，可以缩短工期及提高电缆敷设质量。

1. 技术特点

超长电缆垂直敷设技术伴随着超高层建造技术及电气设备与供配电技术的更新而不断取得创新突破，并随着超高层建筑对中高压供配电系统的新需求而得到持续提升和改进。本技术创造性地结合 BIM 技术、有限元分析与监测等技术，解决了超高层建筑超长电缆在垂直吊装过程中，因电缆自身重量、吊装阻力等原因可能导致的导电体、绝缘体的隐性损伤及电缆结构变形、外护套磨损等问题，能够便捷、经济地完成超长垂直电缆敷设任务，保障建筑电气供配电系统可靠、稳定、高效运行。

2. 施工工艺流程及操作要点

1）施工工艺流程

（1）钢丝绳牵引法

钢丝绳牵引法施工工艺流程如图 9.1-1 所示。

图 9.1-1 钢丝绳牵引法施工工艺流程图

（2）弹簧阻力器法

弹簧阻力器法施工工艺流程如图 9.1-2 所示。

2）操作要点

超长垂直电缆敷设时，随着电缆逐步提升，电缆摇摆幅度加大，吊点及上部

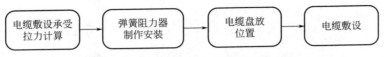

图 9.1-2 弹簧阻力器法施工工艺流程图

缆体受力也逐步增大，容易造成电缆结构变形损伤，敷设高度越高，电缆损伤变形越突出，电缆绝缘线芯所受到的牵引力不能超过电缆所允许承受的最大拉力，是保证超长垂直电缆安全的关键所在。针对这个难题，通过对超高层建筑电缆垂直敷设技术的系统研究，创新总结了两种超长垂直电缆敷设技术：钢丝绳牵引法和弹簧阻力器法。

钢丝绳牵引法是以电缆敷设终点上层设置的卷扬机为动力，借助自主设计的辅助设施，牵引电缆由下而上垂直吊装敷设的方法。敷设前，利用专用抱箍卡扣等工具把电缆分段固定到辅助钢丝绳上，同时安装好电缆端头主吊具。将卷扬机跑绳放至电缆盘架设位置，将跑绳吊钩与电缆端头主吊具及电缆辅助钢丝绳同时连接牢固，卷扬机通过牵引跑绳而达到提升电缆的目的。

这种方法所需设施简单、占用空间小，同时，电缆分段抱箍在钢丝绳上，并随着逐步提升将后段钢丝绳与前段钢丝绳连接形成一体，分散了受力点，解决了电缆因自重过大而引起的变形和损坏问题。施工前需详细交底，施工过程中需格外注意抱箍卡扣的牢固性，以确保整个吊装流程的安全和顺利进行。

弹簧阻力器法是利用电缆本体重力势能由上而下，通过增加中间缓冲装置自主调节和控制电缆下放速度的垂直敷设方法。

弹簧阻力器法所需设备相对简单，在由上而下敷设电缆的过程中，利用摩擦力替代人力，减少了人工，同时最大限度地避免了电缆损伤。本方法主要难点在于如何将成盘电缆运送至大楼高处，采用本方法，前期准备工作稍长，且超高层楼面空间紧张，需提前规划场地并提前做好准备工作。

（1）创新点及关键技术

① 根据负荷的分类、用电功率、所属业态等因素，利用 BIM 技术优化变电所内布置方案，并绘制电缆排布图、模拟变电所内电缆交叉情况，合理布置桥架走向及桥架内的电缆排布。

② 超高层建筑通常具有电井转换的情况，并且每层电井具有选择性，通过深化设计，尽可能地减少电缆敷设长度，同时保证电井内空间布置的合理性。

③ 根据竖井电缆深化设计得出桥架内电缆的数量及重量，计算出支架承载力，合理选择支架的形式及布置方案。可利用弹簧阻力器作为中间缓冲装置，将电缆一次性放置到位。

④ 超长垂直电缆的敷设，选择吊点至关重要，根据厂家提供的相关文件，计算竖向电缆的最大允许拉力。

⑤ 电缆敷设时承受的最大允许拉力计算：

$$T = \alpha \times S \qquad (9.1\text{-}1)$$

式中：T——最大允许拉力（kN）；

　　　α——系数，牵引铜导体时 $\alpha = 68\text{N/mm}^2$，牵引铝导体时 $\alpha = 39\text{N/mm}^2$；

　　　S——电缆截面积（mm^2）。

根据《电缆图表手册（第二版）》，电缆敷设时承受的侧压力，计算公式如图 9.1-3 所示。

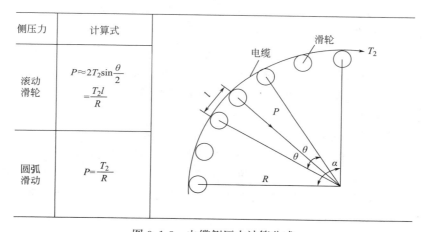

侧压力	计算式
滚动滑轮	$P \approx 2T_2\sin\dfrac{\theta}{2}$ $= \dfrac{T_2 l}{R}$
圆弧滑动	$P = \dfrac{T_2}{R}$

图 9.1-3　电缆侧压力计算公式

注：P—侧压力（N）；T_2—牵引力（N）；θ—滑轮间平均夹角（rad）；

　　α—弯曲部分圆心角（rad）；R—弯曲半径（m）；l—滑轮间距（m）

实际施工时，一般应用滑轮组对电缆改向，此种方式要求塑料护套电缆的最大允许侧压力为每只滚轮 1kN。通过计算实际所需拉力（电缆垂直段重力、摩擦力及吊具重力等），可算出滑轮组的滑轮数量及设置的半径。

承受的最大允许拉力皆按照单芯电缆计算。以现场常用的 WDZA-YJY-4×240+1×120 铜芯电缆为例，$\alpha = 68\text{N/mm}^2$。通过侧压力计算改向滑轮组滑轮数量，经查电缆每米重量约为 12kg，假设电缆垂直段长度为 400m，吊具总重量为 200kg，设滑轮间距 $l = 0.2\text{m}$，滑轮组半径 $R = 2\text{m}$，具体计算如下：

a. 最大允许拉力：$T =$（4×240+1×120）×68＝73.44kN

b. 改向滑轮组承受的牵引力（最大拉力）：$T_2 =$ 400×12×9.8+200×9.8＝49kN（自上而下敷设摩擦力不计）

c. 侧压力：$P = T_2 \times l/R =$ 49×0.2/2＝4.9kN（因每只滑轮的允许最大侧压力为 1kN，故需要 5 只滑轮才能满足要求）

d. 电缆每米重力：（12×9.8）/1000＝0.1176kN/m

e. 最大允许拉力与电缆每米重力之比：$T/0.1176≈624m$

即电缆垂直段不大于 624m 即可采用电缆导体端头固定吊点直接吊装，实际操作时建议考虑 0.8～0.85 的安全系数。

（2）钢丝绳牵引法

① 现场排查

在电缆敷设前对电缆井逐一排查，确保电缆井内空间足够，无杂物，并在电缆经过的电缆井设置围栏，保证施工安全，以及避免对已通电设备造成影响。另外，由于某些原因电缆敷设时同一桥架内可能存在已通电电缆，此时需格外注意并对工人进行详细交底。在超长电缆敷设时，同一桥架内电缆应全部进行断电处理，确保施工安全。

② 电缆排布

根据现场实际情况编制电缆排布表，注明需敷设电缆长度及回路编号等信息，同时标注相近路径的电缆，按顺序依次进行敷设。

③ 设备选择

a. 吊点位置的确定

根据所吊电缆敷设位置、电缆最大允许拉力、电缆自身重量及吊装工艺的要求，结合现场实际情况，合理选择吊点位置，并经结构受力计算后确定实施。同时，吊点设置宜考虑后续其他电缆的敷设，减少设备拆除安装次数，节约资源。

b. 起重设备的选择

卷扬机及钢丝绳受力计算：

$$S = fm + k \times (f-1) \times Q_{计} / (fn-1) \qquad (9.1\text{-}2)$$

式中：S——钢丝绳拉力；

$\quad Q_{计}$——计算载荷，包括电缆、钢丝绳、吊具总量，同时考虑动载因数；

$\quad n$——省力倍数；

$\quad m$——定滑轮、动滑轮组门数之和；

$\quad k$——导向滑轮个数；

$\quad f$——滑轮的阻力系数，对青铜轴套轴承，$f=1.04$，对滚珠轴承，$f=1.02$，对无轴套轴承，$f=1.06$。

根据实际情况计算电缆匀速上升时钢丝绳拉力 S，从而选择卷扬机，一般选择 2～5t 慢速卷扬机。如有特殊情况，可选择调节相应滑轮组门数，同时注意卷扬机的容绳量，需满足吊点间距。

c. 设备吊具选择

主吊具：在电缆起始端采用具有消除电缆及钢丝绳扭力，以及垂直受力锁紧特性的旋转头网套连接器作为主吊具一，如图 9.1-4 所示。

在上水平段与垂直段的拐弯处，采用具有受力锁紧特性的覆式侧拉型中间网

图 9.1-4 主吊具旋转头网套连接器

套连接器 A 作为主吊具二，如图 9.1-5 所示，用以增加摩擦，满足二次倒缆需要。两主吊具之间的距离为上水平段电缆敷设长度。

辅助吊具：在主吊具二以下垂直段电缆每隔 50m 增设一副覆式侧拉型中间网套连接器 B 直至电缆终端，如图 9.1-6 所示。主要作用是分担主吊具的吊重，使电缆垂直段均匀受力，使其具有垂直受力锁紧特性。专用电缆防晃型吊具可控制电缆摆动幅度，如图 9.1-7 所示。

图 9.1-5 中间网套连接器 A

图 9.1-6 中间网套连接器 B

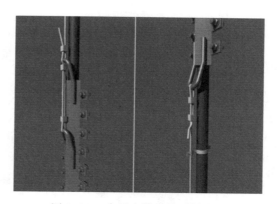

图 9.1-7 专用电缆防晃型吊具图

d. 电缆敷设吊装

将主吊具一固定在顶部定滑轮的吊钩上，进行电缆试吊，确认各环节无误后，方可正式起吊。吊装过程中，在电气竖井的井口安装防摆动的定位装置，以控制电缆摆动。设置的辅助钢丝绳每隔 10m 用专用抱箍卡具与电缆连接以增加摩擦力，并在专用抱箍卡具内加设胶皮保护层，以防电缆外绝缘层损伤。在主吊具二以下垂直段电缆每隔 50m 增设 1 个辅助吊具，并使电缆垂直段均匀受力。

当电缆始端提升到水平安装层时停止起吊，转换吊点，将主吊具二固定在吊钩上，拆除主吊具一，利用主吊具二作为新的提升吊点。随着卷扬机提升，上水平段电缆逐步进入水平安装层，经导向滑轮由卷扬机牵引，直至利用主吊具二将电缆提升到安装高度。

吊装工作完成后，自下而上逐步拆除各种吊具、卡具。同时将电缆固定在电缆梯架上，并保证安装牢固、可靠。

（3）弹簧阻力器法

① 弹簧阻力器制作安装

弹簧阻力器由槽钢 [10、角钢∠50×5 焊接而成，其中主框架结构轨道采用槽钢 [10、电缆盘支撑采用角钢∠50×5 焊接，中间支撑采用角钢∠40×5 焊接，底部轨道两侧各设 2 个支撑小车轮。为了防止弹簧阻力器脱轨，在槽钢轨道两端设置挡板。电缆托架在轨道上设置竖向和侧向滑轮，防止托架与槽钢轨道产生滑动摩擦，影响滑动。为方便拆卸，托架与电缆盘用活扣连接。

弹簧阻力器制作完成后，根据计算所需数量及布置楼层位置，将阻力器安装牢固；利用阻力器上的轮盘作为电缆的导向滑轮，并且通过阻力器向竖井方向前后滑动来调节井道外的电缆余量，使得电缆可以一次性敷设到位，如图 9.1-8 所示。

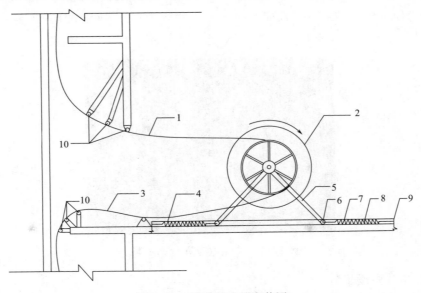

图 9.1-8　弹簧阻力器安装图

1—电缆（从上层引来）；2—电缆盘；3—电缆（引至下层）；4—电缆托架压力弹簧；

5—电缆滑动托架；6—电缆托架滚轮；7—电缆托架拉力弹簧；8—电缆托架槽钢轨道；

9—槽钢轨道限位板；10—电缆改向滑轮组

② 施工步骤

所有准备工作完成，检查无误后，实施过程如下：

第一阶段：电缆盘架设地点的选择以敷设方便为原则，结合现场实际情况，放置在供电负荷层相邻的具备操作条件的合适位置。

第二阶段：纵向电缆下行敷设时，先由人力将电缆送达第一个阻力器位置，并牵引穿过阻力器及导向滚轮后，由下方的卷扬机牵引沿竖井继续向下敷设。

第三阶段：所敷设电缆到达所需楼层的相应位置后，停止向下牵引。

第四阶段：自上向下逐层整理电缆，将电缆正式固定到桥架上，阻力器自上而下拆除，完成下部电缆敷设，并及时挂装标志标牌。

（4）施工难点及解决措施

① 施工难点

a. 纵向竖井井道距离长，桥架内电缆摇摆幅度大（图 9.1-9）。

b. 垂直段电缆长度长、重量大，电缆吊装过程中容易被自重拉伤。

c. 电气竖井洞口尺寸小，电缆穿越井道洞口过程中容易被刮伤。

② 解决措施

a. 在井道段的顶、底部之间架设二根导向滑绳，在电缆进入井道段的底部时，在电缆首端加电缆导向支架（图 9.1-10），把电缆限制在两根滑绳之间，减小了电缆的轴向扭转及水平摆动，为电缆的敷设提供安全稳定的作业环境。

图 9.1-9　电缆防摆导向图　　　图 9.1-10　电缆导向支架

b. 设置辅助钢丝绳，使用电缆夹具，在电缆垂直牵引过程中，每隔 10m 用夹具将电缆固定在辅助钢丝绳（固定钢丝绳）上，把电缆吊装重量分摊在辅助钢丝绳上，使电缆各段均匀受力，避免了电缆吊装过程中被自重拉伤。

c. 每隔二层设置电缆导向滚轮及托架，确保电缆在吊装过程中不受其他外力。

3）垂直电缆的其他吊装敷设技术

（1）加装智能重量显示限制器

为了预防电缆在吊装过程中由于触碰障碍而导致断裂，特意在吊钩上加装了智能重量显示限制器，该限制器主要用于各种重量和力值测量和过载保护场合（图 9.1-11）。整套装置主要由电阻应变式传感器和智能重量显示限制器（二次仪表）组成，具有声光报警并切断起重机起升回路电源和数字显示重量等功能。智能重量显示限制器的工作原理为：在电缆的吊装敷设过程中，卷扬机吊钩的受力应该与电缆拖运距离呈一定比值。电缆吊装时如果挂到楼板、支吊架或其他障碍物时，当操作人员未及时发现时，此时电缆吊钩受力将持续增大，但拖运距离增幅变小，上述比值就会改变。当比值超过设定范围时，智能重量显示限制器就会发出信号，此外，一旦卷扬机出现超载的情况，相应信号也会被激活。当卷扬机端接收到上述信号时，动力系统就会切断，确保电缆吊装过程中的安全性。

图 9.1-11　智能重量显示限制器

（2）电缆随绳吊运敷设法

传统工程在垂直电缆吊装时，吊点直接固定在电缆的铠装上，然而，一旦橡胶外层内某段非暴露的铠装存在质量隐患，或铠装因电缆重量太大而超过受力范围，很容易导致电缆被拉断。在上海环球金融中心项目的电缆吊装过程中，尽管穿引梭头的使用能很大程度提高吊装的安全性，但还是未解决上述问题。采用本技术，将电缆直接固定在钢丝绳上，通过钢丝绳的提升同步提升电缆。钢丝绳的破断应力是传统铠装的几十倍，如此设置更加大了吊装的安全性。高压电缆则是通过专用的夹具固定在钢丝绳上，做到随绳同步提升（图 9.1-12、图 9.1-13）。当电缆吊装至固定位置时，开始从上至下拆除夹具，并同时将电缆在桥架上固定。

在电缆吊装中，每隔 50m 就要固定电缆夹具，在吊装开始阶段，手工固定一副电缆夹具螺栓需要花费半小时。1 根高压电缆吊到 81F，需要整整一天时间，第二天还需进行电缆的整理和固定。采用电动扳手（图 9.1-14），在一天时间内就能将相同类型电缆吊到 81F 并完成固定，工作效率提高了 1 倍。

（3）重点部位的临时视频监控

为确保对吊装过程的实时监控，本工程在相关楼层和电缆容易受到破坏的部位设置了视频监控系统。该套临时监控装置确保每 5 层至少设置一个，在相邻楼层中竖井尺寸改变或电缆转弯部位加设一套监控装置，再配合楼层中安全员和吊

图 9.1-12　电缆夹具锥形引导帽

图 9.1-13　电缆专用夹具

图 9.1-14　电动扳手

装技术人员的巡视，既减少了吊装过程中的监护劳动力，又能做到相应楼层实现全方位的同步监控。

（4）电缆的牵引与敷设

为了确保能顺利拖运电缆，在相应点设置转弯和导向滑轮（图 9.1-15、图 9.1-16），避免了电缆在拖运过程中直接接触地面而导致磨损，又能为电缆的转弯提供导向。

电缆到位后，在电缆的引出层和每隔两层用一个专用的电缆抱箍固定住电缆（预先打好孔，安装好电缆抱箍），其余部分用截面积 2.5mm² 尼龙扎带绑扎在梯式桥架上（图 9.1-17）。

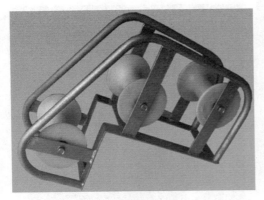

图 9.1-15 转弯滑轮

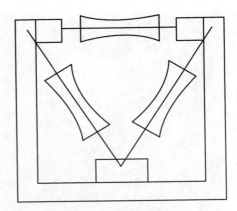

图 9.1-16 导向滑轮

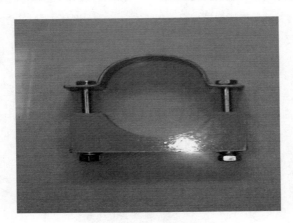

图 9.1-17 电缆抱箍

9.1.2 技术指标

《电气装置安装工程 电缆线路施工及验收标准》GB 50168—2018

《建筑电气工程施工质量验收规范》GB 50303—2015

《电气装置安装工程 电气设备交接试验标准》GB 50150—2016

《建筑机械使用安全技术规程》JGJ 33—2012

《施工现场临时用电安全技术规范》JGJ 46—2005

《民用建筑电气设计与施工》D800-1～3。

9.1.3 适用范围

适用于超高层建筑垂直电缆的敷设施工。

9.1.4 应用工程

上海环球金融中心项目；上海中心大厦项目。

9.1.5 应用照片

上海环球金融中心项目垂直电缆敷设应用效果如图 9.1-18 所示。

图 9.1-18 上海环球金融中心项目垂直电缆敷设应用效果

9.2 600m 级超高层电缆敷设施工技术

9.2.1 技术内容

超高层建筑由于竖向电缆敷设较长，整根电缆重量达数吨，在竖向安装施工过程中实施难度大，采用在出厂前浇铸吊装圆盘作为电缆专用吊具，起到电缆起吊敷设的作用，其中吊装圆盘由吊环、吊具本体、连接螺栓（钢丝绳拉索锚具）和钢板卡具组成，安装于电缆垂直段的前端，在电缆敷设时承担吊具的功能并在电缆敷设到位后承载垂直段电缆的全部重量，吊装圆盘与吊装板卡具配套安装固定在电气竖井井口槽钢台架上，起到支撑电缆垂直自重的作用，从而保证整个敷设过程的安全可控。

1. 技术特点

吊装圆盘为整个吊装电缆的核心部件，如图 9.2-1 所示，由吊环、吊具本体、连接螺栓（钢丝绳拉索锚具）和钢板卡具组成，安装于电缆垂直段的前端，其作用是在电缆敷设过程中充当吊具，并在电缆敷设完成后承受垂直段电缆的全部重量。电缆承重钢丝绳与吊具连接采用锌铜合金浇铸工艺。

图 9.2-1　吊装圆盘实物图

吊具可分为吊具及吊具附件两部分，吊具由吊环、吊具本体、连接螺栓（钢丝绳拉索锚具）三个部件组成，吊具附件由吊装板、抱箍两部分组成。吊装圆盘构造如图 9.2-2 所示。

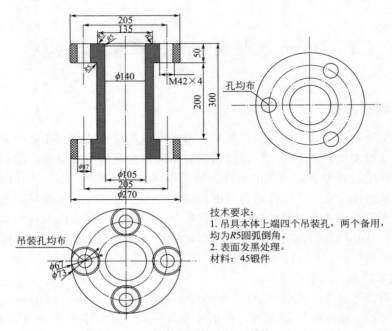

技术要求：
1. 吊具本体上端四个吊装孔，两个备用，均为 R5 圆弧倒角。
2. 表面发黑处理。
材料：45 锻件

图 9.2-2　吊装圆盘构造图（单位：mm）

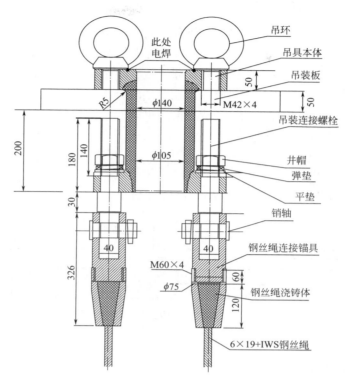

图 9.2-2　吊装圆盘构造图（续）（单位：mm）

电缆在出厂前，每根电缆头端的 3 根钢丝绳头折弯后分别浇铸在吊装圆盘（专用吊具）的下方连接螺栓的锚杯上，在电缆装盘时，把 3 个锚杯钢丝绳浇铸体与吊装圆盘分离，吊装圆盘单独装箱运输，待电缆吊装敷设时，再把吊装圆盘与 3 个钢丝绳浇铸锚杯安装成一体（图 9.2-3）。

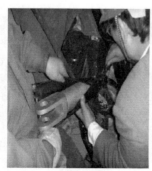

(a) 解开连接在电缆绳的
锌铜浇铸锚具的包装

(b) 浇铸锚具与调节螺栓连接

图 9.2-3　锚具安装连接图

2. 工艺原理

通过在多个超高层项目电缆施工过程中的不断探索和改进，研制出电缆敷设新技术，其核心部件有电缆吊装圆盘和电缆穿井梭头，前者能够实现吊具与电缆的便捷可靠连接且能承载巨大的竖向荷载，后者则能规避电缆竖向牵引时电缆吊装圆盘与结构孔洞发生卡碰的风险。依托上述两个核心部件，结合施工中的相关流程，本施工方法能快捷安全地完成超高层电缆的敷设。

3. 施工工艺流程及操作要点

1）施工工艺流程

电缆吊装工艺流程

超高层电缆敷设施工工艺流程如图 9.2-4 所示。

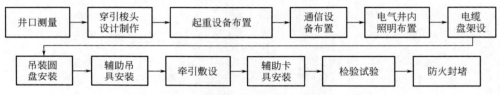

图 9.2-4　超高层电缆敷设施工工艺流程图

2）操作要点

（1）吊装前操作要点

① 井口测量

在电气竖井具备安装条件后，对每个井口的尺寸及中心垂直偏差进行测量。采用吊线锤的测量方法，以图表形式做好测量记录。对短边小于 300mm 的井口或中心偏差大于 30mm 的井口应进行标识，过井口时的吊装圆盘为重点观察对象。

② 电气竖井口台架制作安装

在井口测量完成后，开始安装槽钢台架，选用 10 号槽钢制作，采用焊接连接。

③ 吊装设备布置

在井口处设置高 1.2m 的钢桁架，横置 3 根 114mm×2000mm、壁厚 22mm 的无缝钢管作为悬挂滑轮的受力横担。卷扬机布置在同一井道最高设备层上或以上楼层，在卷扬机布置完成后，穿绕滑轮组跑绳，并在电气竖井内放主吊绳。主吊绳可通过辅吊卷扬机从设备操作层放下，或由辅吊卷扬机从一层向上提升，与主吊卷扬机滑轮组连接，构成主吊绳索系统。

④ 电缆吊装圆盘

每根电缆的敷设分为三个阶段：设备层水平段敷设、竖井段敷设、主变电所层水平段敷设。在电气竖井内敷设时，需分别捆绑水平段电缆头和垂直段吊装圆盘，在辅助卷扬机提起整个水平段后，由主吊卷扬机通过吊装圆盘吊运水平段和垂直段的电缆。

⑤ 电缆穿井梭头

电气管井中的电缆井道通常为狭长形孔洞，吊装圆盘组装完成后长边边长大于电缆孔洞的短边长度，如不将吊装圆盘调整成特定姿态，容易卡在井口上，造成电缆受损甚至报废。而穿井梭头可以解决这一问题，避免发生卡损（图9.2-5）。

(a) 穿井梭头   (b) 穿井梭头穿井1   (c) 穿井梭头穿井2

图9.2-5 穿井梭头

穿井梭头由尺寸相同的两块部件组成，在现场采用连接板连接，拆装便捷（图9.2-6）。

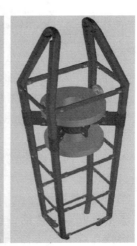

图9.2-6 穿井梭头三维效果图

⑥ 其他辅助设施的布置

a. 通信设施的布置。架设专用通信线路，在电气竖井内每一层备有电话接口。每台卷扬机配一部电话，操作手须佩戴耳机，放盘区配一部电话，跑井人员每人配一部随身电话，指挥人、主吊操作人、放盘区负责人还须配备对讲机。

b. 临时照明的布置。电气竖井内光线弱，因此要设置临时照明，每层电气竖井内安装一套 36V、60W 的普通灯具。

（2）吊装过程操作要点

① 电缆盘架设

电缆盘架设在一层电气竖井附近，电缆盘至井口应设有缓冲区和下水平段电缆脱盘后的摆放区，面积为 $30\sim40m^2$（图 9.2-7）。

架设电缆盘的起重设备根据现场实际情况，在塔式起重机、汽车起重机、履带起重机等起重设备中选择。

图 9.2-7　电缆盘架设

② 上水平段电缆头捆绑

选用有垂直受力锁紧特性的活套型网套，同时为确保吊装安全可靠，设一根直径 12.5mm 的保险副绳。

③ 吊装圆盘连接

当上水平段电缆全部吊起，将主吊绳与吊装圆盘连接，同时将垂直段电缆钢丝绳与吊装圆盘连接。

④ 组装穿井梭头

当吊装圆盘连接后，组装穿井梭头（图 9.2-8）。组装时，吊装圆盘 2 个吊环必须保持在穿井梭头侧面的正中，以保证高压垂吊式电缆在千斤绳的夹角空间内，不与其发生摩擦，在穿井时吊环侧始终沿着井口长面上升（图 9.2-9）。

图 9.2-8 穿井梭头组装 　　　　　　　　　　图 9.2-9 组装后的穿井梭头

⑤ 防摆动定位装置安装

在吊装过程中,在电气竖井井口安装防摆动定位装置,可以有效地控制电缆摆动,同时起到了保持电缆垂直吊装的定位作用(图 9.2-10)。防摆动定位装置安装在 B2 层电气竖井口的槽钢台架上(图 9.2-11)。

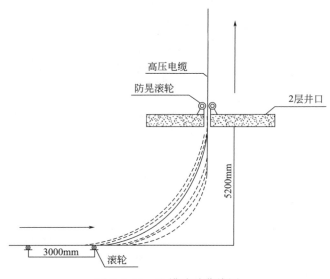

图 9.2-10 电缆波动曲线图

⑥ 上水平段电缆捆绑

主吊绳已受力,上水平段电缆处于松弛状态,将上水平段电缆与主吊绳用绑扎带由下而上每隔 2m 捆绑,直至绑到电缆头(图 9.2-12)。

图 9.2-11　防摆动滚轮安装图

⑦ 吊运上水平段和垂直段电缆

采用互换提升或分段提升技术，通过多台卷扬机吊运，自下而上垂直敷设电缆（图 9.2-13）。

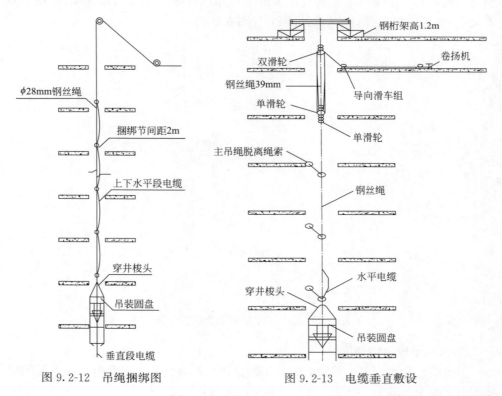

图 9.2-12　吊绳捆绑图　　　　　图 9.2-13　电缆垂直敷设

⑧ 拆卸穿井梭头

当穿井梭头穿至所在设备层的下一层时拆卸穿井梭头。拆卸前必须将该层井口临时封闭，以防坠物。拆卸完后，应检查复测吊装电缆 3 根钢丝绳的受力情况，必要时调整与吊装圆盘连接的螺栓，使其受力均匀。

⑨ 吊装圆盘固定

当吊装圆盘吊至所在设备层井口高出台架 70～80mm 时叫停，将吊装板卡进吊装圆盘上颈部。用螺栓将吊装圆盘固定在槽钢台架上（图 9.2-14）。

图 9.2-14　吊装圆盘安装在电气竖井槽钢台架上

⑩ 辅助吊索安装

吊装圆盘在槽钢台架上固定后，还要对其辅助吊挂，目的是使电缆固定更为安全可靠，起到加强保护的作用。辅助吊点设在所在设备层的上一层，吊架通常选用 14 号槽钢、M12×60mm 螺栓与槽钢台架连接固定（图 9.2-15）。

⑪ 楼层井口电缆固定

在吊装圆盘及其辅助吊索安装完成后，电缆处于自重垂直状态，将每个楼层井口的电缆用抱箍固定在槽钢台架上。电缆与抱箍之间应垫橡胶板，以免挤伤电缆（图 9.2-16）。

⑫ 水平段电缆敷设

通常采用人力敷设水平段电缆。在桥架水平段每隔 2m 设置一组滚轮。

⑬ 电缆试验和接续

高压垂吊式电缆安装固定后，应做电缆试验，试验合格后制作电缆头，通常采用 10kV 交联热缩型电缆终端头制作工艺，电缆头制作完成后，再次做电缆试验。

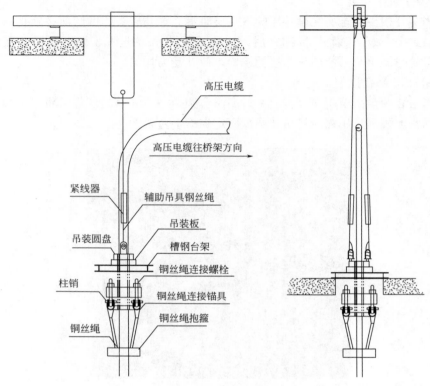

图 9.2-15　辅助吊索安装示意图

图 9.2-16　楼层井口电缆固定

⑭ 楼层井口防火封堵

在高压垂吊式电缆敷设完成后应进行防火封堵（图 9.2-17）。

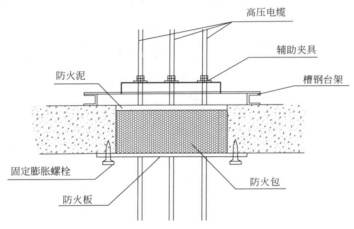

图 9.2-17　楼层井口防火封堵

9.2.2　技术指标

《电气装置安装工程 电缆线路施工及验收标准》GB 50168—2018
《建筑电气工程施工质量验收规范》GB 50303—2015

9.2.3　适用范围

适用于超高层建筑的电缆运输敷设，特别是超长度线缆、大重量线缆的运输敷设；在吊装过程中对线缆的完整性、时效性、安全性、质量有超高要求的超高层项目。

9.2.4　应用工程

深圳平安金融中心机电总承包项目；武汉绿地中心项目 A01 地块工程。

9.2.5 应用照片

深圳平安金融中心机电总承包项目井道电缆吊装应用如图 9.2-18 所示。

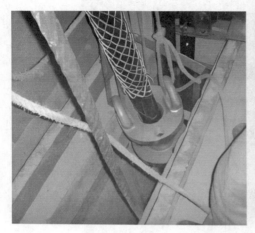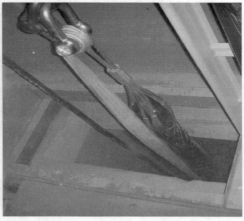

图 9.2-18 深圳平安金融中心机电总承包项目井道电缆吊装应用

第 10 章 通风与空调工程

10.1 风管新型连接施工技术

10.1.1 技术内容

随着建造行业的不断进步，工业化转型理念的不断深入、机械化程度的不断提升，行业新材料、新工艺、新设备、新技术的不断向前发展和推广，机电管道的连接技术也出现了革新和发展。金属矩形风管德国法兰连接技术，由于其新型的生产工艺、良好的产品性能以及便捷的施工方法被广泛推广应用，是现阶段国际上先进的风管连接模式。

1. 技术特点

相对于传统的角钢法兰连接技术，德国法兰连接技术具有以下优点：（1）生产线机械化、自动化程度高，大大提高了风管的制作效率及精度。（2）能减轻风管重量、降低材料消耗、减少角钢型材及油漆使用，更环保。（3）风管密封性好，能节约能源、降低运行成本。（4）安装制作快捷，能降低劳动力强度、提高项目施工进度。近些年来共板法兰风管施工技术在建筑行业迅猛发展，然而随着社会的发展，人们对办公、居住环境要求不断提高，系统对风管的漏风量要求更高，德国法兰连接技术改善了共板法兰连接漏风量较大、抗压不强等缺点。共板法兰的翻边也一定程度上破坏了镀锌层，都不能规避腐蚀的风险，而德国法兰连接件全部由镀锌材料制成，施工过程中无材料切口，有效防止了因潮湿等造成法兰部位生锈的现象，减少了法兰腐蚀后松动导致的漏风风险。

2. 工艺原理

德国法兰由 1.2mm 厚镀锌皮压制而成，插入风管后，相当于完成三层铁皮连接并采用螺栓（法兰卡子）连接固定（图 10.1-1）。

3. 施工工艺流程及操作要点

1）施工工艺流程

德国法兰连接施工工艺流程如图 10.1-2 所示。

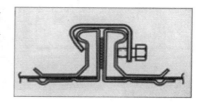

图 10.1-1　德国法兰连接示意图

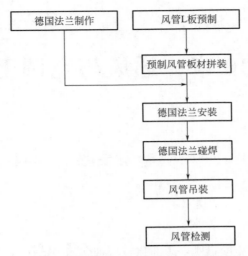

图 10.1-2　德国法兰连接施工工艺流程图

2）操作要点

（1）德国法兰制作

将进场验收合格的法兰条切割成统一长度（风管边长为 30mm），切割前法兰条要调直，切割时切口垂直。切割完成后，用打磨机将切口磨平。

德国法兰条及角码的选型与规范要求一致：$B \leqslant 630$mm，法兰 T20，角码 T20；$630 < B \leqslant 1500$mm，法兰 T30，角码 T30；$1500 < B \leqslant 2500$mm，法兰 T40，角码 T40。将对应的角码插接到对应的法兰条，组成矩形的德国法兰（图 10.1-3）。

图 10.1-3　德国法兰制作

用角钢制作一个标准简易的固定模具。将法兰角码、法兰条插接固定。对角线测量合格（两对角线之差小于 3mm）后，对法兰四个角码进行碰焊固定。

（2）预制风管板材拼装

根据施工图纸将对应预制风管进行组装，拼装过程中不得有镀锌层严重损坏的现象，风管板材拼接的咬口缝错开，无十字形拼接的咬口连接缝，风管与配件咬口缝紧密、宽度一致，折角平直、圆弧均匀、断面平齐。

（3）德国法兰安装

制作完成的法兰插入拼装完毕的风管口，要求法兰角码连接紧密、风管四角无明显孔洞。检查管口法兰的平整度，并利用管口对角线法复核风管是否扭曲。校正完毕后，将风管与法兰进行碰焊固定（在碰焊平台进行）（图 10.1-4）。然后进行画线操作，相邻焊点的距离为 100mm，且间距一致、排列整齐，无假焊、漏焊和不合格碰焊焊点。

图 10.1-4　德国法兰碰焊

法兰碰焊固定完毕后，对风管口四角进行打胶处理（图 10.1-5）。风管口打胶应平整、密封性良好。

10.1.2　技术指标

《通风与空调工程施工质量验收规范》GB 50243—2016

《通风与空调工程施工规范》GB 50738—2011

《通风管道技术规程》JGJ/T 141—2017

10.1.3　适用范围

适用于有风管法兰安装要求的通风系统建筑施工场所。

图 10.1-5　风管打胶

10.1.4　应用工程

深圳坪山同维电子厂房项目。

10.1.5　应用照片

深圳坪山同维电子厂房项目风管打胶应用如图 10.1-6 所示。

图 10.1-6　深圳坪山同维电子厂房项目风管打胶应用

10.2 超高层剪力墙管井风管法兰
传动连接螺栓紧固技术

10.2.1 技术内容

一般情况下，超高层建筑由于建筑平面的限制，通风系统的管道井通常位于核心筒内，由于管井尺寸与风管尺寸较为接近，风管管道已紧贴管井墙体，而在不足 10cm 的狭窄空间，风管的安装和风管法兰的连接十分困难，法兰螺栓螺母的紧定质量难以保证，法兰连接风管的漏风量也得不到有效的控制（图 10.2-1）。为了提高在狭小空间里的施工质量，采用一种特定螺母紧定转角器传动装置进行螺母的紧定，完成风管的法兰连接。

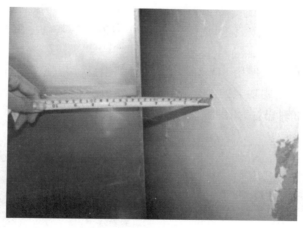

图 10.2-1 现场实测实量操作空间

1. 技术特点

在特定的空间内、特殊的角度条件下，根据风管法兰的紧固要求，通过采用特定螺母紧定转角器传动装置来进行螺母紧固，可高效、便捷、安全地完成风管的法兰连接。

2. 工艺原理

1）转角器设计

由于操作空间有限，考虑采取一种传动装置进行螺母紧定，可使用螺旋伞齿轮 90°换向转角器，通过伞形齿轮进行扭矩传递，达到竖向传动的效果（图10.2-2）。

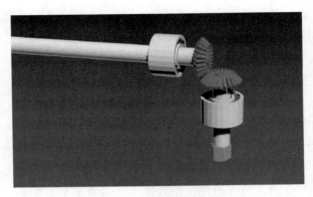

图 10.2-2 概念设计图

按照电动扳手的额定参数，轴传递最大扭矩 T 已知，在轴的结构具体化之前，考虑轴上零件的装拆、定位、轴的加工和整体布局，做出轴的结构设计。在轴的结构具体化之后，进行软件的受力计算，根据软件计算结果及设计规范确定相关参数，选择符合参数要求的 10 号圆钢作为传动轴，其他轴承和齿轮部件也通过设计规范进行确定选型。

根据上述计算结果使用 3Dmax 软件进行结构设计与施工动画模拟（图 10.2-3），传动轴在满足使用功能的前提下，还必须满足以下条件：（1）厚度不得超过 30mm（以 3 号角钢法兰为参考）（图 10.2-4）；（2）美观实用；（3）便于现场施工携带。

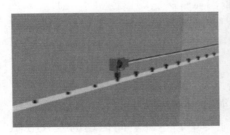

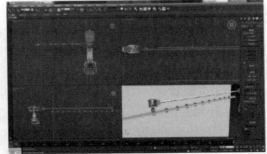

图 10.2-3 3Dmax 外形设计

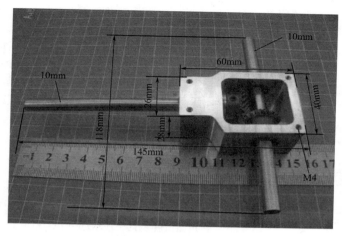

图 10.2-4　尺寸设计

2）螺栓限位装置设计

研制的转角器设备能解决螺栓紧定，但不能解决把螺栓放置在管井内侧指定的法兰孔内的问题，因此还需设计一种螺栓输送限位装置，利用与法兰孔一一对应的螺栓限位钢制卡条装入并托住螺母，进入待紧定的间隙内，使装载螺母的卡条与风管法兰靠近，并用弹簧夹固定，在转角器的末端设计磁性的螺母套筒吸住螺母，伸进狭小空间内进行螺母紧固，达到螺母紧定的目的（图 10.2-5、图 10.2-6）。

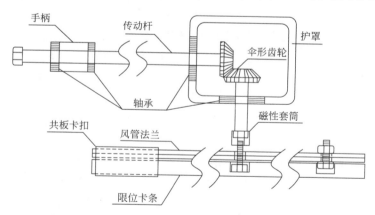

图 10.2-5　转角器成套装置原理图

3. 施工工艺流程及操作要点

1）施工工艺流程

使用自主研发的转角器成套装置，首先根据角钢法兰风管的法兰孔距一一对应地制作螺母限位卡条，然后将螺母塞入限位卡条，再将装载有螺母的限位卡条

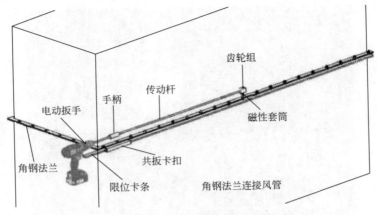

图 10.2-6 转角器成套装置三维示意图

伸入管井与风管法兰边，并用弹簧夹紧固，然后将带有转角器的传动杆伸入管井内靠近法兰处，使转角器末端具有磁性的螺丝套筒，通过金属磁吸与螺丝的尺寸对应，保证套筒固定牢靠，吸住螺母和垫片后使用电动扳手快速紧固，具体使用流程如图 10.2-7 所示。

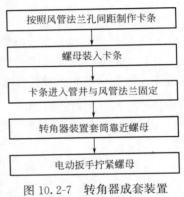

图 10.2-7 转角器成套装置
使用流程

2）操作要点

在操作过程中，注重加强操作工人的技能培训，保证角钢法兰风管的法兰孔距严格对应螺母限位卡条，同时应注重采购材料的合格性能检测，确保金属磁吸及螺丝的尺寸严格对应，并保证套筒固定牢靠，减少不必要的材料损耗及人工工时。

3）应用效果

狭小空间螺母紧定转角器在角钢法兰风管立管管道安装中被广泛应用，适用于所有狭小空间风管管线安装的螺母（8 号～14 号）紧定施工。通过现场抽查 20 处（共 2060 颗螺母）法兰连接施工效果，发现螺母紧定率达 100%，无遗漏现象，紧定整齐、严密且不漏风，现场实施情况如图 10.2-8 所示。

超高层建筑在机电功能管道井面积上的不断压缩，使得管道井与管道之间的可操作空间极为紧张，且核心筒内的管井墙体若为剪力墙，则采取管道安装完成后再砌筑管井的方法也不现实，对于风管法兰处的连接以及后续风管保温、楼板处的封堵都成为一系列难题。转角器成套装置可解决一部分问题，降低了施工难度，保证了施工质量和安装效果。

图 10.2-8　现场实施情况

10.2.2　技术指标

《通风与空调工程施工质量验收规范》GB 50243—2016

《通风与空调工程施工规范》GB 50738—2011

《通风管道技术规程》JGJ/T 141—2017

10.2.3　适用范围

适用于超高层狭小空间风管管井施工。

10.2.4　应用工程

武汉绿地中心项目。

10.2.5　应用照片

武汉绿地中心项目转角器成套装置应用如图 10.2-9 所示。

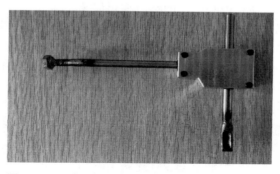

图 10.2-9　武汉绿地中心项目转角器成套装置应用

第11章 设备施工技术

11.1 幕墙翅片式散热器的研制和安装技术

11.1.1 技术内容

上海中心大厦整体幕墙设计包括内外幕墙，中间为中空大堂地带，幕墙采用无色透明玻璃，并跟随楼体旋转而上直至顶部，这样不仅可以让位于大楼内部的人员从室内远眺大楼外景，具有独特的观光效果，而且楼体外观整体形式美观，有双重保温效果。内外幕墙之间中空地带的空调系统为了不阻挡观光效果及建筑美观，必须打破传统空调机的外形、体积概念，设计出符合大楼整体形式的新型空调系统，于是翅片式散热器系统被引入，并使该项目成为国内首次大规模应用的工程。

翅片式散热器系统是上海中心大厦项目中暖通系统的众多复杂系统之一，由翅片式散热器本体、配套金属软管、电动阀门、闸阀、特制支架等主配件组成，分布于1~8区的2~115层共93个层面上，这些翅片式散热器位于外幕墙内侧钢环梁上（图11.1-1）。

其系统原理为：能源中心产生的蒸汽通过管道送至每个建筑分区的设备层，每个设备层设置汽-水热交换器，用于生产幕墙翅片式散热器的热水。翅片式散热器的热水供水温度为95℃，回水温度为75℃。每个分区的幕墙翅片式散热器各处于一个压力分区内，汽-水热交换器设置在各区的设备层中，各压力分区内部形成独立的闭式热循环系统。各压力分区内部的热水循环泵采用变流量运行，节省运行能耗。散热器热水系统立管设波纹膨胀节来释放热膨胀量，沿外幕墙内侧环梁安装的翅片式散热器水平管道设不锈钢金属软管来释放热膨胀量，金属软管采用非焊接方式，软管经真空热处理，并采用软碳型编织网。

通过研发新型工具、特制支架及优化施工方案等一系列措施，及时解决了翅片式散热器系统在实际施工中遇到的许多问题，确保了翅片式散热器系统精确定位、安装牢靠和整体质量，最终满足了设计要求。

1. 技术特点

由于幕墙翅片式散热器产品在国内首次大规模使用，是非标定制产品，需根

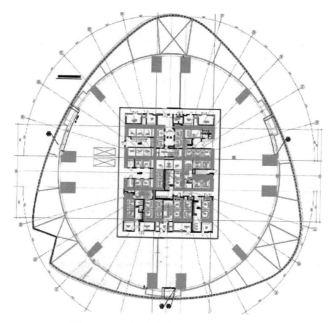

图 11.1-1　翅片式散热器平面布置图

据工程实际情况进行研制。根据上海中心大厦工程的需求，研制出单管制散热器，各方面参数均符合系统要求。为保证幕墙翅片式散热器安装精度，设计了上下、左右、前后都可以调节的新型专用支架，同时将支架各部件实现工厂化预制，批量加工，可避免支架现场制作，减少劳动力消耗。利用双层吊篮，开展两个层面的幕墙翅片式散热器的安装，节约了工期。

2. 施工工艺流程及操作要点

1）施工工艺流程

翅片式散热器安装施工工艺流程如图 11.1-2 所示。

2）操作要点

幕墙翅片式散热器整个研制、试验、安装、调试过程跨越了上海中心大厦工程机电施工的大部分时间。主要分为以下四

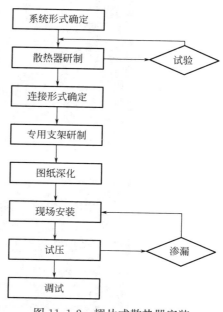

图 11.1-2　翅片式散热器安装
施工工艺流程图

个阶段：

（1）翅片产品本体的研制

翅片产品本体的研制过程，包括从系统选择到确定，试验后修改，再试验到定型，经历了整整一年时间。

翅片式散热器系统作为一个全新的系统，可借鉴的资料很少，只有散热量600W/m、单管直径 DN32、整体外形约 150mm×75mm 等主要技术参数以及系统设计图。最初推出 3 套设计方案：一是双管同程，二是六管制单程，三是单管制单程。在讨论阶段，双管同程虽然热平衡性好和水阻力小，但系统复杂，在现场极小的空间下肯定无法施工，所以这个方案先被否定。

余下两个方案都做了样机进行试验。六管制单程在系统试验论证阶段发现系统热平衡效果不佳，系统进水端和回水端散热量相差较大，不能满足需求。翅片本体的制造工艺也比较复杂，可靠性差、成本高，供应周期很长。

根据上述情况，为达到平衡散热的设计意图和系统效果，选用单管制单程，散热铜管由 6 根 DN15 铜管改为 1 根 DN32 铜管。同时，改进了本体散热片排布，采取了进水端疏、中间段密、末端无间隔满布的措施，保证了散热均匀性（图 11.1-3～图 11.1-5）。

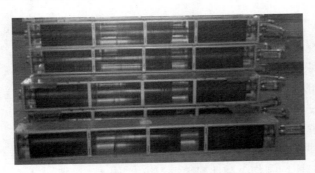

图 11.1-3　进水端翅片式散热器（翅片疏）

图 11.1-4　中间段翅片式散热器（翅片密）

图 11.1-5　末端翅片式散热器（翅片无间隔）

　　为检测改进后的散热效果，进行了无干扰密封间 30m 长试验段验证性试验（图 11.1-6），将六管制翅片式散热器和单管制翅片式散热器进行对比试验，发现单管制效果远远优于六管制。单管制散热器满足了 600W/m 总散热量，六管制 30m 长试验段存在 ±19％的散热不均匀度，单管制通过微调散热片散布率，可将散热不均匀度降低到 ±10％以下，各方面参数均符合系统要求。单根翅片式散热器经同济大学试验室精密测试，检测报告表明各项指标满足设计要求。

图 11.1-6　试验室 30m 长试验段验证性试验

（2）连接形式和专用支架的研究

　　原计划使用传统型金属软管，活接头连接采用垫片形式，但是经过分析研究认为可靠性较差，遂改为采用不锈钢硬密封面接口型金属软管，能降低金属软管活接口渗漏率，拆卸检修时，可拆卸硬密封端，从而避免了破坏金属软管的密封性（图 11.1-7）。

　　由于大楼环梁为预制不规则圆弧形，全长约 270m，环梁的圆弧度存在误差，加之环梁上预留的支架底座（耳板）同样存在上下左右偏差，要保证安装精度就必须设计新型专用支架，设计的上下、左右、前后都可以调节的新型专用支架如图 11.1-8 所示。

图 11.1-7　硬密封面接口型金属软管

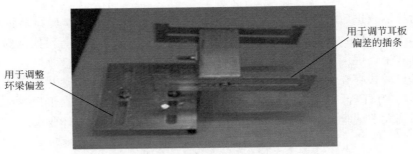

用于调节耳板
偏差的插条

用于调整
环梁偏差

图 11.1-8　适用于翅片式散热器的各方位调节支架

（3）安装方法的研究

考虑到安装时高空作业的特点，在幕墙环梁施工前，就设计好翅片安装预留支架（每隔 1m 一个），并且经业主、总承包单位协调，在工厂加工过程中焊接在环梁上（图 11.1-9），幕墙散热器托架安装时采用机械连接，与幕墙钢结构预留件紧密固定（图 11.1-10），避免了传统的焊接对钢结构应力的影响，做到现场不动火，施工方法得以改进，施工灵活方便，工期缩短，同时使施工效率大大提高。

图 11.1-9　支架安装

图 11.1-10　幕墙翅片式散热器安装

翅片式散热器系统安装难度大。翅片式散热器安装于外幕墙内侧环梁上，安装位置上下悬空 60m，且大楼外形呈旋转体，旋转度高达 120°，翅片式散热器系统进出内幕墙处（凸台）跟随大楼旋转，越往上越收缩，且位置不断变化，给施工作业带来巨大挑战。本项目制定了详细的施工流程、计划（图 11.1-11），利用幕墙单位的双层吊篮，最快达到了 3d 一层的施工速度。

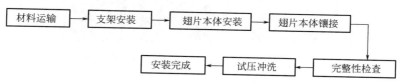

图 11.1-11　系统安装施工流程图

（4）幕墙翅片式散热器系统的调试

为了使幕墙翅片式散热器系统达到均衡的散热效果、消雾效果，这不仅需要前期大量的试验、校正和测试，也需要安装时严格控制各环节尺寸，所以尽管在产品试验和系统安装时均进行了各方面的控制，但仍会存在各方面的误差及累积误差。此外，系统的调试难度加大，例如，一旦发现渗漏或某个散热本体需调整位置，只能依靠擦窗机，因为施工吊篮已经拆除，而擦窗机不能完全到达所有末端散热体位置，可能还要用单人吊篮。在调试过程中，通过不断测量与调节每层的温度、压力、水流量等数据，以达到设计要求。

11.1.2　技术指标

《建筑工程施工质量验收统一标准》GB 50300—2013

《建筑给水排水及采暖工程施工质量验收规范》GB 50242—2002

《通风与空调工程施工质量验收规范》GB 50243—2016

《建筑机械使用安全技术规程》JGJ 33—2012

11.1.3　适用范围

适用于超高层建筑幕墙翅片式散热器的研制与安装。

11.1.4 应用工程

上海中心大厦项目。

11.1.5 应用照片

上海中心大厦项目翅片式散热器安装效果如图 11.1-12 所示。

图 11.1-12 上海中心大厦项目翅片式散热器安装效果

11.2 减振台座施工降噪技术

11.2.1 技术内容

现代超高层建筑，建筑类别多为高端写字楼或高档宾馆，对噪声较为敏感，因此在项目施工过程中对设备层大型设备的振动及噪声控制需要关注。

一般情况下，机电安装工程中水泵、空调机组等设备工作时自身产生的振动通过设备基础传递至建筑结构，又由建筑物结构本身传递到外部环境而产生噪声，影响人们的正常工作和生活。某些特殊情况下，设备与建筑物有发生共振的可能，长期运行会影响建筑结构的安全。因此，从源头切断机电设备工作产生的振动传递显得尤为重要，安装减振台座解决了机电设备运行的隔振问题，降低了机电设备运行振动对生产、生活、建筑结构安全的影响。

1. 技术特点

（1）施工效率高：通过科学的计算和合理的选型，能够实现基础的预制化。

（2）技术先进：减少了机电设备运行振动对建筑物结构的影响，较传统固定基础加隔振垫等隔振措施，其隔振效率更高。

2. 工艺原理

水泵机组减振台座是一种优化传统混凝土设备基础的方法。通过将设备基础与建筑物结构主体进行分割，使设备基础和建筑物结构之间增设多个弹簧阻尼装置来实现，当设备工作产生振动时，台座将振动传递给阻尼弹簧装置，然后通过阻尼弹簧装置的变形量来抵消设备振动，进而实现减少或者避免因设备工作振动直接传递给建筑物结构而引起外部环境噪声的效果。简而言之，这项技术通过弹簧阻尼将设备基础与建筑物结构隔离，消除设备振动对外部环境的影响。

3. 施工工艺流程及操作要点

1）施工工艺流程

减振台座施工工艺流程如图 11.2-1 所示。

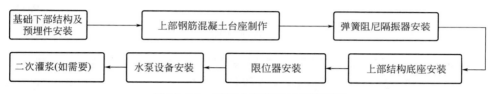

图 11.2-1　减振台座施工工艺流程图

2）操作要点

水泵减振台座主要由水泵机组、减振台座、隔振器、限位器等主要部件组成，如图 11.2-2 所示。

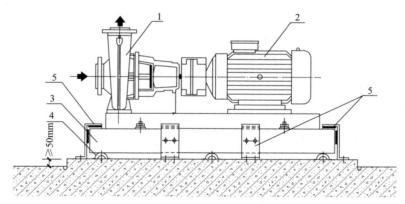

图 11.2-2　水泵减振台座组成

1—水泵；2—电动机；3—减振台座；4—隔振器；5—限位器

（1）基础下部结构及预埋件安装

① 浮筑地板施工

对于噪声控制非常严格的场所，可以在减振台座的下方增加浮筑地板施工，通过浮筑地板将台座隔振后的余振全部吸收，达到趋于 100% 的隔振效果。

施工准备：施工前认真核对设计图纸（图 11.2-3），对原结构面层进行清理，确保原结构面层清理完后表面平整且无混凝土缺陷，面层无浮尘。

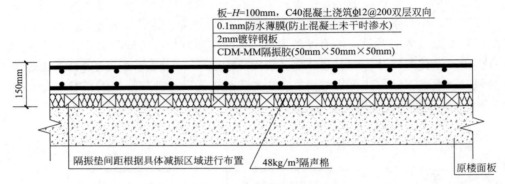

板$-H$=100mm，C40混凝土浇筑Φ12@200双层双向
0.1mm防水薄膜(防止混凝土未干时渗水)
2mm镀锌钢板
CDM-MM隔振胶(50mm×50mm×50mm)

150mm

隔振垫间距根据具体减振区域进行布置　48kg/m³隔声棉　原楼面板

图 11.2-3　浮筑地板剖面图

隔振层铺设：结构面层清理完，按照设计图纸在结构面层上铺设隔振垫，隔振垫间距可根据图纸设计进行确定。在隔振垫中间填充 48kg/m³ 的隔声棉。然后在隔振垫上方涂隔振胶，隔振胶需涂抹均匀。

保护层铺设：上述工序完成后在隔振垫上方满铺 2mm 镀锌钢板，要求镀锌钢板表面平整无卷曲，钢板间搭接长度不小于 10mm。镀锌钢板敷设完毕后在上面再铺设 0.1mm 厚防水薄膜，用于防止混凝土中的水分渗入隔振层。

浮筑基础上层地面施工：上述工序完毕后进行基础上层地面钢筋绑扎，钢筋选型及间距按照图纸设计要求进行配筋。钢筋绑扎过程中严禁破坏防水薄膜。钢筋敷设验收完毕后进行基础地面混凝土浇筑，浇筑过程中做好成品保护，严禁破坏防水薄膜。浇筑完毕后按规范进行混凝土养护，避免出现开裂等质量问题。

② 测量定位

根据图纸具体的尺寸要求，在建筑物结构基础上（或浮筑基础上）采用测量仪器将水泵基础施工控制中（轴）线、基准标高、埋件中心线等投测到对应的结构面上，并将预埋件的位置尺寸同样投测到对应结构面上，并做好精确标记。隔振器底座中心间距尺寸，必须与减振台座用于与弹簧隔振器相固定的牛腿螺栓孔间距尺寸一致，同时做好成品保护。

③ 阻尼弹簧隔振器底座预埋

根据测量的定位尺寸将弹簧隔振器底座预埋至建筑物结构板或基础相应位置。因为底座预埋钢板安装质量影响弹簧隔振器的安装精度，故在基础底座预埋施工中需要作为重点控制。在结构钢筋绑扎完毕后，按测量定位的尺寸安装弹簧隔振器底座钢板，将预埋钢板布置于钢筋顶面，调整好平面位置、标高及平整度，一般控制埋件标高误差为±3mm。尺寸核对确认无误后，将底座与刚性支撑焊接固定，避免混凝土浇筑时发生偏位。混凝土浇筑前再进行一次尺寸核对，确认无误后进行混凝土浇筑。

④ 预埋底座的成品保护

除上述增加刚性支撑防止混凝土浇筑及振捣过程中发生偏位以外，还需对预埋底座进行防护，避免混凝土污染。同时混凝土浇筑期间应派专人进行看护，防止振捣直接对预埋件产生冲击。混凝土基础浇筑完毕后还应在底座周边进行防护，避免后续其他施工对预埋成品造成破坏。

（2）上部钢筋混凝土台座制作

减振台座一般采用钢板边框钢筋混凝土台座，台座尺寸应大于水泵底尺寸至少 150mm 以上。根据《水泵隔振技术规程》CECS 59—1994 规定，减振台座的重量不小于水泵机组的总重量，一般为水泵机组总重量的 1～1.5 倍。

① 钢板边框制作

减振台座的尺寸 L、B 及 H 应根据水泵机组的具体参数按以上原则确定，然后根据具体尺寸进行加工。

钢板边框适用于需要安装牛腿的钢筋混凝土台座。钢板边框采用 Q235B 钢板折边制作。钢板边框转角处焊缝采用完全熔透对接焊，焊条采用 E43，具体形式及尺寸如图 11.2-4 及表 11.2-1 所示。

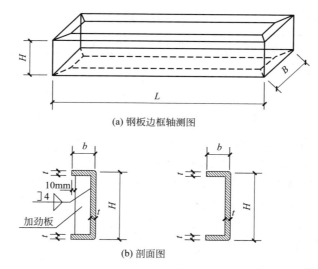

(a) 钢板边框轴测图

(b) 剖面图

图 11.2-4　钢板边框制作图

钢板边框尺寸表　　　　　　　　　　　　　　　　　　　　　表 11.2-1

H (mm)	b (mm)	t (mm)
≤200	80	4
>200	120	5

② 减振台座钢牛腿制作安装

钢牛腿是用于减振底座与阻尼弹簧减振器相连接的支撑件，也是减振台座的一部分，焊接在减振台座钢板边框外围。钢牛腿采用 Q235B 热轧普通槽钢围焊在钢板边框上。具体安装方式如图 11.2-5 所示。具体尺寸见表 11.2-2。

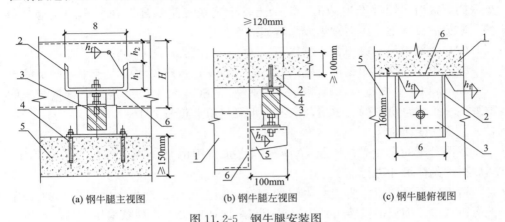

(a) 钢牛腿主视图　　　　(b) 钢牛腿左视图　　　　(c) 钢牛腿俯视图

图 11.2-5　钢牛腿安装图

1—隔振台座；2—钢牛腿；3—阻尼弹簧隔振器；4—扩底型锚栓；5—结构面；6—钢板边框

钢牛腿尺寸表　　　　　　　　　　　　　　表 11.2-2

H(mm)	h_1(mm)	h_2(mm)	B(mm)	槽钢型号	h_f(mm)
≤250	65	50	160	[16	4
>250	79	60	200	[20	5

③ 减振台座混凝土浇筑

钢板边框及钢牛腿制作完毕后，在钢板边框内按照要求进行配筋。配筋完毕后浇筑混凝土前，根据水泵机组设备安装要求进行预埋件安装。预埋件通常分为预埋钢板、预埋地脚螺栓以及预留孔洞二次灌浆等，具体情况根据设备要求。预埋件安装加固完毕后，进行台座混凝土浇筑，一般采用 C25 混凝土，混凝土浇筑应振捣密实，并按混凝土养护规程进行养护。混凝土强度达到标准后，减振台座制作完成，则具备了安装条件。

（3）弹簧阻尼隔振器安装

① 隔振计算相关公式

a. 振动传递率 T 计算公式如下：

$$T = \frac{F_T}{F_0} = \sqrt{\frac{1 + \left(2\frac{cf}{c_0 f_0}\right)^2}{\left[1 - \left(\frac{f}{f_0}\right)^2\right]^2 + \left(2\frac{cf}{c_0 f_0}\right)^2}}\qquad(11.2\text{-}1)$$

式中：T——振动传递率；

F_T——通过弹性支撑（隔振装置）传递给基础的传递力幅值；

F_0——设备本身的驱动力（或激振力）幅值；

$\dfrac{c}{c_0}$——阻尼比（阻尼系数/临界阻尼系数）；

$\dfrac{f}{f_0}$——频率比（设备的扰动频率/隔振系统的固有频率）。

b. 设备扰动频率 f 计算公式如下：

$$f = \frac{n}{60} \tag{11.2-2}$$

式中：n——设备的轴转速（r/min）。

c. 隔振系统的总荷载 G 计算公式如下：

$$G = \beta G_1 + G_2 + G_3 \tag{11.2-3}$$

式中：G——隔振系统总荷载（N）；

G_1——水泵基础的静荷载（N）；

G_2——水泵隔振台座荷载（N）；

G_3——水泵吸水管和压水管在软接头附件靠近水泵一侧的管路荷载（N）；

β——动荷载系数，可根据水泵质量大小及扰动频率大小来确定，一般情况下取值 1.2～1.5。

d. 每个隔振器总荷载 P 计算公式如下：

$$P = 1.2 \frac{G}{Z} \tag{11.2-4}$$

式中：1.2——安全系数；

G——每个隔振器的荷载（N）；

Z——台座隔振器设置的数量。

② 弹簧阻尼隔振器的选用

水泵机组减振台座安装中，隔振器作为整个装置的核心，其选用的合适与否直接关系到这个装置的隔振效果是否能够满足隔振要求。因此隔振器的选型需要根据已知条件通过上述公式进行计算。计算步骤如下：

a. 根据公式（11.2-2）求隔振系统的固有频率 f

隔振系统振动传递率 T 取水泵安装场所及设计要求中可以获得已知允许的系统传递率。GTK 型弹簧阻尼隔振器阻尼比为 0.065～0.2；GTE 弹簧阻尼隔振器阻尼比为 0.01～0.05。扰动频率 f，可根据水泵设备的铭牌及设备装箱文件中获得的轴转速计算出。最后计算出未知量隔振系统的固有频率 f_0。

b. 根据公式（11.2-3）及公式（11.2-4）求单个隔振器荷载，并进行隔振器选型。

根据计算参数 f_0 和单个隔振器总荷载 P 查隔振器参数表进行选型。参数要求满足：所选隔振器固有频率<f_0，所选隔振器额定荷载>P。验证所选型号是否满足使用要求。

c. 弹簧阻尼隔振器的安装

弹簧阻尼隔振器预埋件的建筑结构面完成后，将预埋件上的杂物清理干净，并在预埋件上精确地画出隔振器的十字定位线，以确保后续与减振底座安装时隔振器螺栓与减振台座牛腿螺栓孔相符。然后准备好安装隔振器所需要的防滑垫片、上部钢盖板、调整垫片及工具等。安装流程为：放置下部防滑垫片→安放弹簧阻尼隔振器→在弹簧隔振器上部放置调整垫片（按调整需要取舍）→放置上部防滑垫片→再次校准弹簧隔振器位置→成品保护。

准备工作完成后将防滑垫片放置到隔振器预埋钢板弹簧阻尼隔振器定位线上，然后将弹簧阻尼隔振器放于防滑垫片上，隔振器分中标记应与底座十字定位线完全重合。全部隔振器就位后利用水准仪将各隔振器统一调整至标准标高，调整标高可利用防滑垫片或隔振器自身设置。调整到位后，应对隔振器采取成品保护措施，将隔振器采用薄膜包好，保持清洁，并设置防撞隔离，避免其他工序施工时误碰。

（4）上部结构底座安装

隔振器安装就位后，将预制好的隔振台座运至相应的安装位置，利用自制龙门架及手动倒链将隔振台座起吊，起吊过程中避免台座与隔振器相互碰撞。隔振台座底边超过隔振器高度时，调整底座位置，使底座牛腿的螺栓孔与隔振器中心位置相对应。然后缓慢降落底座至隔振器上，使隔振器螺栓穿过底座牛腿螺栓孔。然后利用水平仪调整底座至水平后，拧紧固定螺栓。

（5）限位器安装

限位器安装的目的是限制水泵振动产生的水平位移，但通常该位移量较小。限位器的安装与否主要考虑用户需求和是否有抗震设防要求。

台座限位器安装图如图 11.2-6 所示。

（6）水泵设备安装

减振台座安装完毕后可根据现场进度需要进行台座上部设备安装，设备安装完毕后，对整体装置进行调平。水泵设备安装完毕后，设备单机试运行期间及负荷试运行期间可进行噪声及振动测量，噪声及振动测量合格后，无其他异常后交付验收。

11.2.2　技术指标

《声环境质量标准》GB 3096—2008

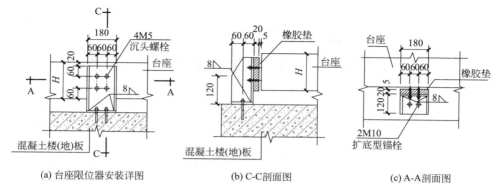

(a) 台座限位器安装详图　　　(b) C-C剖面图　　　(c) A-A剖面图

图 11.2-6　台座限位器安装图（单位：mm）

《水泵隔振技术规程》CECS 59：94

《城市区域环境振动标准》GB 10070—1988

11.2.3　适用范围

除适用于一般隔声要求的场所外，还适用于对于噪声有较高要求的（如高档酒店等相邻楼层上、下层的噪声分贝值标准要求≤35dB）场所施工。

11.2.4　应用工程

南京德基广场二期丽思·卡尔顿酒店项目。

11.2.5　应用照片

丽思·卡尔顿酒店项目减振台座安装效果如图 11.2-7 所示。

图 11.2-7　丽思·卡尔顿酒店项目减振台座安装效果

第 12 章　机电系统调试技术

12.1　变风量空调系统调试技术

12.1.1　技术内容

随着人们对空调系统节能意识的不断提高和对室内空气品质（IAQ）的逐步重视，变风量空调系统被逐步推广和普及。变风量空调系统不同于一般空调系统，调试较为复杂，涉及专业多，难以达到理想的调试效果。以上海中心大厦项目为背景工程，通过对变风量空调技术进行研究和总结，更好地实现了变风量空调系统的环境控制及节能要求。

1. 技术特点

为了保证变风量空调工程的调试质量，首先需完成风管系统的静态平衡调试，其次是配合弱电系统对空调系统进行工况的动态调试。变风量空调系统调试必须由变风量空调系统各个子系统以及其自控系统的良好配合来实现。同时，变风量空调及其自控系统的调试，必须贯穿于系统的整个调试过程及系统正式运行后相当长一段时间。

2. 施工工艺流程及操作要点

1）施工工艺流程及操作要点方式一

（1）调试前的技术准备

① 掌握变风量空调系统中各设备的操作方法。

② 了解变风量空调系统中各设备的设计参数及要求。

③ 熟悉变风量空调系统的设计图纸、设计要求以及风量、阻力、压力分布情况。

④ 列出所有需测量及调试的参数、数据及其要求。

⑤ 了解变风量空调的运行模式及自控系统的控制要求。

⑥ 维护、检查和校准所有调试仪器、仪表、工具、设备。

⑦ 研读所有必需的调试文件资料及各类测试表格。

（2）系统检查

完成各项技术准备后，就进入系统检查阶段，确保系统在调试运行之前一切都符合设计基本要求：

① 设计检查：检查变风量空调及其自控系统是否完全严格按照设计图纸及其要求配置、实施。

② 施工检查：检查变风量空调及其自控系统的空调系统、自控系统、电力系统及其各设备、各种传感器/控制器/执行器等是否完全严格按照设计图纸及其技术要求以及国家相关标准、规范施工和安装，并且均安装正确，检测合格，无异常。

（3）单机调试

上述调试准备工作完成后即可对系统中各设备、配件逐一进行单机调试：

① 变频器：确认其在整个工作范围内都调节稳定。

② 冷热水盘管：检测其冷/热量、风阻、水阻、水流量、水温差、进风干/湿球温度、送风干/湿球温度、进/出风干球温差等技术参数是否满足设计要求。

③ 空气处理机组（以下简称 AHU）及其风机：检测其风量调节范围、送风温度调节范围、冷/热量、压头（机外余压）调节范围、全压、入口静压、出口静压、噪声、功率等技术参数是否满足设计要求；检测其在整个设计工作范围内是否工作稳定（有些项目中，可能还需测试风机的风量/风压运行曲线等）；检测所配置的回风阀（混合风阀）、新风风阀、排风风阀等的风量调节及控制能力是否满足设计要求。

④ 测试、校准并修正各控制原件（各种水阀/风阀、控制器、执行器、压差开关、流量开关等）以及各种传感器（风量、温度、湿度、二氧化碳、空气质量、压差等传感器），使其都满足设计要求。

⑤ 变风量末端装置：检测其最小、最大风量设定，并进行风量校核；检查、检测风阀阀位情况、开启/关闭的运行时间，风机风量、噪声、压头、再热量，控制器各种工作模式设定及转换、控制逻辑，温控器配置及其对变风量末端的控制情况等；根据设计要求将变风量末端风量调试至设计风量及压头。

⑥ 新风机组、排风机、回风机等设备：检测其风量、出风温度、压头、噪声、功率、控制逻辑等是否满足设计要求。

⑦ 检查、检测系统中的其他设备（例如：AHU 启动柜、DDC 控制箱）及配件的运行性能并确保其符合设计要求。

（4）空调风系统的静态平衡调试

① 变风量末端装置上游风平衡调试

为了保证能够有效地进行变风量空调系统综合性能调试，需先进行不含自控系统的联合试运行。在变风量空调系统中，对于变风量末端装置上游，通过调节各支管三通处的调节阀调整各支管的风量，使各支管的送风量达到设计值或各支管的送风量比值与设计送风量比值相近，以使其达到静态平衡。

通过手动方式，将风系统中的阀门固定在"常开"位置，风机电动机的供电频率设定在 50Hz。

由于变风量系统的设备能力只占末端设备能力的 70%～90%，首先进行 80% 总风量的末端设备的试运行。

将系统末端装置风速传感器上游的一次风阀均设在同一开启角度（一般取开启 80%），支管调节阀均设在全开位置。

用微压计测试风速传感器中静压测孔的静压值。根据同一干管上末端装置的静压值大小调节支管调节阀，使同一干管上末端装置的静压值趋于一致。经反复 2～3 次，使其偏差不大于 10%，可认为末端装置上游风系统基本静压平衡。

风管系统经调整后，使 AHU 在额定余压下能使各 FPB 达到设计风量的要求。

② 变风量末端装置下游风平衡调试

根据设计要求，对变风量末端下游各风口的风量进行平衡调试（利用多出口分风箱上的手动风阀、送风口静压箱上的手动风阀或送风软管的长度/弯曲程度等手段），使同一变风量末端装置的各风口达到设计风量分配要求。

在调试过程中同时校核各变风量末端的风量，如果变风量末端的测量风量同实际风量有偏差，需加以修正。

（5）变风量空调系统联合调试

① 送风系统联合调试

从变风量空调系统的负荷计算及设计资料中，选取空调运行的几个典型时刻，利用自控系统，将系统中各区域变风量末端的风量设定为相应时刻所对应的风量，将 AHU 风量调至该时刻的系统风量，并将 AHU 的新风阀、回风阀（混合风阀）、排风阀等都调至最大或设计状态下，进行下列操作：

a. 逐一测量各区域及送风管道系统实际的风量、静压及阻力分布情况，并根据和设计情况的比较做相应调节。

b. 确定系统最大、最小送风量及相应的回风量，并确定最大、最小风量时变频器所对应的频率，建立风量及风机频率的特性曲线。

c. 对照厂家提供的送、回风机的特性曲线，建立系统在最大、最小送风量下的系统阻力曲线。

d. 绘制风管压力分布曲线，选择静压控制点位置，调整送风机转速，得到相应风量与控制点处的静压值。

e. 分别将系统以最大、最小风量运行，检查系统在各时刻运转情况下最不利环路变风量末端的风量。同时，检查各变风量末端的风阀开度，调整风机频率，使每种情况下变风量末端风阀的最大开度都在 90% 以内，并记录此时的频率及控制静压值，以便之后进行系统控制静压及运行频率的设定。

② 控制模式的调试

控制模式一般有定静压控制、变定静压控制、变静压控制、总风量控制、组合控制模式。控制模式调试是变风量空调及其自控系统联调中最重要的工作之一，直接影响该变风量空调系统的运行情况及节能效果。

a. 定静压控制模式的调试

调试工作的重点是静压控制点位置（静压传感器位置）及静压控制值的确定。静压控制点位置确定的原则是：静压控制点应设置在气流稳定的直管段上，避免设置在容易产生湍流的风管变径、三通、弯头、调节风阀、支管等位置附近，也不能设置在气流方向不确定的位置。

静压控制点位置及静压控制值可以根据送风系统各时刻的水力计算结果、系统在各时刻设计工况下的静压分布情况大致确定，然后通过调试、测试来具体确定。具体做法就是：

通过自控系统，调整风机频率和风量，使变风量空调系统运行在不同时刻设计工况下，并绘制送风管路阻力特性曲线、压力分布图等，对比各典型负荷情况下的送风管路水利计算结果。

与设计人员一起，根据各曲线图以及最不利支路（风阀开度最大的变风量末端所在支路）前端的变风量末端进/出静压、风量及风阀开度等情况，结合各典型负荷情况下的送风管路水利计算结果，确定变风量空调送风系统静压控制点的数量及各静压控制点的空间位置、静压控制值。

静压控制点位置处的静压值变化幅度应相对较小，静压值的绝对值也应相对较小，其最终值，应在实际调试过程中确定。同时，测量初步确定的静压控制点位置附近几点的送风静压值，并观察静压值的变化情况及稳定性，最终选取静压值最稳定的位置为静压控制点位置，并选取最大风量对应的最大静压值作为静压控制值。

b. 变静压控制模式的调试

变静压控制模式的调试，主要是控制逻辑的设定及调试，即控制参数的设定、变化区间的选择及对应 PID 各控制变量的选取。这需要利用变风量空调自控系统模拟各时刻逐时负荷情况及负荷变化情况，通过不断调整这些控制变量使变风量空调系统的控制尽快稳定下来，同时，应尽量降低 AHU 风机的运行频率。

c. 变定静压控制模式的调试

变定静压控制模式，实际上是变静压控制模式和定静压控制模式相结合的一种控制模式，是系统自动优化形式的定静压控制模式。在这种控制模式下，需要确定静压控制点位置及初设静压控制值，但没有定静压控制模式要求高。

这种模式的调试重点是：在系统运行过程中，根据变风量末端风阀开度来对静压控制值进行修正，并依此对 AHU 风机频率及风量进行控制。调试方法和变静压控制模式类似。

d. 总风量控制模式的调试

调试工作的重点是送风风量与 AHU 风机频率对应关系的确定。通过变风量空调自控系统模拟各时刻逐时负荷情况，设置相应区域的变风量末端装置风量并调节 AHU 风机频率，使系统运行在不同频率及风量并尽量涵盖系统最大运行风量至最小运行风量以及最大运行频率至最小运行频率的整个运行范围内，记录相应的系统送风风量及对应的 AHU 风机频率，以此建立系统风量及风机频率的特性曲线。

③ 新风系统的联合调试

足够的新风量和室内适当的正压维持都是保证室内良好空气质量必须满足的基本要求，这就要求必须很好地完成变风量空调系统的新风、回风、排风系统的调试。

新风系统的联合调试，应先将新风机组开启至最大频率运行，以满足所要调试楼层系统新风运行的基本条件。然后调节 AHU 风机频率，使 AHU 风量分别处于最大风量及最小风量，分别测试这两种情况下新风风阀（可能是定风量阀，也可能是变风量阀）的入口/出口静压及新风风量，并对比是否满足设计要求，若有偏差，应做出调整。若新风系统采用的是变风量控制形式，还应通过自控系统模拟各种新风控制工况，同时，依上述方法做相应的测试及调整。

如果新风阀在调试运行过程中阀位过大或过小，就应通过调整回风风阀（混合风阀）阀位开度及控制逻辑乃至回风风机控制逻辑的办法来调整新风阀出口静压，以使新风阀的阀位始终维持在合适的开度范围内。

分别调试好变风量空调系统的送/回/新风系统后，还应进行联动运行调试。通过自控系统模拟各种负荷情况和运行模式，测试和对比各子系统在联动运行时的运行效果是否和独立调试时一致并满足设计要求，若不满足设计要求，应进行调整，直至满足设计要求。

2）施工工艺流程及操作要点方式二

（1）施工工艺流程

VAV 空调系统的调试流程如图 12.1-1 所示。

（2）操作要点

调试时应保证最不利环路的 VAVBOX 在最大一次风量工况下运行，VAVBOX 风阀 100% 开度。

① VAV 空调系统风量平衡步骤及方法

风量平衡是变风量空调系统调试的核心，也是变风量空调系统功能实现的关键。风量平衡调试主要有以下几个步骤：

a. 基准量化设定：在风系统施工前进行水力平衡计算，对管道尺寸、走向

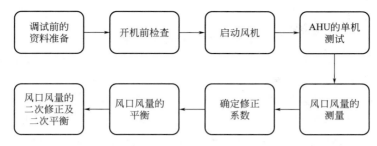

图 12.1-1 VAV 空调系统的调试流程图

进行优化，预先设定管道风量、全压及静压值，建立量化的调试基准。

b. 前期预调：对影响风量平衡、传感器测量精度，造成噪声、漏风量增加等问题进行有针对性的检查整改。

c. 设备单机调试：对调试区域 VAV 系统的空调机组、排风机进行电流、转速、风量、风压、噪声测试，如图 12.1-2、图 12.1-3 所示，确认各设备性能参数达到设计要求。

图 12.1-2 风机转速测量

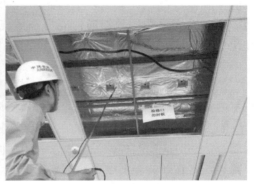

图 12.1-3 系统风量测量

d. 变风量末端风量平衡调试：调节风机的总送风量达到设计值，使系统经过平衡调整后，变风量末端装置的最大风量调试结果与设计风量的允许偏差应为 0～＋15％，总风量与设计风量的允许偏差应为－5％～＋15％。

e. VAV 系统的一次风风量二次平衡：在 VAV 空调系统的自控系统调试结束之后，要对一次风系统风量平衡的调试结果进行再次确认。检测值与实测值如果存在较大偏差，要分析原因，进行整改。

f. 系统总排风量、新风量的调试：调节各机组排风和新风装置，使排风量与新风量能够达到设计要求的最大值。

② VAV 空调系统中自控系统调试步骤和方法

a. 自控系统各基本单元单机调试：进行传感器初步校正，检测风阀、变频器能否按比例进行调节。

b. 变风量末端基本单元调试：确定末端控制器单元在系统中工作的地址，设定 VAVBOX 的设计最大、最小风量控制器单元参数，修正阀门启闭时间，对温控面板进行调校。

c. 自控系统基础点位测试：下载 DDC 程序到准备调试的控制器，人为模拟制造故障，检查故障信号能否正常返回，消除故障后，故障信号能否自动消失。

d. 新风量控制调试：调校 CO_2 传感器参数变化与新风机/阀的联动；确定过渡季全新风工况。

e. 送风量控制调试：模拟最大风量需求，校验机组控制调节。

f. 送风温度控制调试：调校 VAV 变风量空调系统与水系统的联动。

g. 房间正压控制调试：测试排风机能否与新风量同比例变化，保证室内的正压；测试当变风量系统送风量变化时，回风量能否做出相应变化，能否保证房间的正常压差。

h. VAV 控制系统整体调试：进行中央控制室对末端风量、温度的监视以及启停和设定调试；测试整个控制系统的响应速度、稳定程度，对系统信息处理能力、系统总线的数据通信能力和系统的可靠性、容错性进行整体的校核和优化。

③ 系统带负荷运行及室内参数的测定

保证空调区域达到设计的温湿度是空调系统的最终目标，为确保调试效果，在室内负荷不能达到设计值时，进行人工模拟的带载调试。

a. 室内温湿度测试：测试在空调设备及自控系统投入的情况下，房间温湿度能否达到对应的温控器设置要求；当房间温湿度改变后，空调系统能否进行相应调整，并在新的温湿度下达到平衡。

b. 各房间温湿度平衡测试：在空调水系统正常运行情况下，测试空调区域各房间温度能否达到设计参数，是否出现不同房间、不同楼层、不同系统的冷热不均现象。在部分房间负荷增大导致送风量最大仍不能满足要求时，相应空调水阀门能进行自动调节改变送风温度，同时负荷未发生变化的系统温度不受波动，仍保持稳定。

c. 带载调试：在调试时负荷未达到设计峰值时，在调试房间区域内使用加热器、加湿机、二氧化碳发生器等模拟设计负荷，测试变风量系统能否按照设计要求，进行自控调节运行（图 12.1-4）。

12.1.2 技术指标

《通风与空调工程施工质量验收规范》GB 50243—2016

《通风与空调工程施工规范》GB 50738—2011

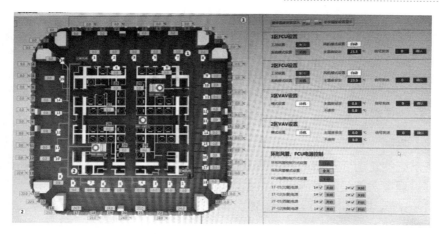

图 12.1-4　系统带载调试

12.1.3　适用范围

适用于工业与民用建筑的变风量空调系统无生产负荷联合运行的工程调试。

12.1.4　应用工程

上海中心大厦项目；农银大厦办公用房装修项目。

12.1.5　应用照片

上海中心大厦项目风口风量现场测量如图 12.1-5 所示。

图 12.1-5　上海中心大厦项目风口风量现场测量

12.2 机电系统全过程调试技术

12.2.1 技术内容

随着我国建筑市场的快速发展，建筑类型和功能的多样化成为主要特点，建筑设备系统的复杂性不断增强，同时各专业之间的耦合性也越来越紧密。在以往的调试过程中，都是基于施工项目在建设后期进入调试阶段进行的，属于"调一调、试一试"，期间出现了大量设计、施工问题导致的系统功能不完善、运行效果不理想的状况。

为了解决这些问题，机电系统全过程调试技术应运而生，通过在设计、施工、验收和运行维护阶段的全过程监督和管理，实现系统运行和控制的安全、稳定、高效、节能和可持续，避免由于设计缺陷、施工质量和设备运行问题，影响建筑系统的正常运行，甚至造成系统的重大故障。

对建筑机电设备工程的设计、施工及调试运行与维护保养的三阶段实行全过程管理控制，实现机电系统智能化运营、维护简洁、高效、节能等高品质目标。

1. 技术特点

全生命周期：不仅是在施工后期调试阶段，而是从设计、施工、交付、试运行全方位介入。全过程管理控制包括以下三个方面：

（1）设计阶段管理控制。组织各机电工程分包商和设备供应商对系统进行优化设计、对设备选型遵循节能运行的原则，即设备系统使用功能和运行管理设计与BA控制系统结合设计。设备的参数必须通过优化后的系统进行复核计算确定。

（2）施工阶段管理控制。全面管理并监督各机电分包商和设备供应商严格按照设计图施工和供货，施工质量必须符合国家验收规范和施工合同技术要求。如在施工中与其他专业（建筑、结构、装饰）发生矛盾需要改变管线规格或走向时，必须根据修改后的数据对系统设备参数进行重新复核计算，如原选型设备参数不满足要求，则应更换设备或者重新调整管线规格或走向，使得系统满足使用功能和合同验收要求。

（3）调试运行与维护保养阶段管理控制。包括机电系统调试验收管理和消防系统调试验收管理。

2. 工艺原理

（1）成立调试指挥组，项目调试工作由机电总承包项目组织各机电分包商和设备供应商进行。

（2）制定调试目标，编制调试方案，制定调试例会制度。

（3）绘制调试图纸，编制调试记录表。

（4）编制调试设备仪器清单。

（5）制定调试计划、物管运维培训计划并实施。

（6）编制调试报告、维护保养手册、机电系统节能运行方案和报告。

3. 施工工艺流程及操作要点

1）施工工艺流程

机电系统全过程调试施工工艺流程如图 12.2-1 所示。

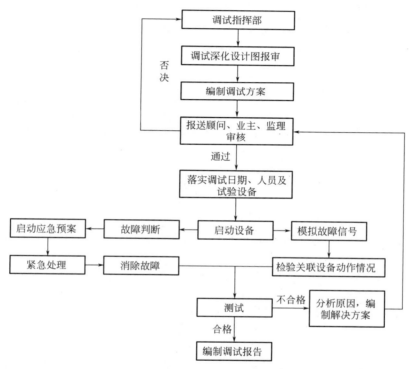

图 12.2-1　机电系统全过程调试施工工艺流程图

2）操作要点

（1）设计阶段

按要求建立调试项目团队，确认调试团队各成员的职责和工作范围；建立具体项目调试过程工作的范围和预算；指定负责完成特定设备及部件调试过程监督和抽检工作的专业人员；召开调试团队会议并记录内容；收集调试团队成员关于业主项目要求的修改意见；制定调试过程工作时间表；确保设计文件的记录和更新。

应在设计阶段完成相关调试，设备及其需要确认的参数见表 12.2-1。

设备及其参数确认表　　　　　　　　　　　表 12.2-1

序号	设备名称	需要确认的参数
1	风机	转速、风量、机外静压、机外噪声、进出口方向、风机效率
2	空调(新风)机组	转速、风量、机外静压、机外噪声、进出口方向、风机效率、冷热盘管迎面风速、冷热盘管水阻力、盘管工作压力、全热与显热负荷、热负荷、预热负荷、热转轮换热量、进出风温度、冷热水进出温度、冷凝因子
3	水泵	转速、流量、扬程、机外噪声、水泵效率、工作压力
4	板式换热器	换热面积、一、二次侧进出水温度、接口管径、水阻力、工作压力
5	冷却塔	换热量、进出水温度、流量、噪声、风机风量及风压
6	制冷机组	制冷量、冷冻(却)水进出温度、接口管径、工作压力、冷凝(蒸发)器水阻力、COP 值
7	消声器	消声量、消声器型号尺寸。 消声器分类:阻性消声器用于对高频声音进行消声处理;抗性消声器用于对中低频声音进行消声处理;阻抗复合消声器用于对含高中低频声音进行消声处理,一般用于风机出口总管段;微孔板消声器用于对可听声音进行消声处理
8	平衡阀	流量、压差范围
9	电动调节阀	流量、压差范围
10	风机盘管	风量、机外静压、机外噪声、冷热盘管水阻力、盘管工作压力、冷(热)功率、进出风温度、冷热水进出温度
11	VAVBOX	风量、进风静压、机外噪声、设备风阻力、风机动力型的机外静压、热盘管水阻力、盘管工作压力、冷(热)功率、进出风温度、热水进出温度
12	开关柜	断路器型号(空气断路器、塑壳断路器、微型断路器)、分断能力、脱扣器类型(电子脱扣器、热磁脱扣器)、脱扣器额定电流 I_n、长延时整定电流 I_r、长延时跳闸延时 T_r、短延时整定电流 I_{sd}、短延时跳闸延时 T_{sd}、瞬时整定电流 I_i、接地故障脱扣电流 I_g、接地故障脱扣延时 T_g

调试人员复查设计文件是否符合业主项目要求,应做到以下四项:

① 复查设计文件的总体设计质量,包括图纸完整性、易读性、一致性和完成程度。

② 复查电气、空调、自控等各专业之间的协调情况。

③ 复查业主项目有特殊要求的专业。

④ 复查设计详细说明书同业主项目要求及设计文件的适用性和一致性(图12.2-2)。

(2)施工阶段

该阶段调试工作主要目标是确保机电系统及部件的安装满足业主项目要求,调试工程师通过检查确保施工阶段业主项目要求中所涉及的每一项任务和测试工作的质量。

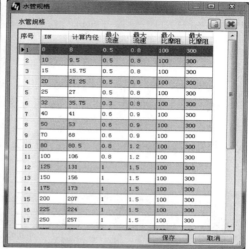

图 12.2-2　水系统水管管径复核

此阶段又可分为工厂化验收阶段、安装检查阶段、工地测试阶段。

① 工厂化验收阶段

对电气系统、空调系统、弱电智能化等系统的核心设备在出厂前进行性能验证，就测试与验证发现的问题在工厂进行整改纠正，避免或减少设备故障对现场施工的延误，是业主设备采购合同验收的重要标志。电气配电柜工厂检查如图 12.2-3 左图所示，电气设备雷电冲击试验如图 12.2-3 右图所示。

图 12.2-3　全过程调试电气系统设备工厂验收图

② 安装检查阶段

调试人员根据编制的一系列规范且严格的检查表，检查现场安装情况与设计图纸是否相符，确认现场电源条件、现场安全状况符合运行调试工作的要求。

设备的安装质量对系统的安全运行影响重大。调试人员需以质量把控的角度，对设备的安装工艺、内部的安全距离及防护措施、维护空间、巡检空间、在线维护、备品备件的更换等方面进行检查，安装检查是全过程调试的重要工作之一。

③ 工地测试阶段

该阶段调试主要工作为：协调业主代表参与调试工作并制定相应时间表、更新业主项目要求；根据现场情况，更新调试计划；组织施工前调试过程会议，制定调试过程工作时间表；确定测试方案，建立测试记录；定期召开调试过程会议；定期实施现场检查；监督施工方的现场测试工作；核查运维人员的培训情况；编制调试过程进度报告；更新机电系统管理手册。工地测试阶段调试如图12.2-4 所示。

图 12.2-4　工地测试阶段调试

（3）交付和试运行阶段

在项目基本竣工以后，开始交付和试运行。该阶段调试工作的目标是确保机电系统及部件的持续稳定运行、维护和调节及相关文件的更新。

此阶段主要工作为：协调机电总承包的质量复查工作，充分利用调试专业知识和项目经验使得返工数量和次数最小化；进行机电系统及部件的季度测试；进行机电系统运行维护人员培训；完成机电系统管理手册并持续更新；进行机电系统及部件的定期运行状况评估；召开经验总结研讨会；完成项目最终调试过程报告。

（4）分区调试与全面调试

超高层建筑一般会存在提前移交运营区，比如裙楼提前开业，或低区部分写字楼提前移交运营等，这就存在提前移交区调试与高区施工同时进行的情况，调试区与施工区同时进行时，应根据各专业系统图设计系统分段隔离图，确保施工区与调试区互不干扰。同时，机电系统也可能存在分区调试与全部调试的问题。例如，通风空调专业和电气专业分区调试流程如图12.2-5 和图 12.2-6 所示。

（5）调试控制要点

① 空调水系统实施要点

a. 水力计算准确，包括管道、管件、附件及设备的阻力损失。

b. 平衡阀及调节阀通过水力计算后选型。

c. 连接设备前必须试压冲洗合格。

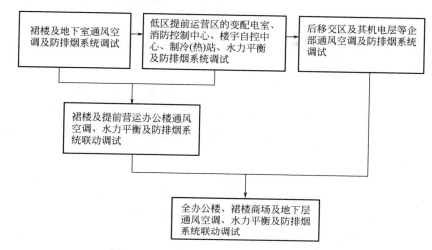

图 12.2-5　通风空调专业分区调试流程图

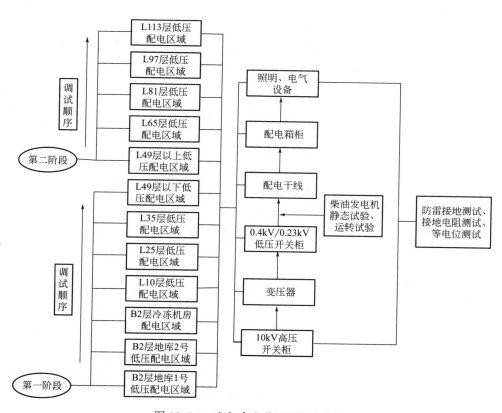

图 12.2-6　电气专业分区调试流程图

d. 水力平衡调试过程中，对每个平衡阀进行流量和压差的测试调整，使其达到设计要求。

e. 根据水泵的性能曲线调整水泵出口阀门开度，控制进出口压差和流量，使其满足设计要求。

超高层建筑物的制冷（热）机房在地下层，中高区的空调水的热传递是通过板式换热器逐级交换传递的，要保证末级空调水供水温度，必须严格保证每级空调水供水温度和供水量符合设计要求，同时保证板式换热器的一、二侧空调水温度对差、换热面积和传热系数满足设计要求。

② 风系统实施要点

a. 水力计算准确，包括风管、风管件、阀门附件及设备的阻力损失。

b. 消声器型号和安装的位置必须通过声学计算以保证系统噪声满足设计要求。

c. 合理选择风速以降低系统的阻力和噪声。

d. 风管的漏风量测试必须合格。

e. 风平衡调试过程中对每个分支管调节阀进行调整，使支管和风口风量达到设计要求。

f. 根据风机的性能曲线调整风机出口阀门开度和系统的分支阀门控制系统总风量，使其达到设计要求。

③ VAV 变风量空调系统实施要点

a. 系统的控制策略有定静压、静压重设及总风量法等运行方案。

b. 系统的送风温度采用变温控制，即在气候气温比较偏低的情况下进行空调供冷时，或者负荷稳定后室内负荷较低时可以通过改变送风温度，以保证室内温度不会出现过冷现象。因为当负荷较小时，如果送风温度偏低，尽管送风量处于最小风量，也会出现室内温度继续下降而低于室内温度设定值，从而感觉过冷的现象。为了解决这个问题，对系统送风温度进行动态区间值设定。在系统进入自动运行时，每 5min 对系统 VAVBOX 的制冷需求数量进行检测统计，以调整冷水阀的开度来调节送风温度。

c. 风管的漏风量测试必须合格。

d. 每个 VAVBOX 箱一次进风支管和二次送风支管必须安装手动调节阀，且连接 VAVBOX 箱一次进风支管的直管长度不得小于 4 倍的风管当量直径。

e. VAVBOX 箱二次送风软管长度不得大于 2m，软管应自然伸展安装，转弯角度应大于 90°，不得有瘪弯现象。

f. 每个 VAVBOX 箱的温度控制器应安装在该 VAVBOX 箱所服务的区域内，避免阳光照射和空调送风吹扫，安装高度宜在 1.2～1.5m 处；如安装在吊顶内应测量吊顶内和工作区的温差，即温控器设置温度为室内设计温度＋吊顶内和工作区的温差。

g. 每个工作区回风口的回风量与 VAVBOX 箱送风量比例符合设计要求。

h. 室内工作区的正压值一般为 5～10Pa。

④ 电气系统实施要点

a. 防雷接地和总接地装置接地电阻测试、等电位联结导通性测试合格。

b. 在送电前母线、电线电缆等绝缘电阻测试合格。

c. 在供电之前，高低压系统母排必须做耐压检测并合格，消防电源电线电缆必须采用耐火型。

d. 两节母排搭接处、电缆接头处、开关闭合触点处等搭接位置两侧的等微电阻值测试合格。

e. 供配电系统漏电（RCD）测试合格。

f. 照明装置照度测试合格。

g. 开关柜及控制柜动作测试合格。

h. 备用电源系统各项测试调试合格。

i. 主电源和备用电源的电能质量分析测试调试合格。

j. 消防强切和双电源切换测试合格。

⑤ BA 控制系统实施要点

a. 系统为最优化，控制策略及逻辑明确。

b. 传感器测量精度、感应器和执行器灵敏度满足验收要求，通信信号线路不得与强电线路在同一桥架和管内安装，线管必须采用金属管。

c. 核查设备的电源电压、频率、温度、湿度是否与实际使用要求相符。

d. 调试环境、工业卫生要求（温度、湿度、防静电、电磁干扰等），应符合设备使用说明书规定；主控设备宜设置在防静电的场所内，现场控制设备和线路敷设应避开电磁干扰源与干扰源线路垂直交叉或采取干扰措施。

e. 系统接地良好，接地电阻符合验收要求。

f. 系统点对信号传输和反馈正确。

g. 数字量和模拟量的输入输出正确。

h. 系统动作反应时间满足要求。

i. 系统软件调试及控制软件逻辑控制测试正确。

j. 系统联动动作完全正确。

⑥ 消防系统实施要点

a. 消防系统的设计和产品必须符合国家消防验收规范要求。

b. 通过深化设计及消防系统施工布置要求，完成消防系统路由及定位的最优化，使得整体消防控制系统策略逻辑更明确。

c. 探测器、感应器和执行器灵敏度满足验收要求，通信信号线路不得与强电线路在同一桥架和管内安装，线管和桥架必须进行防火处理。

d. 核查设备的电源电压、频率、温度、湿度是否与实际使用要求相符。

e. 调试环境、工业卫生要求（温度、湿度、防静电、电磁干扰等），应符合设备使用说明书规定；主控设备的设置应在专门防静电的室内，现场控制设备和线路敷设应避开电磁干扰源与干扰源线路垂直交叉或采取干扰措施。

f. 系统接地良好，接地电阻符合验收要求。

g. 系统点对信号传输和反馈正确。

h. 模块信号输入输出正确。

i. 系统动作反应时间满足要求。

j. 系统软件调试及控制软件逻辑控制测试正确。

k. 系统联动动作完全正确。

12.2.2 技术指标

《通风与空调工程施工质量验收规范》GB 50243—2016

《建筑电气工程施工质量验收规范》GB 50303—2015

《建筑给水排水及采暖工程施工质量验收规范》GB 50242—2002

《公共建筑机电系统调适技术导则》T/CECS 764—2020

《火灾自动报警系统施工及验收标准》GB 50166—2019

《智能建筑工程质量验收规范》GB 50339—2013

12.2.3 适用范围

适用于有节能减碳、舒适性的建筑功能体。

12.2.4 应用工程

深圳平安金融中心机电总承包项目；武汉绿地中心项目 A01 地块工程。

12.2.5 应用照片

深圳平安金融中心机电总承包项目全过程调试现场应用如图 12.2-7 所示。

图 12.2-7 深圳平安金融中心机电总承包项目全过程调试现场应用

12.3　基于物联网技术的闭水空调水系统运行监测及调试施工技术

12.3.1　技术内容

空调水系统是建筑物中重要的组成部分，其运行效率和稳定性直接影响到整个建筑物的舒适度和能源消耗。在空调水系统调试过程中，常规的调试方法主要依靠调试人员的技术水平以及对主机出口、末端设备进出口水系统的温度进行系统的流量调试。然而，由于现场测量条件的限制以及建筑自动化监控系统的能力不足，调节精度较低，导致很多系统存在水力不平衡的情况。

为了解决上述问题，自主研发了基于物联网技术的闭水空调水系统运行监测及调试施工技术。该技术通过在压力表、排气阀等位置安装温压一体探测器，在系统重点监控区域装配一体化探测装置，收集的信号通过 LoRa 和 GPRS 信号远程传输至物联网 WEB 端进行数据收集和存储。随后，利用流体管网系统诊断软件，直接调取物联网端口储存的数据进行对比分析，以了解系统的实时运行工况，并与系统设计工况进行对比，从而直观地发现系统运行中的问题，进一步制定更具针对性的系统调试方案，解决系统调试的问题。

采用这种技术可以有效提高空调水系统的调试效率和精度，实现系统的高效节能运行，同时也为建筑物内整体环境品质提供了保障。此外，该技术还可以实现对系统运行过程中的异常情况进行实时监测和预警，及时发现和解决问题，保障系统的稳定运行。同时，该技术还可以实现对系统运行数据的长期存储和分析，为后续的系统运行管理和维护提供基础数据支持。

综上所述，该技术的应用可以有效提高空调水系统的调试效率和精度，实现系统的高效节能运行，同时也为建筑物内整体环境品质提供了保障。采用这种技术可以帮助调试人员更快速、更准确地发现和解决问题，提高空调水系统的运行效率和稳定性，为建筑物节能减排和提高舒适度做出贡献。

1. 技术特点

超高层建筑空调水系统安装工序复杂，特别是竖向管井易造成水力不平衡，使得系统无法达到设计运行工况。

基于物联网技术的超高层闭式空调水系统运行监测及调试施工工艺，是在系统调试阶段利用基于物联网传感技术的温压一体探测器，对系统整体进行运行参数监测，然后根据设计数据利用 MATLAB 对空调水系统进行建模，分析设计工况下系统运行参数。然后利用收集的现场实测参数，采用流体管网诊断软件对比分析系统实测运行工况和原设计之间的差距，从而对比分析系统整体运行工况，制定出具有针对性的调试方案。

2. 工艺原理

本技术利用自主研发的温压一体探测器，在压力表、排气阀等位置安装，通过 LoRa 信号将所有探测器收集的实时数据上传至中继网关，然后通过中继利用 GPRS 信号，将收集的相关探测数据上传至物联网 WEB 端，通过物联网 WEB 端，即可实现对系统实时数据的在线查询和历史数据浏览。

利用 MATLAB 搭建系统设计模型，根据设计条件下模型数据，分析系统整体运行工况。

利用流体管网在线诊断软件，调取物联网 WEB 端的数据，然后与设计工况下的数据进行对比分析，形成系统运行工况的对比分析图表。

分析对比图表结果，得出系统运行工况参数存在差异的原因，从而制定更具有针对性的系统调试方案。使得系统更加节能、高效。

3. 施工工艺流程及操作要点

1）施工工艺流程

闭水空调水系统运行监测及调试施工工艺流程如图 12.3-1 所示。

图 12.3-1　闭水空调水系统运行监测及调试施工工艺流程图

2）操作要点

（1）探测器研发安装

① 探测器研发

根据目前市面上探测器的种类和功能，现有的探测器基本都是单一参数探测，无法完成利用一个探测器对温度、压力同时进行探测的功能。再者，目前现有的探测器，基本都为现场仪表盘直接显示或者利用信号线路连接至主机房，这样就需要对探测器进行供电，同时还需要布置数据线，投入成本较大。

同时考虑施工阶段施工现场无网络信号覆盖，同时地下室许多区域受结构的影响，常规的移动网络受限较大，为实现现场数据的稳定传输，根据现场实际条件，探索一种新型的数据传输模式显得尤为重要。

基于此，研发了一种温度、压力同时探测的装置（图 12.3-2），其内置锂电池，实现对探测设备的持续供电，同时还可以为 LoRa 信号发射提供电源，该电池续航时间为半年左右。

为方便安装，在探测器研发过程中，充分考虑其安装的简易型，将其压力探测端安装接口设计为压力表或排气阀设备接口规格，现场可以实现方便快捷安

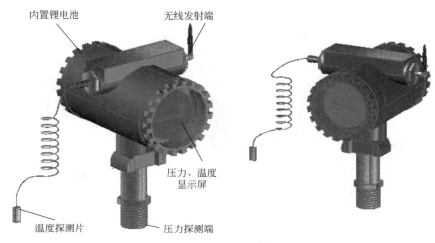

图 12.3-2　温度、压力一体探测装置

装，其探测精度可达到 0.001MPa。

温度探测端，由于接触式取样，在探测端安装的短管内易形成死水，导致温度偏差，经多次试验，使用非接触式的贴片探测方式，利用防腐性能较高的不锈钢贴片，内置温度传感元器件，利用管道与保温棉的空间，将贴片贴于管道与保温棉之间，实现对温度的实时读取。其探测精度可达到 0.1℃。

探测装置的数据读取间隔可以根据需求设定，经过现场的反复试验，最终设定为每 5min 收集一组数据，并进行上传。该状态下可更好地了解系统运行的实时状况，也可保证调试期间数据不过于庞大，而引起分析软件崩溃。

② 探测器安装

在系统调试过程中，先对系统进行整体试压和冲洗，待系统具备调试条件后，拆除系统上原有的压力表、排气阀等附属阀件，利用其安装接口将探测装置进行安装，供回水管各安装一个。探测装置安装之前应先对系统进行排气，防止排气阀拆除后管道内大量气体对探测数据造成影响（图 12.3-3）。

探测器安装完毕之后，根据 LoRa

图 12.3-3　温度、压力一体探测装置安装

信号覆盖半径，在地下室及塔楼中间部位各设置一台中继网关传输装置，该中继装置能够根据探测器 ID 号对该信号范围内所有探测器数据进行收集，然后利用内置的 SIM 卡实现数据 GPRS 信号实时传输，如图 12.3-4 所示。

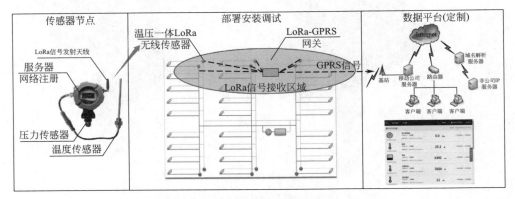

图 12.3-4　基于物联网的数据传输示意图

利用物联网 WEB 端对所有探测数据进行逐一收集，并进行存储。调试人员可以利用分配的账号直接在 WEB 端对系统实测数据进行实时读取和历史数据的调阅，见表 12.3-1。

物联网 WEB 端界面显示数据示例　　　　　　　　　　　表 12.3-1

虚拟变送器数据	温度传感器数据	42.00℃
	压力传感器数据	16.000kPa
温压一体变送器数据	1 号压力传感器数据	0.903MPa
	1 号温度传感器数据	17.23℃
	2 号压力传感器数据	0
	2 号温度传感器数据	21.24℃

由于探测装置电池续航能力的限制，其发射端的发射功率较小，LoRa 信号传输距离理论值为 300m。但由于受到结构、周围电磁波等的干扰，实测探测装置的传输距离为 150m。

（2）设计模型搭建

根据设计图纸，利用设计软件建立本项目空调水系统的 MATLAB 流体力学模型（图 12.3-5、图 12.3-6），根据搭建的模型，对整体设计进行分析，了解系统最不利环路，根据模拟结果，寻找重点探测点位，提供给探测器安装。

（3）测量数据分析

根据需求，研发一种流体管网在线诊断软件，该软件能够根据设计参数对系统设计工况下实时运行参数进行对比分析。

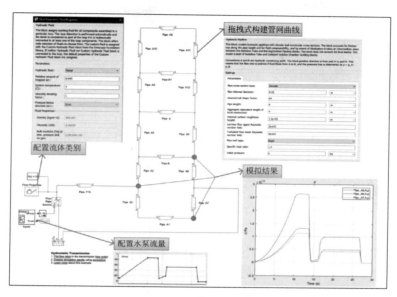

图 12.3-5 系统整体 MATLAB 模型

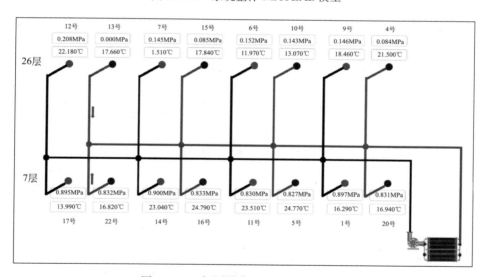

图 12.3-6 探测器分组及测量点位模型

同时该软件根据需求调取物联网 WEB 端存储的历史数据，然后对每一组供回水管的探测数据进行分析。由于探测器收集数据为每 5min 一组，而且不同的探测装置其收集数据的时间不一致，因此要利用流体管网在线诊断软件对所收集的数据进行域化处理，推算出探测器所有时刻的数据，形成完整的数据链，确保后续数据分析的可行性，见表 12.3-2。

流体管网在线诊断软件显示数据示例		表 12.3-2
手机端 APP 监控中心数据		
9 号压力传感器		0.101MPa
9 号温度传感器		14.910℃
10 号压力传感器		0.112MPa
10 号温度传感器		13.250℃
11 号压力传感器		0.002MPa
11 号温度传感器		21.680℃
12 号压力传感器		0.105MPa
12 号温度传感器		14.780℃

该软件根据实测的原始数据（图 12.3-7、图 12.3-8 最上面曲线），对数据进行域化处理，从而得到任意时刻内系统运行连续数据（图 12.3-7、图 12.3-8 中间曲线），然后根据域化处理后的连续数据，得出该时间段内供回水管进出口差值（图 12.3-7、图 12.3-8 最下面曲线）。

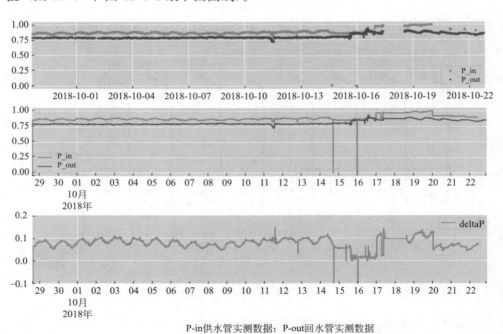

P-in供水管实测数据；P-out回水管实测数据

图 12.3-7　压力实测曲线图

利用该种方法，对每组数据按照上述方式进行处理，按照压力、温度等参数完后对相关数据的对比分析。

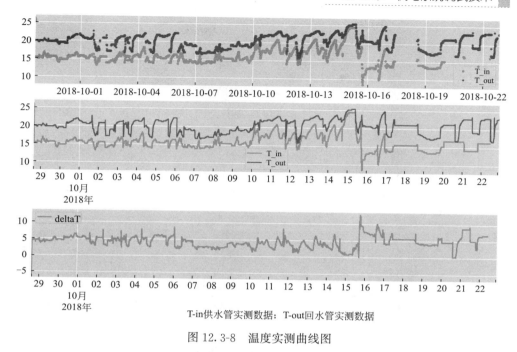

T-in供水管实测数据；T-out回水管实测数据

图 12.3-8　温度实测曲线图

（4）制定调试方案

根据压力、温度数据变化的曲线图表，分析判断系统该点供回水管可能存在的问题，根据数据曲线可直观诊断各测量点位系统是否存在问题，从而制定精确的系统调试方案。

如图 12.3-9 所示，某一测量点位供回水管进出口实测温差较大，分析其原因是阀体开度较小、流量不足，导致温差较大，室内无法达到预期设计效果。因此根据实测数据，安排专人调节阀体开度，从而使得系统达到设计要求。

12.3.2　技术指标

《通风与空调工程施工质量验收规范》GB 50243—2016

12.3.3　适用范围

适用于系统复杂的工业、民用、商业建筑的闭式空调水系统调试。特别适用于超高层建筑闭式空调水系统调试，本技术优点在于节约成本、缩短工期，提升调试效果，指导意义重大。

12.3.4　应用工程

南京青奥中心双塔楼及群房建设项目。

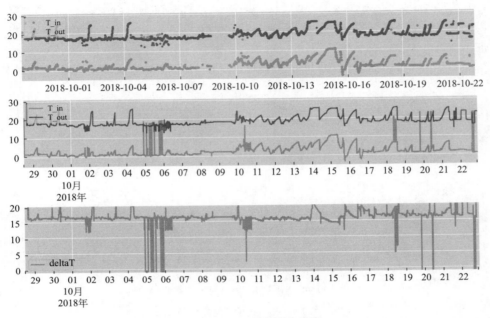

图 12.3-9　温度实测曲线图

12.3.5　应用照片

南京青奥中心双塔楼及群房建设项目蓝牙传感器与传感器及网关应用如图12.3-10、图 12.3-11 所示。

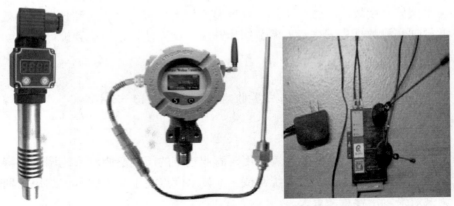

图 12.3-10　南京青奥中心　　图 12.3-11　南京青奥中心双塔楼及群房建设项目 LoRa
双塔楼及群房建设　　　　　　　　传感器及网关应用
项目蓝牙传感器应用

第13章 特色技术

13.1 超高区设备层的设备吊装技术

13.1.1 技术内容

设备和材料的垂直运输一直是超高层建筑在建设过程中应解决的难点之一，通过采用移动式平台加扁担组合的移动吊装平台方案攻克了超高层大体量设备吊装安装的难题。吊装工作主要利用塔式起重机将大型设备吊运至各楼层和设备层，在吊装前期通过 BIM 软件的分析和模拟来支撑吊装方案的设计，提高吊装的科学性和安全性。

1. 技术特点

创新采用了移动式平台加扁担组合的移动吊装平台方案，该方案攻克了超高层大体量设备吊装安装的难题。移动吊装平台的采用不但解决了超高层大体量吊装工作的难题，同时其快速平台固定及活动平板车的快速推进也减少了设备在空中逗留的时间，大大减小了意外发生的可能性。而且比起直接设备吊装来说，人可以直接站在移动式平台上操作，而非外侧完全悬空，减少了吊装人员因大意疏忽而造成的高处坠落等意外事故的发生。

2. 施工工艺流程及操作要点

1）塔式起重机的选择

根据现场实际情况，选择合适的塔式起重机。需根据项目各种重物对塔式起重机能力的要求，如大型建筑构件、最大重量的大钢模、施工机具等，最后统计塔楼主要材料的吊装量，综合计算塔式起重机吊次能否满足要求。

2）BIM 软件在吊装中的运用

超高层建筑各区域设备层内设备众多，桁架交错，因此必须根据土建施工和幕墙施工的封闭要求，事先通过 BIM 软件分析各设备层内的桁架分布（图 13.1-1），以此来规划设备层吊装预留孔位置和拖运路线，确保设备在建筑桁架封闭前就位。超高层高区设备吊装应在玻璃幕墙安装前，从设备安装就位方向直接进入。

在策划设备层设备吊装时，由于幕墙公司为了便于安装幕墙钢结构架梁，在

图 13.1-1 设备层桁架分布图

塔楼周围设置了一个可升降的大型平台，这可能与吊装设备的钢丝绳发生碰撞或摩擦，影响吊装安全。为此，专门通过深化设计做吊装 BIM 模拟解决碰撞问题，以上海中心大厦为例（图 13.1-2），扇形部分为飞船分布范围，长方形方框为设备吊装入口位置。在 2 区时，幕墙平台的外边缘处于 1 区设备层入口平台外边缘的内部，吊装设备不会受到影响。通过幕墙平台在各个区段时对设备层吊装进行工况模拟，以此确保各种工况条件下的吊装安全。

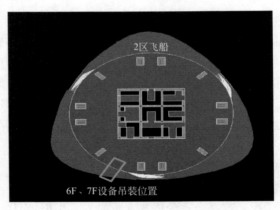

图 13.1-2 平台处在 2 区时对 1 区设备吊装的模拟

3）材料和大型设备的吊装技术

以上海中心大厦材料和大型设备的吊装为例说明，上海中心大厦 82F 能源中心聚集了大量的大型机电设备，该设备层从核心筒到楼层外立面，钢结构斜撑纵横交错，制约了机组的拖运，因此无法从一个预留吊装洞口进行所有设备的吊装和拖运。根据施工方案，6 台外形尺寸为 5705mm×2813mm×3356mm、重量为19t 的冷水机组需要利用西、北两台 M1280D 塔式起重机吊装，分别从 6 个方向吊入楼层（图 13.1-3）。

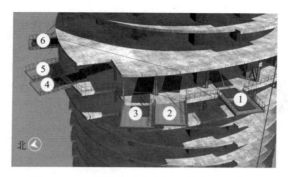

图 13.1-3　能源中心冷水机组吊装入口位置

　　最初，拟采用固定平台，平台一端搁在楼层上，另一端用钢丝绳固定在上层的钢梁上，后期分析使用该方案，需制作 6 个固定平台，经现场勘查发现，由于楼层高，平台承载力大，固定吊耳在钢梁上的焊接及钢梁的侧向受力都存在一定的问题，而且幕墙安装进度快、设备供应慢等问题均制约了该方案的实施。

　　为此，结合施工的实际情况，对初版吊装技术进行了优化。最终决定将固定平台改变成移动式平台加扁担组合的加工移动吊装平台方案，确定了两种设备和材料的吊装方法，能有效解决上述难题。

　　（1）设备吊运重心位移法。通过材料和设备吊至指定区域，楼层内采用人力或卷扬机牵拉重心的方式运至楼层内，随后通过小车进行装车后拖运至安装区域，该方法主要针对 4t 以下体型较大设备或材料，如图 13.1-4 所示。

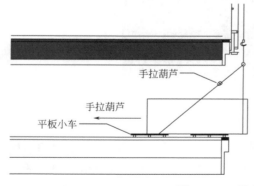

图 13.1-4　重心位移法示意图

　　（2）设备吊装移动式平台拖运法。该方案通过将移动式平台固定至吊装预留孔，塔式起重机将大型设备吊装至移动式平台上，随后工人进入移动式平台，利用小车将大型设备拖运至安装楼层内的安装区域，该方案主要运输吊装大型设备，如图 13.1-5 和图 13.1-6 所示。

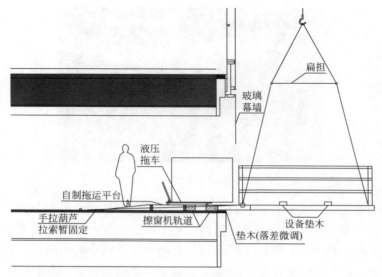

图 13.1-5　移动式平台拖运法示意图

图 13.1-6　移动式平台拖运法实际操作

4）移动式平台的制作与试验

移动式平台的制作主要由 H250 型钢和 H200 型钢拼接而成，在平台的两侧设置安全栏杆，另一侧设置可开启的安全栏杆，在其外端设有设备拖运滚杠的挡铁，平台两侧选用 SABD-I 型板式吊耳。为防止高空坠物和便于施工人员操作，在钢平台上铺设 δ＝5mm 钢板，在安全栏杆立柱上及平台上设置专门的耳板，作为固定设备防止移动的固定板。将平台改动设计后，再进一步深化设计和计算校核。

为保证移动式平台的安全可靠性，委托专业制作单位进行移动式平台的制作，并进行载重、扰度和稳定性等试验（图 13.1-7），制作完成后请检验所进行质量检验，并出具合格证。

图 13.1-7　平台的负载试验

13.1.2　技术指标

《建筑工程施工质量验收统一标准》GB 50300—2013

《建筑施工塔式起重机安装、使用、拆卸安全技术规程》JGJ 196—2010

《塔式起重机安全规程》GB 5144—2006

13.1.3　适用范围

适用于高区设备层的设备吊装。

13.1.4　应用工程

上海中心大厦项目；张江科学之门项目。

13.1.5　应用照片

上海中心大厦项目重心移位法及移动式平台拖运法实际操作应用如图 13.1-8、图 13.1-9 所示。

图 13.1-8　上海中心大厦项目重心移位法实际操作应用

图 13.1-9　上海中心大厦项目移动式平台拖运法实际操作应用

13.2　BIM 在某酒店项目的综合应用技术

13.2.1　技术内容

为提升超高层建筑的建设效率，更加直观地感受超高层建筑的建设效果，BIM 技术的引入尤为重要。本项目所介绍的 BIM 技术应用内容主要为：土建条件三维扫描技术、管井及机房综合排布与细节优化、构件库运用及设备族库信息化关联、施工管理平台应用、装配化施工、视频动画及 VR 技术等。

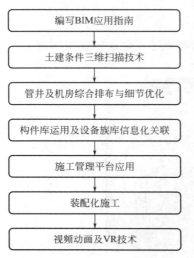

图 13.2-1　BIM 技术综合应用流程图（BIM 应用指南）

1. 技术特点

超高层建筑一向以施工难度大、技术要求高而著称。酒店项目定位奢华、机电安装空间紧凑、项目施工周期短，且超高层吊装运输等都是施工方案的难点。各项 BIM 技术及装配化施工技术的运用，在解决项目难点、缩短项目施工周期以及提升项目整体经济效益方面，都具有卓越的成效。

2. 施工工艺流程及操作要点

1）施工工艺流程

BIM 技术综合应用流程如图 13.2-1 所示。

2）操作要点

（1）编写项目建筑信息模型交付标准手册

本项目在前期策划阶段即开始编写 BIM 应用指南，明确建模标准，统一编码体系，保证 BIM 模型在整个工程全生命周期中均能协同应用。

编制内容具体如下：

① 制定该项目 BIM 标准，确定模型深度，统一模型信息、系统缩写及色彩规则等。

② 制定项目 BIM 建模流程，包括建模区域拆分、竖向管井优化、区域模型建立、机电系统优化、机电管线综合、设备阀门添加、消除碰撞、支吊架设置等环节。

③ 制定常规问题解决方案以及应急处理措施。

④ 模型日常更新维护与最终交付方向。

（2）土建条件三维扫描技术

该项目的前身嘉兴国际中港城已空置多年，其建筑结构及幕墙早在多年前已经竣工。因此本项目的机电工程只能基于现有的土建条件重新设计，无法与土建专业在设计侧沟通配合，所有的矛盾问题均在施工过程中消化与吸收。同时，由于项目竣工早，现场与建筑结构的设计图纸存在大量不一致的现象，这也为机电安装工程增加了不少难度。故在本项目中采用土建条件三维扫描技术代替使用原土建设计图纸进行 BIM 建模，以保证建筑结构模型能够正确反映现场实际情况，避免了大量机电返工。

（3）管井及机房综合排布与细节优化

在深化设计阶段，利用 BIM 技术搭建施工深化设计模型，合理布置机电空间排布，优化系统设计，解决各类碰撞，提高使用空间的合理性与舒适性。尤其对于机电管线复杂的管井与机房区域，有针对性地进行局部优化（图 13.2-2），并最终高效输出机电施工图与三维放大图，更加直观地表达了管线的排列关系（图 13.2-3），保证了现场施工的顺利进行。

（4）构件库运用及设备族库信息化关联

① 打造项目本地构件库

由现场 BIM 应用工程师根据项目机电设备样本建立项目专属的构件库，并录入机电信息参数，供项目部使用。

② 利用云端构件库

通过 Magicloud 的云端服务器搜寻匹配项目需求的支吊架族以及部分机电设备族，节约项目上的人力资源。

③ 设备族库信息化关联

设备族库信息化关联在招标阶段即可针对招标设备的每一项技术数据进行记录，为专家的技术标评定给予帮助。在安装调试阶段可针对调试阶段产生的每一项实施参数动态录入，保存设备在各状态下的运行信息。最终运营维护阶段关联

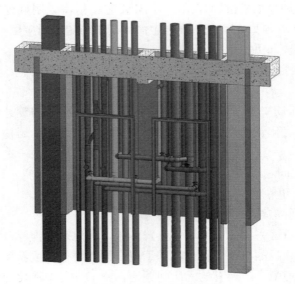

图 13.2-2　管井优化示意图

图 13.2-3　机房细节对比示意图

设计及运行参数，关联知识引擎，给出设备的实时状况，便于制定应急处理预案等。

（5）施工管理平台应用

施工管理平台为项目应用的管理软件。各家单位可于线上完成各类项目工作，如资料的汇总与传递、工程进度计划、材料质量在线验收、机电现场签证、图纸变更调整等内容，并显示与之对应的 BIM 模型、图片或参数资料，便于操作人员直观清晰地了解项目情况，提升工作效率。

管理协作方面，抛开了传统粗放化的管理模式，由项目的 BIM 技术部与公司的 BIM 技术中心同时协作，管理辅助项目的实施。施工过程中遇到问题可通过平台直接上传需求并在模型中进行注释，BIM 工程师即可通过平台查看并及时反馈。项目管理人员也可利用移动设备在线直接查看 BIM 模型及问题汇总，及时了解现场问题产生的原因并有效整改解决。项目的 BIM 技术部门每周定期在管理平台中上传最新模型版本并分享给各方，以便及时查看模型更新情况。同时对项目模型定期存档，每周保存本地存档一份，上传网盘存档一份。每月网盘文件备份一份，每季度将网盘文件刻录到光盘，确保模型文件的完整性与时效性。

（6）装配化施工技术

装配化施工也是本项目投入应用的重要一环。首先利用 BIM 模型对机电管线进行动态可视化模拟，并对机电模块单元进行合理分段优化，生成预制分段模型。然后对所有模块单元的分段进行编号，并绘制出预制模块单元分段构件细部加工段图，最后将图纸交付工厂加工。风管在工厂以流水线方式生产，以最新的工业化生产理念为指引，以自动化和信息化技术为支撑，以模块化、标准化的生产模式提高构件的产品质量，工厂化的批量预制也减少了施工现场动火所带来的安全隐患和声光污染（图 13.2-4）。在经济方面，工程化的预制模式不但减少了返工造成的材料浪费，对于加工剩余的边角料也能合理应用，大大提升了材料的使用率，节约了项目的材料成本。同时缩短了项目的施工周期，减少了人力成本。同步实现了产品质量、生产效率、经济效益的大幅度提高，从而向建筑行业的节能、减排和可持续性发展迈出重要一步。

图 13.2-4　装配化施工工厂展示图

（7）视频动画及 VR 技术

① 吊装模拟视频

吊装模拟视频可对施工中一些重要设备的安装进行模拟。由于部分构件较大，对安装精度要求较高，通过三维吊装安装模拟可以更清楚地向施工人员交底，让施工人员掌握施工过程的重点难点，提高安装效率，保证安装的质量。为保证整个吊装过程的安全，以及保证吊装过程不对吊装构件造成损害，且不对周边建筑及人员安全造成损害，对其吊装方案进行模拟，验证吊装方案的可行性及安全性，并可通过模拟对其吊装方案进行优化（图 13.2-5）。

图 13.2-5　吊装模拟视频展示图

② 漫游动画视频

漫游动画在演示的过程中详细和全面地展现了施工现场、施工部署、施工工艺重难点等细节，能够身临其境地感受到建筑环境，更直观地展示建造过程（图 13.2-6）。在施工开始前，对建筑空间和相关设备设施进行提前检查，然后进行可视化分析和审查，对维护操作进行动态模拟施工，这将能更直观、快速、准确地预判施工过程可能会出现的问题，针对性地提前部署，减小甚至避免施工过程中各种隐患造成的影响。

图 13.2-6　漫游动画视频展示图

③ VR 技术

该项目运用了 VR 技术，实现了模型信息实时查阅、模型数据实时传输以及沉浸式施工现场体验。使用者可在 VR 软件中实现测量空间净高、实时添加批注、查看管线碰撞和模拟现场漫游等功能，可以将实际项目场景进行模拟，让工作人员在虚拟场景中进行体验，且不受场地限制。不仅能够及时获取相关数据信息，同时还可进一步优化施工方案，提升施工效率。

13.2.2　技术指标

《建筑信息模型应用统一标准》GB/T 51212—2016
《建筑信息模型施工应用标准》GB/T 51235—2017
《建筑信息模型设计交付标准》GB/T 51301—2018

13.2.3　适用范围

适用于应用 BIM 技术的超高层建筑机电安装及施工。

13.2.4　应用工程

嘉兴希尔顿酒店项目。

13.2.5　应用照片

嘉兴希尔顿酒店项目模型可视化交底技术及 VR 可视化交底技术应用如图 13.2-7、图 13.2-8 所示。

图 13.2-7　嘉兴希尔顿酒店项目模型可视化交底技术应用

图 13.2-8　嘉兴希尔顿酒店项目 VR 可视化交底技术应用

13.3　超高层建筑移动式平台吊装技术

13.3.1　技术内容

常规的设备运输方案主要分为两种，第一种是将设备拆散后使用电梯人工搬运至楼层内再进行组装，此类方案耗费人力巨大并且需占用大量宝贵的施工电梯垂直运输资源，同时现场组装的设备难以达到出厂时的精度要求。第二种是通过塔式起重机、汽车起重机及卷扬机等机械设备垂直吊装至所需楼层，此类方案具有运输效率高、耗费人工少的特点，但设备吊装至当层后进入楼面则需要使用固定式吊装平台或者采用重心偏移法（又称"夺吊法"）吊装，前者如当层设备少，则经济效益不高且影响幕墙施工进度，实际施工时不具备可操作性，后者操作危险且违反部分安全规程。使用移动式平台吊装的方法，可以有效地解决上述难题，在保证吊装效率的同时，也兼顾了安全性和经济性。本节通过上海君康金融广场项目空调箱垂直运输的成功案例，阐述使用移动式吊装平台吊装机电设备的过程及其优势。

1. 技术特点

（1）可利用现场塔式起重机完成设备吊装，节约垂直运输成本的同时，可满足全楼层覆盖。

（2）合理安排后，现场可做到货到即卸，卸车即运。无须临时堆场，解决了施工现场场地紧张的问题。

（3）可满足狭窄面作业要求，对幕墙施工进度影响较小。

2. 工艺原理

1）移动式平台型材选用

移动式平台根据吊装最重设备（重量为 1200kg）拟选用 16 号槽钢 [160mm×65mm×8.5mm 制作，对平台主体进行受力校核。

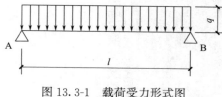

图 13.3-1　载荷受力形式图

（1）槽钢受力

钢平台上铺设了钢板，因此钢平台框的 4 根槽钢均匀分担上部受力外加平台自重，单根槽钢以受力 4kN 考虑。

（2）槽钢受力分析计算

槽钢采用简支梁计算，如图 13.3-1 所示。

① 槽钢的静力计算概况

以 4 根槽钢中最不利的，也就是最长的那根计算载荷，槽钢长 2720mm，荷载为 3.75kN。

计算模型基本参数：$L = 2.72$m

$q_k = q_g + q_q = 4 + 4 = 8$kN（均布力标准值）

$q_d = q_g × \gamma_G + q_q × \gamma_Q = 4 × 1.2 + 4 × 1.4 = 10.4$kN（均布力设计值）

② 选择受荷截面

截面类型：槽钢

截面特性：$I_x = 934\text{cm}^4$，$W_x = 117\text{cm}^3$，$S_x = 70.3\text{cm}^3$，$G = 19.7\text{kg/m}$

翼缘厚度：$t_f = 10\text{mm}$

腹板厚度：$t_w = 8.5\text{mm}$

③ 相关参数

材质：Q235

x 轴塑性发展系数 γ_x：1.05

梁的挠度控制 $[v]$：$L/250$

④ 内力计算结果

支座 A 反力：$R_A = q_d \times L/2 = 14.14\text{kN}$

支座 B 反力：$R_B = R_A = 14.14\text{kN}$

最大弯矩：$M_{max} = q_d \times L \times L/8 = 9.62\text{kN·m}$

⑤ 强度及刚度验算结果

弯曲正应力：$\sigma_{max} = M_{max}/(\gamma_x \times W_x) = 78.30\text{N/mm}^2$

A 处剪应力：$\tau_A = R_A \times S_x/(I_x \times t_w) = 12.52\text{N/mm}^2$

B 处剪应力：$\tau_B = R_B \times S_x/(I_x \times t_w) = 12.52\text{N/mm}^2$

最大挠度：$f_{max} = 5 \times q_k \times L^4/384 \times 1/(EI) = 2.96\text{mm}$

相对挠度：$v = f_{max}/L = 1/917.9$

⑥ 强度及刚度验算结果

弯曲正应力：$\sigma_{max} = 78.30\text{N/mm}^2 <$ 抗弯设计值 $f = 215\text{N/mm}^2$

支座最大剪应力：$\tau_{max} = 12.52\text{N/mm}^2 <$ 抗剪设计值 $f_v = 125\text{N/mm}^2$

跨中挠度相对值 $v = L/917.9 <$ 挠度控制值 $[v] = L/250$

经计算 16 号槽钢可满足上述受力要求。

2）移动式平台的制作

移动式平台由 16 号槽钢拼接而成，在平台三面设置了由∟40mm×40mm×3mm 角钢制作的安全护栏，平台共设置 4 处吊耳，上铺设 3mm 厚花纹钢板，平台前端设置斜坡以便于设备的拖卸（图 13.3-2）。为了便于在高空操作及出于安全的考虑，平台四周还设置了 8 处专用耳板，用于缆风绳及平台就位后的临时固定。平台完成设计后进行受力计算校核，委托专业制作单位进行平台的组装，并在地面进行载重、稳定性及抗挠测试，以确保平台的安全可靠。

3. 施工工艺流程及操作要点

1）施工工艺流程

移动式平台吊装施工工艺流程如图 13.3-3 所示。

2）操作要点

（1）移动式平台的吊具设置要点

移动式平台共设置 4 个吊点，4 个吊点上方设置平衡梁，主要为了保持平台

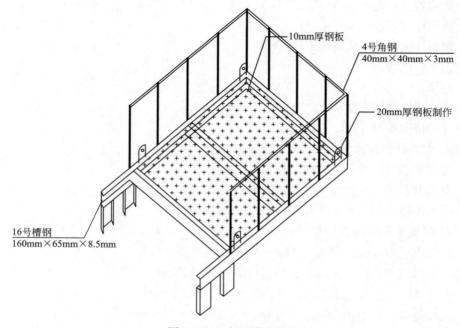

图 13.3-2　钢平台制作图

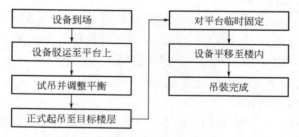

图 13.3-3　移动式平台吊装施工工艺流程图

的平衡，避免吊索损坏设备，同时平衡梁也可有效地缩短吊索的高度，避免平台靠近楼面时吊索触碰上层结构。后方 2 处吊点通过吊索与平衡梁连接，前方 2 处吊点通过手拉葫芦与平衡梁连接，手拉葫芦可调节平台平衡，并且在到达运输楼面后对平台进行精细调整，确保平台平稳地接触地面。

（2）移动式平台临时固定要点

当平台到达指定楼层后，为确保空调箱拖卸时的安全，在拖卸前需对平台进行临时固定（图 13.3-4）。

通过平台前端设置的专用耳板，用钢丝绳将平台与附近的结构柱拉紧固定。将平台后端专用耳板内的缆风绳与平台所在楼层的下一层的结构柱拉紧固定，以

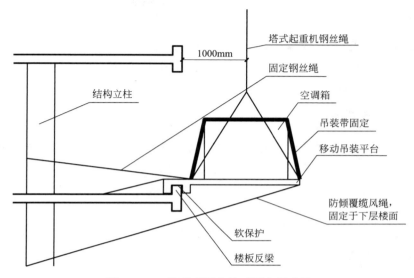

图 13.3-4　移动式平台临时固定示意图

防止平台重量卸载后塔式起重机钢丝绳回缩导致平台上弹倾覆。

3) 空调箱吊装流程

(1) 空调箱卸车与驳运

空调箱运输至现场后, 由施工现场塔式起重机直接卸车至钢平台上, 完成空调箱托盘的垫高固定后由塔式起重机直接吊装移动式平台至指定楼层, 做到卸车后立即运输, 省去中间临时堆放及驳运过程, 不但减轻了现场临时堆场的压力, 同时提高了运输效率。

(2) 空调箱的吊装

① 将空调箱放入移动式平台中, 下方放置垫木并采取防滑措施, 因钢平台前端有卸料斜坡, 重量约为 70kg, 起吊前先利用前端的手拉葫芦平衡整体平台。

② 利用塔式起重机将载有空调箱的移动式平台从地面吊装至相应楼层高度, 此时平台高度可略高于当层楼板高度, 无须与楼板保持绝对水平。

③ 楼层内吊装人员利用平台上设置的缆风绳配合塔式起重机将移动式平台前端拖拽至楼面内。

④ 利用平台前端的手动葫芦将平台前端缓慢下放, 直至平台前端的卸料斜坡与楼板完全接触。

⑤ 根据临时固定方案, 将移动式平台进行临时固定, 确保平台在卸货时的稳固。

⑥ 利用液压移动板车, 将平台上的空调箱拖卸至楼层内。

13.3.2　技术指标

《塔式起重机安全规程》GB 5144—2006
《建筑施工起重吊装工程安全技术规范》JGJ 276—2012
《热轧型钢》GB/T 706—2016

13.3.3　适用范围

适用于高层、超高层建筑的可分段空调箱或可打包固定的设备及材料的垂直运输施工。

13.3.4　应用工程

上海君康金融广场项目；上海徐家汇中心项目。

13.3.5　应用照片

上海君康金融广场项目移动式平台吊装技术应用如图 13.3-5～图 13.3-7 所示。

图 13.3-5　上海君康金融广场项目移动式平台吊装技术应用（一）

图 13.3-6　上海君康金融广场项目移动式平台吊装技术应用（二）

图 13.3-7　上海君康金融广场项目移动式平台吊装技术应用（三）

13.4　预制组合立管施工技术

13.4.1　技术内容

　　为了提高超高层建筑竖井管道施工的效率和质量，可以根据现场条件和综合布局方案，在工厂内预制管井内的立管单元节，每段长度按要求确定，然后在结构施工过程中采用预制立管工艺。预制管组通过塔式起重机及卸料平台倒运至相应楼层，再水平转运至管井位置，然后通过行车起重机完成预制立管的垂直吊装。采用此种施工工艺，避免了预制立管施工与结构施工的交叉；最大限度地缩短整体施工工期。

　　1. 技术特点

　　（1）设计施工一体化：预制组合立管从支架的设置形式，受力计算到现场的施工，都由施工单位一体化管理。

　　（2）现场作业工厂化：将在现场作业的大部分工作移到加工厂内，将预制立管等可预制组件在工厂内制造成一个个整体的组合单元管段，整体运至施工现场。

　　（3）分散作业集中化、流水化：传统的管井为单根管道施工，现场作业较为分散，作业条件差，而预制立管将现场分散的作业集中到加工厂，实现了流水化作业，不受现场条件制约，保证了施工质量；整体组合吊装，减少了高空作业次数，有效地降低了作业危险性。

　　（4）提高了立管及其他可组合预制构件的精度和质量：预制立管加工厂的加工条件、检测手段、修改的便利性均大大优于现场作业，因此组合构件的各类尺寸、形位精度、外观美观度、清洁度均高于现场施工。

2. 施工工艺流程

预制组合立管施工工艺流程如图 13.4-1 所示。

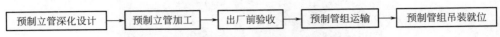

| 预制立管深化设计 | → | 预制立管加工 | → | 出厂前验收 | → | 预制管组运输 | → | 预制管组吊装就位 |

图 13.4-1　预制组合立管施工工艺流程图

3. 操作要点

1）技术要点

（1）利用 BIM 技术，完成预制立管深化设计及图纸报审。

（2）在预制立管加工厂内，利用独创的可调节固定支架、管组工作台、模具检测技术等消除组装误差，保证管组的安装精度。

（3）管组的加工过程中，要经过数次监理及质检人员的到场验收，形成质检资料，并最终制作验收标识牌固定于管组上，质量更可靠。

（4）利用二维码技术，对管组的加工、组对、验收、安装、再验收等施工过程进行全程追溯。

（5）出厂前，对管组进行 100％转立试验，避免管组运输及吊装过程中部分管道产生位移。

（6）预制管组通过塔式起重机及卸料平台倒运至相应楼层，再水平转运至管井位置，最后使用行车起重机完成预制立管的垂直吊装。

2）预制立管深化设计

利用 BIM 技术，根据管井综合排布图进行二次深化设计，绘制预制管组管井排布图（图 13.4-2），再根据预制管组管井排布图绘制零件加工图，依据零件加工图进行加工制作。

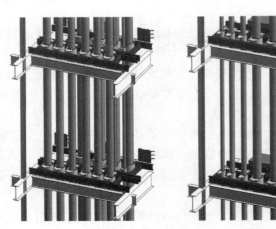

图 13.4-2　预制管组管井排布 BIM 模型图

3）预制立管加工及验收

（1）预制管组加工

① 材料准备

根据预制管组管架加工图，计算出各类管道、钢板、型钢需用总量，然后根据施工进度计划提前储备材料。

材料到工厂后，由加工制作部根据预制立管制作指导书及相应验收规范邀请监理单位对材料进行验收。

② 套管加工

套管与底板采用套装焊接，根据套管加工图对管道进行切割，管径 DN＞100mm 管道采用火焰式磁力管道切割机进行切割，管径 DN≤100mm 管道采用卧式金属带锯床进行切割。切割完成后的套管由数控端面车床进行加工，增加套管与底板接触面积，使固定更牢靠，不易变形。套管安装位置允许偏差不得超过±3mm，套管高度允许偏差不得超过±3mm。套管与底板连接细部处理如图 13.4-3 所示。

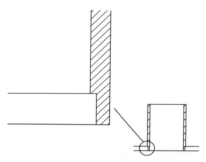

图 13.4-3　套管与底板连接
细部处理示意图

③ 型钢骨架加工

根据管架加工图，对型钢进行切割，焊接组装成型钢骨架。型钢边长允许偏差不得超过±2mm，平面度允许偏差不得超过±2mm，对角线允许偏差不得超过±3mm。

④ 板材加工

将管架底板加工图输入数控等离子切割机，自动对钢板进行切割和开洞，底板开孔与套管间隙允许偏差不得超过±2mm。底板边长、对角线之差允许偏差不得超过 3mm，切割完成后根据钢板的尺寸对型钢管架进行校核。

⑤ 加强肋加工

管架加强肋利用切割管道底板后余下的钢板进行加工，可以节约材料。将加强肋加工图输入数控等离子切割机，自动切割成型（图 13.4-4）。经过角磨机处理后准备进行下一道工序。

⑥ 预制管组管架焊接

将检查合格的管架底板及型钢骨架进行焊接，为保证材料不变形，管架内部采用断续焊焊接，管架底面采用满焊焊接，这样既保证了管架的强度，也可保证后续浇筑混凝土楼板后整体的严密性，如图 13.4-5 所示。

将加工完成后的套管与管架底板进行焊接，焊缝不小于相邻材料的厚度的

图 13.4-4　加强肋加工图

图 13.4-5　底板及型钢骨架焊接图

0.8 倍，因套管经过处理后连接处管壁较薄，套管与底板内部焊接采用断续焊。套管与管架焊接完成后进行加强肋断续焊焊接。加强肋焊接完成后，在套管端面焊接固定管道的抱卡底板。底板背面采用断续焊固定、正面满焊处理，如图 13.4-6 所示。

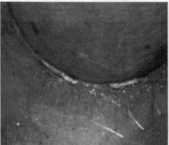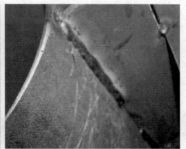

图 13.4-6　套管与底板、加强肋焊接图

⑦ 管架刷漆

管架完成后，对管架底面及套管漏出底面部分进行除锈刷漆处理，如图 13.4-7 所示。

图 13.4-7 管架刷漆

⑧ 预制管道加工

a. 管道切割

根据预制管组单元节管道加工图对不同材质管道进行切割。管径 DN＞100mm 管道采用火焰式磁力管道切割机进行切割，如图 13.4-8 所示，管径 DN≤100mm 管道采用卧式金属带锯床进行切割。切割加工允许偏差要求见表 13.4-1。

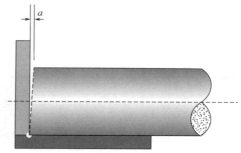

图 13.4-8 磁力管道切割及垂直度测量

切割加工允许偏差表　　　　　　　　　　　　　　　表 13.4-1

项目		允许偏差（mm）
长度		±2
切口垂直度	DN＜100mm	1
	100mm≤DN≤200mm	1.5
	DN＞200	3

b. 管道坡口

采用电动坡口机对需焊接的管道进行坡口处理，电动坡口机精度可达 1mm，保证了管道焊接的质量，如图 13.4-9 所示。

图 13.4-9　管道坡口处理

c. 管道焊接

管道下料，应将焊缝、法兰及其他连接件设置于便于检修的位置，需预留出现场后续施工位置，不宜紧贴墙壁等。开孔位置不得设在管道焊缝及其边缘处，切割后的半成品管道应按管组及系统做好标示。碳素钢和合金钢的焊接坡口及尺寸见表 13.4-2。

焊接坡口及尺寸表　　　　　　　　　表 13.4-2

序号	厚度 δ (mm)	坡口名称	坡口形式	坡口尺寸			备注
				间隙 c (mm)	钝边 p (mm)	坡口角度 α $(\beta)(°)$	
1	1～3	I 形坡口		0～1.5	—	—	单面焊
	3～6			0～2.5			双面焊
2	3～9	V 形坡口		0～2	0～2	60～65	—
	9～26			0～3	0～3	55～60	
3	3～26	插入式焊接支管坡口		1～3	0～2	45～60	—

续表

序号	厚度 δ (mm)	坡口名称	坡口形式	坡口尺寸			备注
				间隙 c (mm)	钝边 p (mm)	坡口角度 α (β)(°)	
4	—	平焊法兰与管子接头		—	—	—	$E=T$，且不大于 6mm
5	—	承插焊法兰与管子接头		1.5	—	—	

坡口允许偏差：焊缝加厚部位高于被焊部位正常表面不小于 1.6mm，也不应大于 3.18mm。

热加工坡口后，应除去坡口表面的氧化皮、熔渣及影响接头质量的表面层，并应将凹凸不平处打磨平整。

焊件组对前及焊接前应将坡口及内外侧表面不小于 20mm 范围内的杂质、污物、毛刺及镀锌层等清理干净，并不得有裂纹、夹层等缺陷，见表 13.4-3。

管道焊接预制加工尺寸允许偏差　　　　　　　　　表 13.4-3

项目		允许偏差(mm)
管道焊接组对内壁错边量		不超过壁厚的 10%，且不大于 2mm
管道对口平直度	对口处偏差距接口中心 200mm 处测量	1
	管道全长	5
法兰面与管道中心垂直度	DN＜150mm	0.5
	DN≥150mm	1.0
法兰螺栓孔对称水平度		±1.0

直管段上两对接焊口中心面间的距离，当公称尺寸大于或等于 150mm 时，不应小于 150mm；当公称尺寸小于或等于 150mm 时，不应小于管道直径，且不应小于 100mm。

管道焊缝距离支管及管接头的开口边缘不应小于 50mm，且不应小于孔径。

管道环焊缝至支吊架净距不得小于 50mm。

管道焊接完成后应对焊口部分进行处理，并保证管道内无杂物。

焊缝的超声检测应符合《承压设备无损检测 第 3 部分：超声检测》NB/T 47013.3—2015 的规定。超声检测不得低于Ⅲ级，见表 13.4-4。

管道焊接缺陷质量控制表　　　　　　　　　　表 13.4-4

缺陷种类	允许程度	修正方法
焊缝尺寸不符合标准	不允许	焊缝加强部分如不足应补焊，如过高、过宽则做修整
焊瘤	严重不允许	铲除
咬肉（咬边）	深度≤0.5mm，长度小于焊缝的全长 10%	若超过允许度，应清理后补焊
焊缝或热影响区表面有裂纹	不允许	将焊口铲除，重新焊接
焊缝表面弧坑、夹渣或气孔	不允许	铲除缺陷后补焊
管子中心线错开或弯折	不允许超过规定	修理

d. 沟槽加工

利用电动机械压槽机加工，管道牙槽预制时，应根据管道口径大小配置（调正）相应的压槽模具，同时调整好管道滚动托架的高度，保持被加工管道的水平，并与电动机械压槽机中心对直，保证管道加工时旋转平稳，确保沟槽加工质量。

e. 管道除锈

无缝钢管采用化学方式除锈，先对管道外壁尘土进行清理，然后刷化学除锈剂，静置 3h 后将化学层清理干净，涂刷防锈漆，如图 13.4-10 所示。

图 13.4-10　管道除锈

⑨ 预制管组安装

a. 管架固定

根据预制立管单元节图纸复核工字形安装平台长度，用钢卷尺测量管架间相对距离，并在工字形安装平台上画出管架定位线，利用天车将管架运输至安装工位。管架就位后利用 T 形安装工具对齐管架底面，用螺丝锁紧 T 形工具，用夹具固定 T 形工具与管架相对位置，相邻管架间距允许偏差为±5mm，保证管架在管道安装过程中无位移，如图 13.4-11 所示。

图 13.4-11 管架固定图

b. 管道安装

将自制组装工具（自制管道安装车）高度调整至管道与管架套管切面标高，利用行车将已做好除锈、刷漆工序的管道移动至组装工位，放置于管道安装车上。根据预制管组单元节图纸将管道穿入套管，待管道就位后，于管道与套管缝隙处填塞木方，以起到临时固定管道的作用，再安装对应管道的抱卡。首先安装管道下方的抱卡，安装紧固后撤出管道安装车及木方，将上方抱卡安装完成，如图 13.4-12 所示。安装完毕后对预制管组进行校核，允许偏差项目见表 13.4-5。

图 13.4-12 管道安装图

单元节装配尺寸的允许偏差　　　　　　　　　　　　表 13.4-5

项目	允许偏差（mm）
相邻管架间距	±5
管架与管道垂直度	5/1000
管道中心线定位尺寸	3

续表

项目	允许偏差(mm)
管道端头与管道框架间的距离	±5
管道间距	±5
管段全长平直度(铅垂度)	3/1000 最大 10

（2）波纹管补偿器安装

波纹补偿器在安装前应先检查其型号、规格及管道配置情况，必须符合设计要求。带内衬筒的波纹补偿器应注意使内衬筒的导流方向与介质流向一致。严禁用波纹补偿器变形的方法来调整管道的安装偏差，波纹补偿器轴线与相连的管道轴线必须对正。安装焊接过程中，不允许焊渣飞溅到波壳表面，不允许波壳受到其他机械损伤。

（3）转立、吊装试验

预制组合立管单元节装配完成后必须进行转立试验（图 13.4-13），吊装试验采用平台车装卸，吊点位于支架四角。所有预制组合立管单元节都应进行试验和全面检查。试验单元节应从平放状态吊起至垂直悬吊状态，确保部件没有变形。

图 13.4-13　转立试验

（4）工厂验收

预制立管单元节出厂前应按照《预制组合立管技术规范》GB 50682—2011、制作装配图及制作说明书要求进行出厂验收。自检合格后，请监理单位验收。预制立管单元件验收合格后，应及时填写预制管组单元节质量验收记录表。

在材料到场时组织监理单位到加工厂进行材料验收，合格后允许进厂加工。在制作加工过程中，所有焊缝进行厂内探伤试验，并根据建设单位及监理单位的要求，随机抽检焊口总数的 5％由第三方检测机构出具检测报告。工厂加工完毕并自检合格后，组织监理单位进行出厂验收，验收合格后允许出厂运输（图 13.4-14）。

验收合格后，应在单元节上做好标识，且应包括下列内容：验收合格标识；管井编号；管道系统名称；验收负责人标识；单元节编号及安装方向；验收

图 13.4-14　预制立管工厂验收

日期。

4）预制管组运输、吊装就位

（1）硬质防护与行车起重机系统

行车起重机系统平面布置：在平面上，行车起重机系统根据钢梁埋件的位置进行布置。

硬质防护与行车起重机系统组成：系统由硬质防护、轨道梁、行车起重机、系统提升装置、控制系统等部分组成，硬质防护是整个行车起重机系统提升时的支撑结构，也是行车起重机系统运行时的支撑结构。整个系统通过安装在硬质防护底层的同步卷扬机提升至设定位置后，采用高强度螺栓将支撑主梁与核心筒钢梁预埋件上的牛腿进行连接，将系统固定于核心筒墙体上，吊装完成本阶段内的构件后，系统开始下一次提升，循环往复最终完成核心筒构件的安装作业。硬质防护框架顶部采用 3mm 花纹钢板满铺，靠近墙体部位采用翻板与密封橡胶密封，从而达到安全防护的目的，如图 13.4-15 所示。

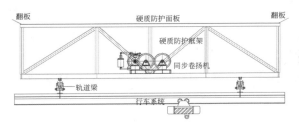

(a) 硬质防护与行车起重机系统主视图　　　　(b) 硬质防护效果图

图 13.4-15　硬质防护与行车起重机系统组成

（2）核心筒预制管组运输

外筒倒运的关键是需要一层混凝土楼板作为倒料层。结构外筒设置倒运层，倒运层设置悬挑卸料平台。预制管组通过塔式起重机吊运至倒运层卸料平台，再通过卷扬机和倒运小车等设备将构件运至核心筒内部吊装设备下部，如图 13.4-16 所示。

图 13.4-16　预制立管吊装及平面运输图

以 5 层为单元，每施工 5 层钢梁后移交土建专业浇筑楼板，土建专业需跳层施工，先完成最上一层楼板的浇筑，再依次向下浇筑楼板，而钢结构专业则利用最上一层楼板继续进行上部钢梁的施工。

卸料平台每 5 层倒运 1 次，在结构南北两侧各设置一个卸料平台，随着施工节奏逐次向上倒运。

（3）预制管组吊装

管组运输到位后开动行车起重机，控制行车梁及电动葫芦的运行，将吊钩调节至合适位置后吊装构件，四个筒内吊装方式基本一致，以左上筒为例说明吊装步骤，吊装示意如下：

预制管组设两个吊点①（距管头 1.5m 处）、②（距管头 6.5m 处），利用行车起重机配合平台车将预制管组水平运输至核心筒内搭设的连接过桥上，将吊钩分别与管组前置和后置吊点可靠连接，吊点 1 连接①，行车起重机吊钩行至跨中连接②。

吊点 1 通过手拉葫芦连接①，通过吊点 1、2 同时收绳使管组离开连接过桥后，操作行车起重机小车水平向筒内移动，如图 13.4-17 所示。

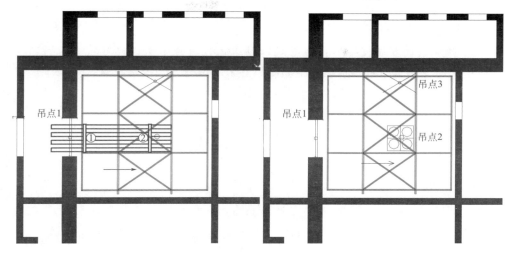

图 13.4-17　预制管组吊点示意图

待管组 3/4 进入核心筒内后，行车起重机收绳，吊点 1 手拉葫芦放绳，将管组缓慢竖立。

待管组竖直稳定后，通过行车起重机将管组移至就位后，缓慢下落至距操作平台 1.3m 处停止，起重工人在操作平台上进行调整，防止管组触碰墙壁、钢梁，在行车吊点松拉绳，操作人员进行摘钩，管组垂直下落。

（4）预制管组就位安装

① 预制管组的管架距离相应楼层结构约 1m 时停止下降，操作人员迅速将可移动支架设置安装完成。可移动支架断续焊在钢梁上，焊缝长度不小于 50～60mm，厚度不大于梁厚度的 70%，如图 13.4-18 所示。

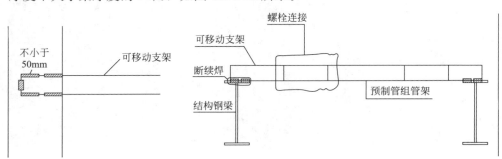

图 13.4-18　可移动支架安装示意图

② 支架安装完成后继续下降管组，根据钢结构上划好的辅助线对单元节进行调整。调整到位后，紧固连接螺栓，确认两层管架和可移动支架已经固定牢靠后，松开吊钩进行下一组单元节的吊装。管组就位后安排焊工对接管组进行焊接施工，预制管组施工完毕后，在预制管组管架密封板上层，土建专业可进行灌浆处理，符合防火要求。

③ 预制管组安装完毕后，考虑到预制管组在管井中所占尺寸较大，缝隙处不便于土建专业收口，可根据管组缝隙尺寸采用两种方式进行收口：

a. 尺寸在 10～20mm 的缝隙采用发泡海绵条封闭。

b. 尺寸在 20mm 以上的缝隙，采用镀锌铁皮进行封堵。

④ 两组管道对口焊接，完成预制管组竖向安装。

⑤ 对已完成焊口部分进行超声波探伤检查。

13.4.2 技术指标

《建筑给水排水及采暖工程施工质量验收规范》GB 50242—2022

《通风与空调工程施工规范》GB 50738—2011

13.4.3 适用范围

适用于超高层建筑机电安装及施工。

13.4.4 应用工程

北京中信大厦（中国尊）项目。

13.4.5 应用照片

北京中信大厦（中国尊）项目现场吊装应用如图 13.4-19 所示。

图 13.4-19　北京中信大厦（中国尊）项目现场吊装应用

13.5　机电安装专业基于 BIM 技术的材料计划控制

13.5.1　技术内容

台州天盛项目包括 1 栋主塔（58 层 299.8m）、3 栋办公楼、3 栋住宅楼，地下室共计 3 层，是集综合百货、高级酒店、酒店式公寓、观光和文化休闲娱乐等功能于一体的超高层多功能大型商业综合体。

借助 BIM 软件的工程量计算功能，可以准确、快速地定制材料计划，解决传统模式对材料计划把控不精准带来的各类问题。本节以台州某超高层写字楼为例，总结、归纳基于 BIM 技术精准编制的机电材料及管配件计划，这种计划控制提高了施工质量，也节约了施工成本。

1. 技术特点

（1）精确：利用 BIM 模型优化管线综合，模拟现场施工实况，使得材料计划定制准确。

（2）快速：以 BIM 模型为基础，使用软件各项功能，使得工程量计算迅速、导出便捷。

（3）清晰：各类管线材料、工程构配件统计清晰、分类明确。

2. 工艺原理

1）BIM 技术理论基础

BIM 技术的核心是通过建立虚拟的建筑工程三维模型，利用数字化技术，为这个模型提供完整的、与实际情况一致的建筑工程信息库。该信息库不仅包含描述建筑物构件的几何信息、专业属性及状态信息，还包含了非构件对象（如空间、运动行为）的状态信息。借助这个包含建筑工程信息的三维模型，大大提高了建筑工程的信息集成化程度，从而为建筑工程项目的相关利益方提供了一个工程信息交换和共享的平台。

2）结合机电施工特点的 BIM 技术实施原理

（1）BIM 建模及管线综合：使用 Revit 等 BIM 建模软件或使用 BIM 建模插件快速完成大体管线的翻模工作；结合现场实际，进行管线精细化调整。根据不同项目的不同要求，使模型精度达到本项目要求标准，一般不低于 LOD 300 级别。

（2）样板引路：选取某处具有代表性的部位作为样板，来确定管线深化设计思路。在样板层深化设计过程中及时与甲方设计人员沟通，确认好整体思路后，再进行每层的深化设计。另外，超高层建筑存在多个相同楼层，采用样板引路制度，根据样板层深化设计结果，可进行先行施工，用以验证材料计划编制是否准确。

（3）机电材料计划精准编制：利用 Revit 软件工程量计算功能，分部位、分材质、分规格，计算出材料用量。软件导出的机电材料包括各类型管道长度、各类型配件含量，可以细致到某楼层具体材料用量，分类清晰。结合公司材料计划格式，精准编制上报材料计划。

（4）材料配送：细化后的材料计划可根据楼层、部位提交给材料供应商，要求供应商将机电材料（包括管配件）全部按照楼层进行打包配送，装车时在包装上写好相应的楼层号。配件到场后，直接按照楼层进行运输。在施工过程中如发现配件不对或者缺少等情况应及时反馈，不得去其他楼层拿取或者采用其他配件代用，这样就避免了管件错用、乱用的问题发生。

（5）装配化施工：对于超高层项目，借助 BIM 技术对竖井主管段等部位进行深化设计，导出精准材料计划。采用工厂预制＋物资运输＋现场管组拼装的形式进行施工，提高了施工效率，降低了材料损耗率。

3. 施工工艺流程及操作要点

1）施工工艺流程

基于 BIM 技术的材料计划控制施工工艺流程如图 13.5-1 所示。

图 13.5-1　基于 BIM 技术的材料计划控制施工工艺流程图

2）操作要点

（1）BIM 精细化建模及模型综合调整：使用 BIM 技术进行精准材料计划编制，以不低于 LOD 300 的建模精度进行模型搭建，再根据现场情况及业主要求，进行模型调整，达到能够落实到现场施工的程度。

（2）样板引路：与甲方和设计单位进行多种方案的对比，确认最终方案，在满足功能的同时也能满足甲方对楼层净高的要求，为大面积开展深化设计及现场作业提供实施依据。

（3）材料计划编制与材料计划总量控制：使用 Revit 软件的工程量导出功能，编制物资需用计划。对于不同楼层或部位的材料可以分别导出，并同时给分包单位提供每层的材料用量，如图 13.5-2 所示。根据项目 BIM 模型，可以统计出整个项目的材料总用量，作为过程材料使用的总控台账。在项目实施过程中，对各类材料的进场数量定期盘点，避免出现超量浪费情况。

（4）精细化出图及材料使用控制：原设计图纸为平面设计，虽然不同班组的工作内容相同，但会出现使用配件的连接方式和用量不同。本项目对复杂区域或样板区域的管线规格及管配件进行了精准标注（图 13.5-3），做好施工安全技术

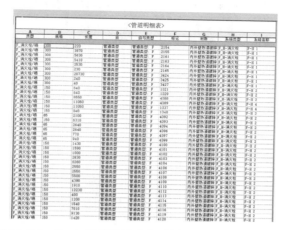

图 13.5-2　Revit 材料统计功能示例——管道用量统计表

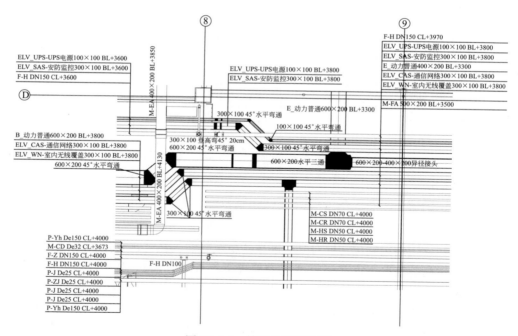

图 13.5-3　精细化出图示例

交底，施工人员应严格按照规定的管件组合方式进行连接，不仅达到了控制管配件用量的目的，也能有效地控制质量和美观。

（5）材料分拣定位：不同楼层、不同部位的材料用量统计出来后，可与材料供货商沟通，按照楼层配件需求进行打包配送；或材料整体打包配送至现场，卸货后根据计划分类直接进行分拣、运输至指定楼层，见表 13.5-1。

材料部位明确示例——50～57 层丝扣管件分类计划表　　表 13.5-1

材料名称	规格型号	50 层	51 层	52 层	53～57 层	共计
镀锌异径丝扣三通	DN80×32mm	1	1	1	1	8
镀锌异径丝扣三通	DN65×50mm	2	2	2	2	16
镀锌异径丝扣三通	DN65×40mm	1	1	1	1	8
镀锌异径丝扣三通	DN65×32mm	1	1	1	1	8
镀锌异径丝扣三通	DN65×25mm	2		2	2	16
镀锌异径丝扣三通	DN50×25mm	2		2	2	16
镀锌异径丝扣三通	DN32×25mm	45	45	45	46	365
镀锌丝扣三通	DN50	2	2	2	2	16
镀锌丝扣三通	DN32	2	2	2	3	21
镀锌丝扣三通	DN25	10	10	10	10	80
镀锌丝扣弯头 90°	DN80	6	6	6	6	48
镀锌丝扣弯头 90°	DN65	9	9	9	10	77
镀锌丝扣弯头 90°	DN50	17	17	16	16	130
镀锌丝扣弯头 90°	DN40	20	20	20	20	160
镀锌丝扣弯头 90°	DN32	43	43	43	45	354
镀锌丝扣弯头 90°	DN25	303	303	297	308	2443
镀锌丝扣弯头 45°	DN50	1	1	1	1	8
镀锌丝扣弯头 45°	DN40	1	1	1	1	8
镀锌丝扣弯头 45°	DN32	1	1	1	1	8

（6）异形配件定制化：针对复杂区域的机电管线，在常规管配件不能满足管道布设或标高的情况下，在满足规范的前提下，可考虑通过 BIM 模型绘制非标配件（图 13.5-4），交由厂家生产。以本项目桥架为例：根据 BIM 深化设计结果，确定电缆桥架成品三通样式及尺寸，要求厂家按照尺寸把桥架三通加工好并配送至工地现场（图 13.5-5），项目部对施工班组进行交底，直接安装使用，避免了施工班组现场自制加工导致费时、观感质量不佳的问题。

（7）管段预制化：根据 BIM 模型优化结果，建立管井内管道的 BIM 模型，依据管线排布原则，结合现场实际情况，进行管井内管线的排布和出管井位置管线走向的优化。结合施工工艺，将法兰连接的管道进行拆分，确定法兰位置及构件的尺寸，对构件进行编号统计（图 13.5-6），绘制加工图（图 13.5-7）；将二次镀锌安装转化为一次加工成型、一次安装，管道与法兰焊接在厂家预制完成后进

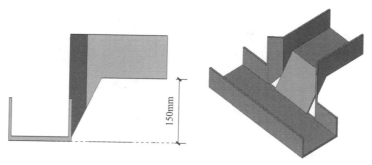

图 13.5-4 成品桥架三通 BIM 模型图

图 13.5-5 厂家按照 BIM 图纸尺寸定制加工进场的桥架三通

行,整体镀锌完成后运至现场进行安装;BIM 模型保证了安装位置的准确度,法兰焊接后与管道一并镀锌确保了施工质量,节省了二次安装的施工费用,规避了拆除时的风险。

13.5.2 技术指标

《建筑工程设计信息模型制图标准》JGJ/T 448—2018

《建筑信息模型施工应用标准》GB/T 51235—2017

《建筑信息模型应用统一标准》GB/T 51212—2016

《建筑信息模型分类和编码标准》GB/T 51269—2017

13.5.3 适用范围

适用于所有建筑安装工程项目的机电安装材料计划控制,尤其适用于具有多层标准层、大型地下室及商业、办公用房的复杂型建筑。

序号	管道规格	平焊法兰 等级	平焊法兰 数量(个)	构件编号	构件长度(mm)	构件总计数	平焊法兰 等级	平焊法兰 数量(个)	构件加工图	安装部位	备注
		管井管道加工(含法兰焊接)统计表									
1	D273	4.0MPa	2	GG-1-10	6000	1	4.0MPa	2	GG-10	1XL-GG-1 10层	1号楼
2	D273	4.0MPa	2	GG-1-(11~21)	4200	11	4.0MPa	22	GG-11	1XL-GG-1 11~21层	1号楼
3	D273	4.0MPa	2	GG-1-22	见构件图GG-22	1	4.0MPa	2	GG-22	1XL-GG-1 22层	1号楼
4	D273	4.0MPa	2	GG-1-23	见构件图GG-23	1	4.0MPa	2	GG-23	1XL-GG-1 23层	1号楼
5	D273	4.0MPa	2	GG-1-(24~31)/33	4200	9	4.0MPa	18	GG-11	1XL-GG-1 24~31层/33层	1号楼
6	D273	4.0MPa	2	GG-1-(32)	6000	1	4.0MPa	2	GG-10	1XL-GG-1 32层	1号楼
7	D273	4.0MPa	1	GG-1-(34)	见构件图GG-34	1	4.0MPa	1	GG-34	1XL-GG-1 34层	1号楼
		2.5MPa	1				2.5MPa	1			
8	D273	2.5MPa	2	GG-1-(35~46)	3900	12	2.5MPa	24	GG-35	GG-1 (35~46)层	1号楼
9	D273	2.5MPa	2	GG-1-47	见构件图GG-47	1	2.5MPa	2	GG-47	GG-1-47层	1号楼
10	D273	2.5MPa	2	GG-1-(48~59)	4200	12	2.5MPa	24	GG-48	GG-1 (48~59)层	1号楼
11	D273	2.5MPa	1	GG-1-60	4200	1	2.5MPa	1	GG-60	GG-1 60层	1号楼
		1.6MPa	1				1.6MPa	1			
12	D273	1.6MPa	2	GG-1-61	4200	1	1.6MPa	2	GG-61	GG-1-61层	1号楼
13	D273	4.0MPa	2	GG-2-10	6000	1	4.0MPa	2	GG-10	1XL-GG-2 10层	1号楼
14	D273	4.0MPa	2	GG-2-(11~21)	4200	11	4.0MPa	22	GG-11	1XL-GG-2 11~21层	1号楼
15	D273	4.0MPa	2	GG-2-22	见构件图GG-22	1	4.0MPa	2	GG-22	1XL-GG-2 22层	1号楼
16	D273	4.0MPa	2	GG-2-23	见构件图GG-23	1	4.0MPa	2	GG-23	1XL-GG-2 23层	1号楼
17	D273	4.0MPa	2	GG-2-(24~31)/33	4200	9	4.0MPa	18	GG-11	1XL-GG-2 24~31层/33层	1号楼
18	D273	4.0MPa	2	GG-2-(32)	6000	1	4.0MPa	2	GG-10	1XL-GG-2 32层	1号楼
19	D273	4.0MPa	1	GG-2-(34)	见构件图GG-34	1	4.0MPa	1	GG-34	1XL-GG-2 34层	1号楼
		2.5MPa	1				2.5MPa	1			1号楼
20	D273	2.5MPa	2	GG-2-(35~46)	3900	12	2.5MPa	24	GG-35	GG-2-(35~46)层	1号楼
21	D273	2.5MPa	2	GG-2-47	见构件图GG-47	1	2.5MPa	2	GG-47	GG-2-47层	1号楼
22	D273	2.5MPa	2	GG-2-(48~59)	4200	12	2.5MPa	24	GG-48	GG-2-(48~59)层	1号楼
23	D273	2.5MPa	1	GG-2-60	4200	1	2.5MPa	1	GG-60	GG-2 60层	1号楼
		1.6MPa	1				1.6MPa	1			1号楼
24	D273	1.6MPa	2	GG-2-61	4200	1	1.6MPa	2	GG-61	GG-2-61层	1号楼
25	D219	1.6MPa	2	SL3-1-(48~61)	4200	14	1.6MPa	28	SL3	SL3-1-(48~61)层	1号楼
26	D219	2.5MPa	2	SL2-1-(23~31)/33	4200	10	2.5MPa	20	SL2-1	SL2-1-(23~31)/33层	1号楼
27	D219	2.5MPa	2	SL2-1-(32/34)	6000	2	2.5MPa	4	SL2-1	SL2-1-(32/34)层	1号楼
28	D219	2.5MPa	2	SL2-1-(35~46)	3900	12	2.5MPa	24	SL2-1	SL2-1-(35~46)层	1号楼
29	D219	2.5MPa	2	SL1-1-(-1)	6900	1	2.5MPa	2	SL1-1	SL1-1-(-1)层	1号楼
30	D219	2.5MPa	2	SL1-1-(1~9)	5400	9	2.5MPa	18	SL1-2	SL1-1-(1~9)层	1号楼
31	D219	2.5MPa	2	SL1-1-10	6000	1	2.5MPa	2	SL1-3	SL1-1-10层	1号楼
32	D219	2.5MPa	2	SL1-1-(11~21)	4200	11	2.5MPa	22	SL1-4	SL1-1-(11~21)层	1号楼

图 13.5-6　管径内管段拆分材料明细表

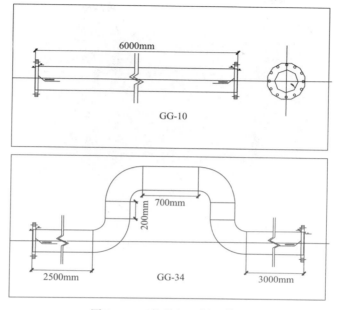

图 13.5-7　构件加工侧面简图

13.5.4　应用工程

南京德基广场 A 楼安装项目。

13.5.5　应用照片

南京德基广场 A 楼安装项目 BIM 策划落地的桥架定尺三通及弯头效果及工件预制完成效果如图 13.5-8、图 13.5-9 所示。

图 13.5-8　南京德基广场 A 楼安装项目 BIM 策划落地的桥架定尺三通及弯头效果

图 13.5-9　南京德基广场 A 楼安装项目工件预制完成效果

13.6　基于 BIM 的深化设计技术

13.6.1　技术内容

超高层建筑因需设置避难层和机电设备层，导致系统转换多、设计复杂。以某项目为例，空调系统总冷负荷 12910 冷吨，包含三种冷源、九个供冷分区，最高分区经过三次换热转输；电气工程有三个大供电分区、15 个 0.4kV 供电分区。另外，超高层建筑机电系统功能需由多个专业配合实现。这些特征决定了超高层建筑深化设计的重点在于多系统配合的综合协调和专业系统的功能实现。

随着 BIM 在建筑工程中的推广，其在机电深化设计中的作用也日益显著。通过 BIM 技术应用，进行三维可视化建模和综合排布，提高了深化设计的质量。

1. 技术特点

采用基于 BIM 的深化设计技术，一方面可完成各专业之间的配合协调，比如采用 BIM 方式控制标高要求、对平面管线进行管道的综合管线排布、综合支架的设置、机房和管井内设备及管道的布置、机电各系统之间的接口匹配、机电与土建预留预埋的协调、机电风口灯具等与装饰点位配合的协调等。另一方面可完成各专业的系统性功能设计，比如系统功能参数与设备选型的优化、空调水系统水力平衡深化设计、VAV 系统深化设计、隔振降噪深化设计等。最终保证深化设计成果的质量，需达到指导现场施工、指导预制加工、现场装配施工的标准。

2. 工艺原理

大体量的 BIM 模型，对计算机硬件提出了较高的要求，因此本项目建立了基于局域网内的私有云平台。私有云平台相对于公有云而言，是搭建一个局域网的共享平台，适用于工作小组的协同作业和快速沟通，可实现多人同事在唯一模型下进行协同作业。该私有云平台，一是应用计算机云存储技术和欧特克的 Vault 平台相结合，实现了超高层建筑施工过程中数据高效安全的存储与流转；二是应用计算机云计算技术、HPRGS（远程图形控制软件）以及 Autodesk Revit 的协同作业技术，在降低硬件投入的同时实现了多人协同作业的目的。主要使用了 Auto CAD、Autodesk Revit、Navisworks Manage、Autodesk Inventor、Autodesk 3ds Max 等软件，通过桌面端分布方式，主机介入研发局域网或介入外部 Internet 进行部署（图 13.6-1）。

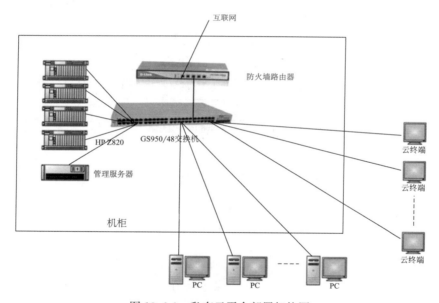

图 13.6-1　私有云平台部署架构图

3. 施工工艺流程及操作要点

1）施工工艺流程

基于 BIM 的深化设计应贯彻 BIM 实施贯穿全过程，其基本流程如图 13.6-2 所示。

2）操作要点

各专业均采用 BIM 建模（图 13.6-3～图 13.6-5），然后在私有云平台进行合模，开展综合排布工作，减少了模型内管线碰撞的情况，使模型细度达到 LOD 350 标准（表 13.6-1），然后导出施工图，满足现场施工要求。

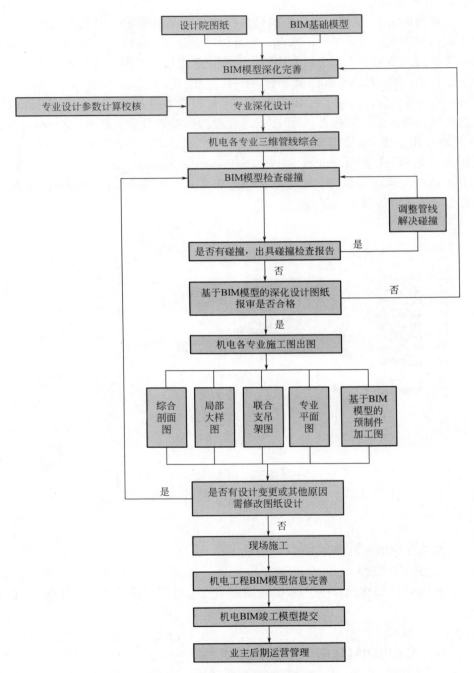

图 13.6-2　基于 BIM 的深化设计流程

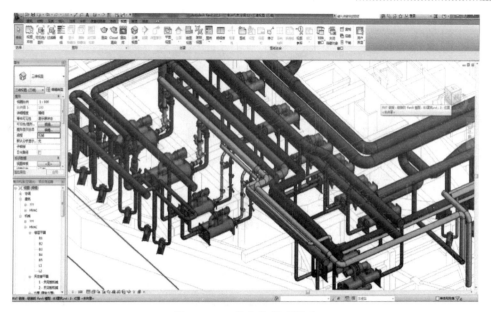

图 13.6-3　机房全模型搭建

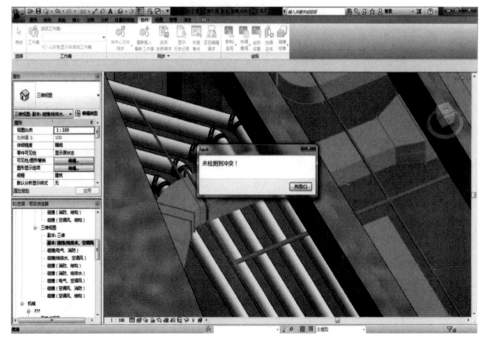

图 13.6-4　碰撞检查

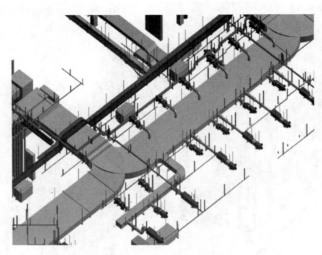

图 13.6-5　支吊架布设

BIM 模型精度 LOD 350 标准　　　　　　　　　　表 13.6-1

组成	标准
水管道、风管道	几何信息(按照系统绘制支管线,管线有准确的标高、管径尺寸,添加保温); 技术信息(材料和材质信息、技术参数等)
母线桥架线槽	几何信息(具体路由、尺寸标高、支吊架安装); 技术信息(所属的系统)
管件	几何信息(绘制支管线上的管件); 技术信息(材料和材质信息、技术参数等); 产品信息(供应商、产品合格证、生产厂家、生产日期、价格等)
阀门	几何信息(按阀门的分类绘制); 技术信息(材料和材质信息、技术参数等); 产品信息(供应商、产品合格证、生产厂家、生产日期、价格等)
附件	几何信息(按类别绘制); 技术信息(材料和材质信息、技术参数等); 产品信息(供应商、产品合格证、生产厂家、生产日期、价格等)
仪表	几何信息(按类别绘制); 技术信息(材料和材质信息、技术参数等); 产品信息(供应商、产品合格证、生产厂家、生产日期、价格等)
卫生器具	几何信息(具体的类别形状及尺寸); 技术信息(材料和材质信息、技术参数等); 产品信息(供应商、产品合格证、生产厂家、生产日期、价格等)

组成	标准
设备	几何信息(具体的形状及尺寸); 技术信息(材料和材质信息、技术参数等); 产品信息(供应商、产品合格证、生产厂商、生产日期、价格等)
末端	几何信息(具体的外形尺寸,添加连接件); 技术信息(材料和材质信息、技术参数等); 产品信息(供应商、产品合格证、生产厂家、生产日期、价格等)

　　基于 BIM 的深化设计技术，主要解决综合协调类深化设计图，其基本要求见表 13.6-2。

综合协调类图纸深化设计基本要求　　　　　　表 13.6-2

分类	要求
机电综合管线图	协调各专业的管线布置及标高在满足系统功能的前提下满足净高要求,保证管道无碰撞、综合布置、层次清晰
综合预留预埋图	在综合机电平面图完成获批后调整各专业的预埋管线和预留孔洞、套管。重点标注预留预埋的定位尺寸
机电土建配合图	显示机电管线穿越二次砌筑墙体的预留孔洞、预埋套管。显示对管井墙体砌筑的要求
机房深化设计综合图	对机房内管线、设备、设备附件布置综合考虑,保证施工便利、维修便捷、布局美观
管井综合图	管线的排布要充分考虑管井内阀门等配件的安装空间和操作空间,预留管井的维修操作空间,保证管线的完整性
综合点位图	配合精装修提供综合性各机电专业末端点位位置,以配合装修施工

13.6.2　技术指标

　　《建筑信息模型应用统一标准》GB/T 51212—2016
　　《建筑信息模型施工应用标准》GB/T 51235—2017

13.6.3　适用范围

　　适用于大型、机电系统全面、管线复杂的项目。

13.6.4　应用工程

　　深圳平安金融中心项目；武汉绿地中心项目。

13.6.5　应用照片

深圳平安金融中心项目 BIM 深化设计应用如图 13.6-6 所示。

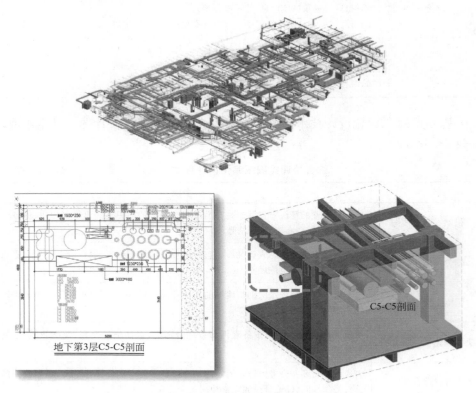

图 13.6-6　深圳平安金融中心项目 BIM 深化设计应用

13.7　超高层建筑设备移动吊笼吊装技术

13.7.1　技术内容

在超高层综合体建设中，垂直运输、高危作业以及吊装工作是重中之重，而且具有多项挑战。为了有效解决这些问题，本节将探讨定制移动吊笼的吊装技术在超高层建筑设备安装中的应用。通过深入研究和分析，探讨该技术的优势和实用性，以期为超高层建筑设备安装提供可靠的解决方案。

1. 技术特点

垂直运输是限制超高层建筑施工安全和进度的主要因素之一，尤其是对于

600m 级超高层建筑，如何保证材料及设备有组织地运输至施工区域，是项目生产策划的重点。在生产实践中，我们采取了综合性移动吊笼的方法，即针对不同材料特点，定制吊笼，将材料打包吊运，有效提升塔式起重机的利用效率，提高综合垂直运输效率。定制的机电零星配件、风管吊运用吊笼如图 13.7-1 所示。

图 13.7-1　吊笼

对于 600m 级超高层建筑，机电设备层多，其中有变压器、水泵、冷水机组、空调机组、板式换热器等众多机电设备，吊装高度高，垂直运输难度大。大型机电设备的垂直运输已经成为制约机电施工质量及效率的关键因素之一。

2. 工艺原理

塔式起重机结合卸料平台作为一种常见的垂直运输方式被广泛应用，然而目前施工现场土建单位所搭设的卸料平台承载能力仅为 3～5t，而很多大型机电设备重量达 10t 左右，因此使用施工现场已有的卸料平台无法满足运输需求。对于超重量的大型设备，专门搭设超重卸料平台，而且针对不同楼层设备运输，需搭设拆卸多次，导致施工效率较低。

针对超高层建筑机电设备体量较大的特点，提出了一种采用移动吊笼进行设备吊装的方法，该方法仅需一次制作设备吊装用特制吊笼即可，无需另行搭设卸料平台，也无需进行重复搭拆。解决了目前众多超高层建筑中面临的大型设备吊装难题，确保了施工质量和安全，同时节约了人力和物力。

3. 施工工艺流程及操作要点

1）施工工艺流程

移动吊笼吊装施工工艺流程如图 13.7-2 所示。

2）操作要点

根据所要吊装的设备进行吊笼的设计及制作（对于同一项目，可选择最大体

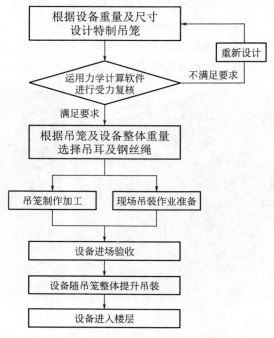

图 13.7-2　移动吊笼吊装施工工艺流程图

量的设备来设计吊笼，即可满足其他所有设备吊装要求），利用力学计算软件进行受力计算及校核，确保吊笼、吊索等设计的合理性和安全性。在施工准备阶段，通过 BIM 技术动态模拟施工过程，进一步对其进行合理优化。

（1）吊笼选型设计

根据设备尺寸及重量，合理地设计特制吊笼尺寸及所使用型钢，吊笼的尺寸根据同一项目中最大的设备进行选择，即可满足所有设备的吊装需求（图 13.7-3）；运用力学计算软件对吊笼进行受力分析，验证其强度、刚度、稳定性及变形位移，确保吊笼选型合理安全（图 13.7-4）；在吊笼底座内合理地设置导轨，可供地坦克沿着导轨滑动，从而带动设备移动。

（2）基于 BIM 的虚拟仿真模拟

利用 BIM 的三维建模技术及专业受力分析软件进行吊装过程中的受力变化分析，在施工前确定合理且安全的吊装方案（图 13.7-5）。在吊装过程中进行模拟画面与现场实际的对比分析，确保现场吊装作业的效率和安全。

（3）吊装实施

在吊笼底座导轨上放置地坦克，塔式起重机将设备吊起，直接落在地坦克上，设备底座上设有钢平台（或设备随包装箱一起吊装），可以保证设备在钢板上的稳定性；使用施工现场已有的动臂塔式起重机将吊笼及所装载重型设备装置

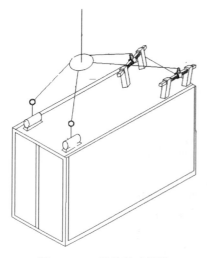

图 13.7-3　吊笼尺寸设计

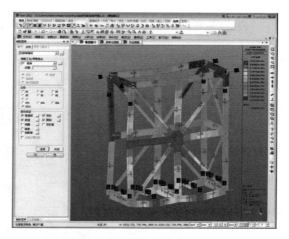

图 13.7-4　吊笼受力校核计算

图 13.7-5　虚拟仿真模拟

整体提升，整体落在楼层边缘，使其平稳停靠，此时塔式起重机吊钩仍吊住吊笼上部；打开吊笼门，通过牵引设备使其随着地坦克在导轨内进行滑动并从吊笼进入楼层内；设备完全进入楼层后在水平转运过程中，吊笼即返回地面进行下一台设备的吊装准备。

13.7.2　技术指标

《建筑施工起重吊装工程安全技术规范》JGJ 276—2012

《民用建筑设计统一标准》GB 50352—2019

13.7.3　适用范围

适用于超高层建筑的大型设备吊装。

13.7.4　应用工程

深圳平安金融中心项目；武汉绿地中心项目。

13.7.5　应用照片

深圳平安金融中心项目现场吊装作业应用如图 13.7-6 所示。

图 13.7-6　深圳平安金融中心项目现场吊装作业应用

13.8　基于 BIM 平台测量机器人指导机电工程施工技术

13.8.1　技术内容

武汉绿地中心项目位于湖北省武汉市武昌区和平大道 840 号，总建筑面积为 711982m²，主塔楼设计高度为 636m，定位亚洲最高楼宇。

该项目机电工程综合管线错综复杂，尤其是设备层、机房区域、公共走道区域，管线密集，深化设计精度高，施工要求严，管线定位要准确。为了避免现实中管线碰撞或与建筑结构冲突，管线支架需要使用 BIM 测量机器人进行精准放样定位，在提高施工精度的同时，还提升了管线定位的施工效率。

1. 技术特点

随着 BIM 技术日趋成熟，其模型精度已经达到相当高的水平，但模型数据与现场实物之间仍存在较大的差异，导致 BIM 技术在实际施工应用过程中存在以下问题：

（1）机电综合管线模型设计过程中，由于缺乏足够的现场实际数据，对建筑结构施工工艺缺乏足够了解，以及传统施工中因测量误差造成的返工等因素，导致 BIM 设计成果与实际情况存在偏差，造成施工损失。

（2）机电综合管线模型包含大量精细的设计数据，不能有效地直接应用于现场施工，造成设计成果的浪费。

（3）为了满足客户空间需求，机电管线施工空间越来越有限，施工精度要求也越来越高。

针对以上问题，我们通过技术创新，将新型测绘技术与 BIM 技术相结合，通过在深圳平安金融中心、武汉绿地中心、华润深圳湾国际商业中心等多个工程实际应用的施工经验，发明出了一套基于 BIM 平台测量机器人指导建筑机电管线安装施工的方法，已成为建筑工程机电施工过程中确保安装精度与质量、衔接 BIM 深化设计与现场施工的新型施工技术。

2. 工艺原理

全站仪主机用于指示、测量放样点位的设备，其放大倍率为 32 倍，测角精度为 2″，测距精度为 1mm，高速测距精度为 2mm。三脚架支撑及固定全站仪主机，可根据需要调整高度及角度。

放样管理器即手持终端，导入 BIM 模型后，用于控制、选择测量或放样点，可直观连接和设置全站仪。

全反射棱镜及棱镜杆用于点位在地面上测量及放样，与主机智能连接后准确定位，实时进行动态跟踪。

"基于 BIM 测量机器人指导机电工程施工技术"的主要应用功能是能够更加直观真实地实现项目施工现场与 BIM 模型的数据交互，从而高效准确地指导项目施工（图 13.8-1）。

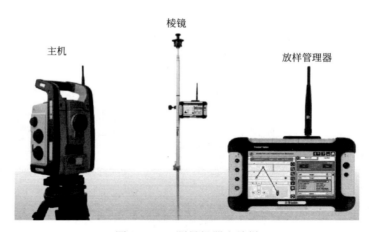

图 13.8-1　测量机器人放样

3. 施工工艺流程及操作要点

1）施工工艺流程

基于 BIM 平台测量机器人指导机电工程施工工艺流程如图 13.8-2 所示。

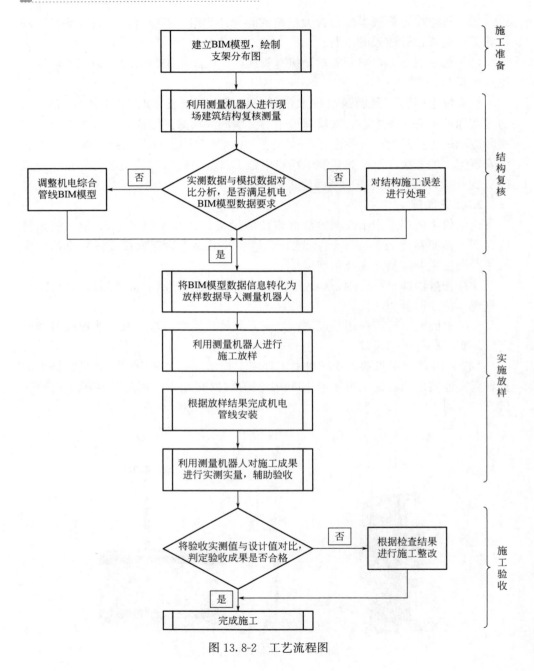

图 13.8-2 工艺流程图

2）操作要点

（1）机电施工背景建筑结构复核

通过现场结构数据采集、实测数据与设计数据对比分析、根据数据对比及分析结果做出反馈这三个步骤来完成建筑结构复核工作，从而提前发现机电施工背景的实际误差，通过反馈与调整，使设计模拟数据（BIM）更好地契合施工现场实际，实现设计成果的再次优化。

（2）将 BIM 模型数据转化为放样数据

施工过程中为实现精确设计施工，机电安装过程中管线布设、支吊架预埋点位坐标、机电设备安装轴线、管道异形件坐标、净高等放样数据均来自于机电综合管线 BIM 模型。

转化放样数据过程主要包括设计数据准备、放样点位选取、坐标数据整理、数据导入放样管理器四个步骤（图 13.8-3）。

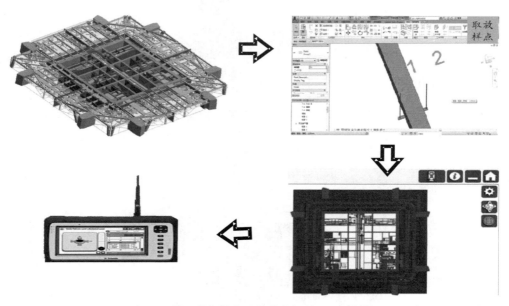

图 13.8-3　将 BIM 模型数据转化为放样数据并导入放样管理器示意图

（3）测量机器人根据 BIM 数据进行机电管线施工放样

机电管线施工放样：通过仪器设站、点位放样及标注、放样数据记录三个施工步骤完成现场放样工作。

① 仪器设站：以现场控制点为基准进行设站。为了保证在楼层中需要的位置能够进行设站，保证仪器与控制点之间的通视，可根据实际情况加密控制点。

② 点位放样及标注：完成测量机器人设站工作之后，根据导入的放样数据，进行放样（图 13.8-4）。一名测量人员通过仪器放样管理器遥控仪器，一名施工人员进行放样点位标注（图 13.8-5）。两人配合即可高效准确地完成机电管线的放样工作。

③ 放样数据记录：在施工放样过程中及时记录，形成"每日放样汇总记录"

图 13.8-4　利用测量机器人完成施工放样

图 13.8-5　现场放样点标注

与"放样点位精度统计报告"，及时将测量数据结果归档保存。

利用该项放样技术可以实现现场任意点位的放样工作。同理，通过这种点对点的放样方法即可完成弧形管道的施工放样。

（4）辅助施工验收

利用测量机器人辅助施工验收主要由实测数据与设计及施工规范进行对比、根据对比结果进行施工整改两部分构成。

（5）辅助实测实量

利用测量机器人对施工成果进行实测实量，检查管线安装标高、水平度等情况，与设计模型中的信息进行对比分析（图 13.8-6）。对施工现场的水管、风管、桥架的水平度、垂直度进行准确度测量；实现竣工模型与现场实物的复验；完成设计模型与规范的对比。

图 13.8-6　机电管线底标高检查测量结果

（6）辅助施工整改

根据实测实量信息及检查结果进行施工整改，并进行辅助施工验收。在此过程中，为了及时高效地解决现场发现的质量问题，将现场实测实量检查结果导入 BIM 模型，保证模型与现场的一致性，并以此结果为根据，指导现场施工整改工作，为后期建筑机电系统的运行与维护打好基础。

（7）效果分析

① 实现现场与模型数据的交互：利用测量机器人的坐标采集功能，实现了在 BIM 平台内的现场施工和设计模型的三维数字信息的交互（比对、判断、修正、优化），通过数据的交互提高了深化设计准确性，能够避免由于结构误差引起的管线施工返工，节约了工期。

② 精确放样：通过测量机器人根据模拟数据进行机电管线的精确放样，实现了设计与施工的无缝连接，其放样精度是传统精度的 5 倍。

③ 提高效率，保证安全：通过测量机器人指导机电施工，大大减少了放样工序及高空作业及超高层人员设备周转、平台搭设、转运的时间，有利于保证施工安全，且其效率是传统方法的 3～5 倍。

④ 解决复杂管道安装难题：利用 BIM 平台的计算能力和测量机器人多点投放技术，将复杂管线的施工难题以点对点放样的方式加以解决，化繁为简，简单高效。

⑤ 精准质量验收：利用测量机器人实测并反馈现场施工成果的数字信息，根据反馈结果进行施工验收前的整改工作，实现精准、高效、全面的施工质量验收。

⑥ 降本增效：与传统方法相比，利用该方法指导机电安装施工，能够减少现场施工人员的数量及现场作业时间，保证了施工过程的稳定性与准确性，降低了人工成本，提高了施工效率。

⑦ 实现工厂化预制的前提：基于 BIM 平台测量机器人指导机电工程施工技术通过测量机器人读取 BIM 模型中的三维数字信息，与现场施工坐标系统进行交互，指导现场综合管线施工放样，实现了高精度的施工测量与误差控制，为工厂化预制提供了前提。

13.8.2 技术指标

《建筑信息模型应用统一标准》GB/T 51212—2016
《建筑信息模型施工应用标准》GB/T 51235—2017

13.8.3 适用范围

适用于超高层精准放线施工或质量验收检验，具备楼层作业面条件即可。

13.8.4 应用工程

深圳平安金融中心项目；武汉绿地中心项目。

13.8.5 应用照片

武汉绿地中心项目全站仪应用如图 13.8-7 所示。

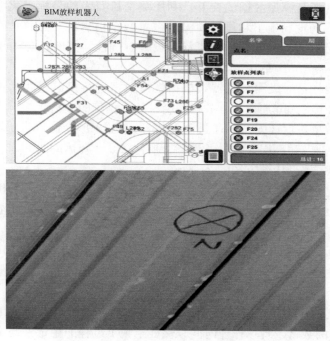

图 13.8-7 武汉绿地中心项目全站仪应用

13.9　风管的数字化加工施工技术

13.9.1　技术内容

由于超高层建筑结构的特殊性，很大比例的风管都属于超高作业安装，这使得超高层建筑施工中的风管加工制作及安装存在较大难度。为了节约成本、提高生产效率，通过利用精确的 BIM 模型作为预制加工设计的基础模型，这种做法在提高预制加工精确度的同时，减少了现场测绘工作量，为加快施工进度、提高施工的质量提供了有力保障。

1. 技术特点

风管预制加工有以下优点：

（1）大大提升了工程质量。预制加工工厂因为采用流水化作业、标准化生产，严格控制风管材料的裁剪尺寸，大大降低了误差，提高了施工质量。

（2）大大缩短了现场施工工期。工厂化预制将部分施工任务搬离了施工现场，在现场机电工作面还没有的时候预制即可提前开始，并且大幅度提高了构件制造的生产效率，对于工期紧、任务重的机电安装工程，可节省较多的施工工作时间。

（3）减少了安全事故发生的概率。因大量工作转移到工厂进行，大幅度减少了施工现场高空作业和交叉作业的时间，保证了施工安全，减少了安全事故发生的概率。

（4）节约了施工现场的加工场地。工厂化预制将部分施工任务搬离了施工现场，可以减少加工场地对现场的占用（很多项目因场地狭小无法提供加工场地）。

（5）减少工程材料不合理的损耗。在预制加工厂内，风管集中加工，自始至终由一个作业组负责下料，做到"量体取材"，避免了现场长管乱截、大材小用等现象，做到了合理地使用和管理材料，节约了材料，降低了成本。

2. 工艺原理

1）风管形式

矩形的角钢法兰风管、共板法兰风管、德国插接式法兰风管均可采用预制，可包含直管段、弯头、三通、小大头、天圆地方等形式。

2）采取风管预制的条件

（1）可标准模块化

预制件采用机器化生产，需要模块具有一定的标准性，比如相同长度直管段、相同规格的管件、进出口相同规格的短管、同规格的天圆地方等。

（2）可批量化

机器的批量化生产在一定程度上必定优于人工的重复操作，质量也必定得以保证，生产效率也会提升。

（3）具有运输便捷性

预制化的机电半成品在安装于建筑物指定位置之前，必定要经过转运过程，如果不利用运输或者无法通过建筑物的空间达到指定位置，预制是无效的。因此有一些大尺寸静压箱的预制需要建筑物运输通道允许的空间，短管的长度要考虑运输的便携性，如果在运输上花费较大的代价，预制也得不偿失了。

（4）有定制性

相较于制造业，建造业的非标性程度还是偏高的，施工现场必然无法避免一些定制的非标性机电产品。有定制性的产品是可以考虑预制的，尤其在安装空间和操作空间有限、安全系数较高的情况下。

（5）加工制作要求

预制加工的产品必须符合风管制作的规范要求，如法兰制作的允许偏差、咬口形式、加固要求等，不得因预制造成的偏差导致装配出现缺陷，影响成品质量。

3. 施工工艺流程及操作要点

1）施工工艺流程

风管的数字化加工施工工艺流程如图 13.9-1 所示。

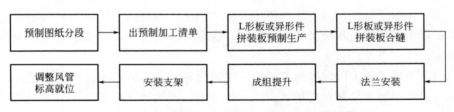

图 13.9-1　风管的数字化加工施工工艺流程图

目前采用的风管预制机器设备见表 13.9-1。

风管预制机器设备表　　　　　　　　　　　　表 13.9-1

序号	应用部位	名称	功能	产出产品
1	直管段	全自动五线制生产线	下料、压筋、冲孔、翻边、折弯	标准节、非标准节直管 L 形板
2	异形件管件	等离子切割机	异形件切割	异形件拼板
	法兰	翻边机	翻边	具有翻边的异形件拼板
	应用部位	折弯机	折弯	折弯的异形件拼板
3	直管段	共板法兰机	加工成共板法兰接口	共板法兰拼板
	异形件管件	角钢法兰钻孔机	为角钢法兰钻孔	角钢法兰

直管段的加工主要采用五线制全自动风管生产线，包括：开卷机、主机（校平、压筋、冲角、剪切）、机械手抓料定位传送平台、双机联动共板式法兰与角钢法兰机、联动送料平台与液压折方机（图 13.9-2）。

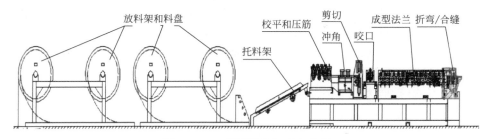

图 13.9-2　直管段的加工生产线

异形件管件的加工不能通过流水线获得，以共板法兰为例，目前采用以下流程（图 13.9-3）。

图 13.9-3　异形件管件的加工流程

等离子切割是利用高温等离子电弧的热量使工件切口处的金属部分或局部熔化和蒸发，并通过高速等离子的动量排除熔融金属以形成切口的加工方法。通过数字精确控制切割长度，等离子切割机对镀锌铁皮的加工厚度可达 0.2～6mm，最高切割速度可达 8000mm/min，具有高效智能的特点。

加工完的半成品会被集中堆放，然后打包运输至指定位置（图 13.9-4）。如果 L 形风管使用小型手动推车搬运，可连同小车直接进入施工电梯，但运送距离不宜过长，并且做好半成品的保护。在条件具备的情况下，也可以采用大吊篮，用塔式起重机一次性吊装一定量的风管半成品，节省塔式起重机资源占用。如果有土建结构预留洞口，可在洞口封闭之前利用洞口吊装半成品材料。

图 13.9-4　风管半成品打包运输

由于异形件拼板较为零碎，一般采取在加工厂内拼装后再进行运输，如果不便于运输，可采取在现场拼装。

目前，机器机械生产完成的半成品，只能到拼板这一步，如直管段生成的 L 形板，在运输到项目现场后，还需要进行二次再拼装，由项目工人将加工厂机器机械生产的 L 形板等板件，拼板装配合成一个矩形的风管管段。在此之后，完成风管管段的相互连接，如法兰形式的连接或焊接形式的连接。最后，按照传统工艺安装到现场指定位置。

加工完的 L 形风管需经过拼接、安装法兰，才能形成成品风管，具体步骤如图 13.9-5～图 13.9-11 所示。

图 13.9-5　L 形风管两两对拼

图 13.9-6　滚边合缝

2）操作要点

（1）风管由一段段一节节构成，中间用法兰连接件或风管管件组成，预制生产必须划分为一段段的，成为直管标准节或管件异形件。根据镀锌板卷材的宽度和法兰连接方式需要的翻边尺寸确定标准节的长度，然后进行标准节的分段。异形件根据空间距离和相关规范的参数确定，阀门、软接、附件、末端风口根据产品的实际尺寸和对接要求的尺寸等确定分段分节。

图 13.9-7　角钢法兰风管安装角钢法兰

图 13.9-8　德国法兰风管安装德国法兰

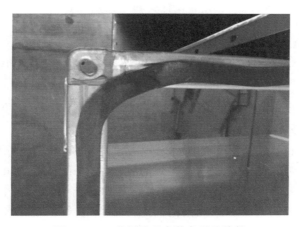

图 13.9-9　共板法兰安装角码连接件

　　（2）根据不同的风管类型和风管管径，需选择不同厚度的材料来加工，而不同的材料又会导致预制加工的风管标准节长度不一。例如，厚度为 0.7～1.2mm 的风管材料，其边长 d 为 1500mm，则预制加工的风管标准节为 1410mm，而厚

图 13.9-10　短节拼装整段抬升

图 13.9-11　安装支架、检查标高

度为 0.5mm、0.6mm、1.5mm 的风管材料，其边长 d 为 1220mm，可预制加工的共板法兰风管标准节为 1130mm，因为在裁剪和折边的时候会产生翻边损耗，标准直管长度＝板宽（1500mm/1240mm/1220mm）－两头接口长度损耗量（共板法兰或角钢法兰不相同）。如 1250mm 镀锌板，可预制加工的风管标准节为角钢法兰连接 1240mm 标准节，共板法兰连接 1160mm 标准节。

（3）非标节及异形件的确定：在实际预制分段中应尽量使用标准节，无法避免的还是会需要短管或是超长段，统称为非标节。

（4）工厂预制中对短管的要求是最短大于等于 200mm，在所有的预制加工中的管段，都要考虑加工厂最短可预制的管段大于等于 200mm 这个限制条件，则对图纸中相应的管件也要提前进行调整。

（5）通风系统上的各类风阀阀门有产品的固有尺寸，且都有与墙的距离要求，图纸上的位置和尺寸不一定与实际相符，因此，必须重点复核阀门处的风管短管。如防火阀必须满足距墙≤200mm，阀门尺寸大小为常开阀门 210mm，常闭阀门 320mm，根据这些信息调整阀门的位置和空间占用，然后再决定连接风阀两边的风管分段的短节长度。其他附件如消声器、软管等类同。

（6）对于一些穿越墙体的管道，法兰连接是不允许在墙体内使用的，则需要订制风管超长段节，保证一节管段能完全通过洞口，避免工人现场施工时安装的不便。

（7）对于异形件，应在分段时，结合图纸确定其实际尺寸，以满足现场施工和制作加工。管件应标注好各部分的尺寸，以指导工厂加工。有些连接方式处需要增加盲板和导流片，在现场实际安装中需要做连接件。

（8）确定了标准节、非标节的长度之后，即可在图纸上按照规则进行划分。选择风管的一端为起点，绘制一条与标准节等长的线，阵列后得到图 13.9-12，然后通过绘制的分段线，可以确定法兰的插入点位，然后插入法兰，如图 13.9-13所示。

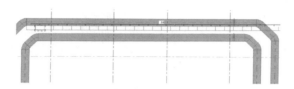

图 13.9-12 绘制分段线

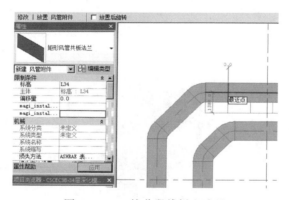

图 13.9-13 按分段线插入法兰

在图纸上进行图纸分段划节时，为了便于后期统计，需标注非标管段、弯头、变径的长度和弧度等，加以区分各个分段分部，以提升后期数据统计的效率（图 13.9-14）。针对预制分段中不同管段和管件的尺寸或型号，画图人员在画图过程中将导出图中各种风系统标准节，按颜色区分设置，非标节调为蓝色，蝶形三通为青色，变径为黄色。通过这样的颜色设置，达到对不同管段的分类，易于辨别和分类统计。

风管的图纸分段划节完毕后，对预制分段好的管段进行编号，画图人员在CAD图中分系统、管径、管段列出相应的编号，这样在料单的统计中能对应上

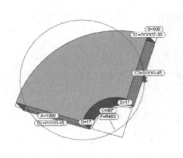

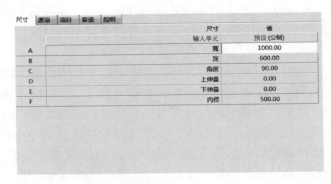

尺寸	选项	项目	套项	说明		
					尺寸	值
					输入单元	预设（公制）
A					宽	1000.00
B					深	600.00
C					角度	90.00
D					上伸量	0.00
E					下伸量	0.00
F					内径	500.00

图 13.9-14 图纸分段划节

每个管段的系统、管径、长度和是否需要添加盲板等之类的备注，在料单统计完成分段工作之后，即可进行料单的统计工作，加强料单的准确性统计，使得在数字化加工中对于料单的判断更加准确，减少损耗。

料单统计完毕后到加工厂开始数字化加工，首先完成对风管制作的布料，布料是将料单通过软件转化为镀锌铁皮原材料的，对于可以用于机器流水线生产的数据，风管的布料可通过布料软件来完成，同时也可以辅助之前的风管分段工作，推荐主流的风管布料软件 AUTODESK 的"Fabrication CAMduct"（以下以2014 版为例）。Fabrication CAMduct 布料之后（图 13.9-15），可生成与机器联结的可执行文件，输入至机器生产。

图 13.9-15 Fabrication CAMduct 布料

13.9.2 技术指标

《通风与空调工程施工质量验收规范》GB 50243—2016

《通风与空调工程施工规范》GB 50738—2011

《通风管道技术规程》JGJ/T 141—2017

13.9.3 适用范围

适用于超高层风管施工，具备垂直运输的楼层条件即可。

13.9.4 应用工程

深圳平安金融中心项目；武汉绿地中心项目。

13.9.5 应用照片

武汉绿地中心项目软件布料及异形件拼板效果如图 13.9-16～图 13.9-18 所示。

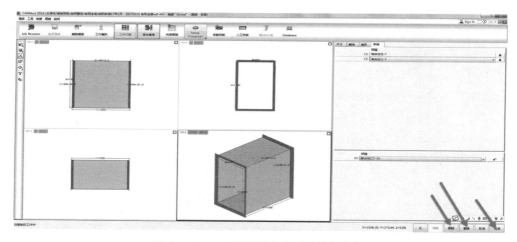

图 13.9-16 武汉绿地中心项目软件布料

图 13.9-17 武汉绿地中心项目异形件拼板效果（一）

图 13.9-18　武汉绿地中心项目异形件拼板效果（二）

第14章 其他技术

14.1 机电安装工程防火封堵施工技术

14.1.1 技术内容

机电安装工程给建筑物本身留下许多孔洞，包括空调水管道、防排烟管道、给水排水管道、通风管道、电缆束/电缆桥架管道等。为了满足建筑防火的需求，必须对这些机电管线穿越的孔洞进行有效的封堵。通过对机电管线穿越孔洞的封堵施工技术进行研究，可以利用防火封堵组件（这些组件由防火板、阻火包、防火泥、岩棉等多种防火封堵材料以及耐火隔热材料组成）对穿越墙体、楼板以及不同防火分区的各种贯穿孔洞进行封堵。通过采取这样的措施，可以有效控制系统漏风量，包括管道立管自身、法兰连接处以及排烟防火阀、排烟口的漏风量。

1. 技术特点

（1）将防火分区穿越和机房穿越规定为重要穿越部位，采用加强封堵；非重要穿越部位采用普通封堵。

（2）将各种管道、电气桥架、风管等穿越孔洞进行封堵，分类规范封堵工艺。

2. 施工工艺流程及操作要点

1）管道防火封堵施工工艺流程

立管穿越楼板封堵分为普通封堵和加强封堵。管道穿越隔墙封堵也分为普通封堵和加强封堵。首先清理套管内部，然后用岩棉填满并压实，最后进行封堵。普通封堵用 1cm 石棉水泥，加强封堵用 1cm 有机防火泥覆盖。分别如图 14.1-1 和图 14.1-2 所示。

2）水管道防火封堵的操作要点

（1）预留套管

① 套管预留位置正确，上下一线，并且保证套管位置要牢固；套管预留大小为 $D+d+50\text{mm}$，D 为管线直径，d 为保温层厚度，在预留套管时，要将保温层厚度计算在内，避免套管过小。

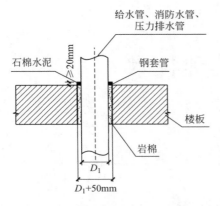

图 14.1-1　管道穿越楼板套管普通封堵　　　图 14.1-2　管道穿越隔墙套管普通封堵

② 管线安装后，部分洞口若要移交土建修补，需派专人管理，以免套管移位和套管不居中现象的发生。

③ 洞口留置的尺寸、位置影响着封堵材料的使用量和防火封堵的外观质量，对防火封堵的经济性和美观性起着决定性的作用。

（2）填塞防火材料

① 若防火封堵在管线保温之前，可以先将套管内的管线进行保温，其余部分待以后需要时再保温，避免外露保温层被污染或者破坏而进行不必要的返工，浪费人工和材料。

② 在填塞防火材料之前，将套管内部清理干净。

③ 岩棉填塞楼板贯穿孔时要由上而下进行，填塞墙贯穿孔时由两边向中间密实填充岩棉至所需厚度，岩棉要填塞密实。

④ 在岩棉上方填充有机防火泥，与套管齐平，并且厚度要大于10mm。墙体贯穿孔封堵时要填充两边，楼板贯穿孔有机防火泥只需填充上方部分，抹平表面和套管段平齐，24h内避免触碰。

3）电缆桥架防火封堵的施工工艺流程及操作要点

（1）电缆桥架穿孔洞封堵施工工艺流程

竖井内电缆桥架穿越楼板封堵，先将桥架盖板打开，在孔洞的底部用无机防火板固定，用阻火包（阻火包外层采用由编织紧密、经特殊处理的耐用的玻璃纤维布制成袋状，内部填充特种耐火、隔热材料和膨胀材料，阻火包具有不燃性，耐火极限可达4h以上，在较高温度下膨胀和凝固）进行密实封堵，上部再覆盖有机防火堵料填充封堵，详见图14.1-3。桥架外部使用岩棉和无机防火材料进行封堵。特别注意母线管井封堵必须使用有机防火材料或柔性材料，以保证母线在热胀冷缩时能够正常进行。

电缆桥架穿墙孔洞封堵，打开电缆桥架的盖板，用阻火包将桥架内部空间填充密实，然后盖好桥架盖板，桥架外部用阻火包将前后两面塞满，接着用有机堵料封堵，详见图 14.1-4。如果孔洞较小，只能全部用有机堵料进行严密封堵，封堵要求密实，应不见对侧光，且外表平整。

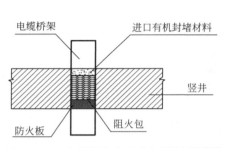

图 14.1-3　电缆桥架穿竖井加强封堵详图

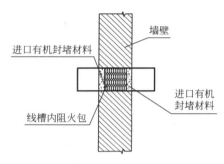

图 14.1-4　电缆桥架穿墙加强封堵详图

（2）电缆桥架防火封堵的操作要点

① 打开桥架盖板后，要整理电缆，使电缆整齐地摆放在桥架中，清理电缆表面，使电缆表面无污渍、混凝土等污染物。

② 无法使用一张防火板进行固定时，要根据桥架的实际情况，裁剪多张防火板，防火板的大小要适中，切割面要平整，无毛刺。

③ 加水混合无机防火材料时，要注意用量，避免产生浪费。

④ 在无机防火材料上方叠放阻火包，阻火包叠放要整齐、密实。

⑤ 阻火包上方的无机防火材料厚度为 10～20mm，表面要平整。

⑥ 有机防火泥的厚度要大于 10mm，表面要平整。

⑦ 桥架内外部防火封堵基本要同时完成，内部封堵完成后，立即进行桥架外部封堵。

4）风管防火封堵的施工工艺流程及操作要点

（1）风管防火封堵施工工艺流程

风管穿墙孔洞采用阻火包填塞，两侧采用有机防火泥覆盖方式封堵。风管穿楼板洞采用防火板进行板底固定、岩棉填塞、有机防火泥覆盖方式封堵，详见图 14.1-5。

（2）风管穿防火墙和楼板封堵的操作要点

① 套管的制作、防腐和安装

a. 制作套管所采用的钢板厚度不应小于 1.6mm。

b. 制作套管的钢板要用切割机进行切割，不得采用氧气乙炔进行切割。

c. 制作套管的钢板长度要和洞口的周长相等，宽度要和墙体厚度或者楼板

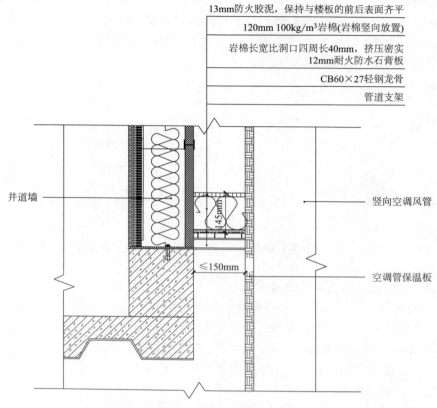

13mm防火胶泥，保持与楼板的前后表面齐平

120mm 100kg/m³岩棉(岩棉竖向放置)

岩棉长宽比洞口四周长40mm，挤压密实
12mm耐火防水石膏板

CB60×27轻钢龙骨

管道支架

井道墙

45mm

竖向空调风管

≤150mm

空调管保温板

图 14.1-5　竖向风管穿楼板封堵详图

厚度相等。钢板按洞口的高、宽折成矩形套管。钢板对接处，采用电焊焊接，要求焊缝饱满，无漏焊、虚焊现象。

　　d. 套管制作完毕后内外除锈，刷两遍防腐漆，外露部分刷一遍面漆。

　　e. 套管要预先埋设在防火墙或者楼板上，套管和防火墙体之间要采用 M15 的砂浆填补饱满，不得空鼓。套管两侧要与防火墙或者楼板的两侧平齐，或者嵌入深度≤5mm。

　　② 水平风管防火封堵

　　a. 施工前先将要封堵的部位清理干净。

　　b. 风管和套管之间空隙较小的，可以采用防火岩棉塞填，采用防火岩棉塞填风管和套管空隙的中间部位，两侧用防火泥各塞填 10mm，与墙平齐。风管和套管之间空隙较大的，可以采用阻火包填塞，两侧用防火泥各塞填 10mm，与墙平齐。注意防火封堵不得破坏保温风管保温层的连续性，以防结露。

　　c. 防火堵料应填塞密实、牢固，做到封闭严密。

③ 竖向风管防火封堵

a. 施工前先将要封堵的部位清理干净。

b. 防火板要固定牢靠，尺寸合适，防止松动。

c. 岩棉或阻火包要放置密实。

d. 有机防火泥或者防火板要保持与楼板平齐。

e. 风管封堵后，对于裸露的风管周边要有栏杆安全防范措施，防止施工人员误踩坠落。

14.1.2　技术指标

《给水排水管道工程施工及验收规范》GB 50268—2008

《建筑电气工程施工质量验收规范》GB 50303—2015

《通风与空调工程施工质量验收规范》GB 50243—2016

《建筑防火封堵应用技术规程》CECS 154—2003

《防火封堵材料》GB 23864—2009

14.1.3　适用范围

适用于工业及民用建筑，特别是超高层建筑机电管线穿越墙体、楼板和不同防火分区时的各种贯穿孔洞、环形缝隙及建筑缝隙等的防火封堵。

14.1.4　应用工程

上海中心大厦项目；宁波中心大厦项目。

14.1.5　应用照片

上海中心大厦项目狭小位置阻火包封堵效果如图 14.1-6 所示。

图 14.1-6　上海中心大厦项目狭小位置阻火包封堵效果

14.2 空调系统减振降噪技术

14.2.1 技术内容

在暖通系统中，设备运行振动、管道气流紊乱以及风口阻力增加等因素都可能导致系统运行时的噪声增加。在机电安装过程中，各种噪声源有不同的减振降噪措施。在超高层建筑的空调系统施工过程中，针对不同安装位置的设备和管道，采用了不同的减振措施，同时还配置各类消声器、导流片、减振防晃支架以及风口吸声材料等，以确保楼内各功能层的机电系统运行噪声符合设计标准。

1. 技术特点

针对不同噪声源（如环境因素、空调装置设备振动、管道密封性能差、系统设计缺陷等）所导致的系统噪声，采取不同的优化处理方法，以满足设计要求。

（1）为减少噪声的传递，在制冷机组下部设置弹簧减振器，极大减少了机组的噪声。

（2）水泵采取的减噪措施主要为：水泵底座下安装减振台座和弹簧减振器，减振器下设胶垫，水平出入口与管道相连处设置弹性连接关节以及在水管道上设置弹性吊架。

（3）落地式空调机组和风机采用弹簧减振器减少噪声产生和传递。

（4）为了有效减振，吊装式空调机组和新风机组采用弹簧减振吊钩吊装于楼板下，装修时吊装风机下方的吊顶要进行封闭隔声处理。

（5）风机盘管及末端格栅在安装时，每台盘管四个吊杆各设一只弹簧减振器，并在风机盘管进出风管处设置软接头，以防振动产生噪声。

（6）为了防止冷却水系统的振动通过基础传递给结构，冷却塔增设弹簧减振支座，低区冷却塔增设专用消声结构。

（7）风管系统减少噪声的措施主要是采用安装消声器、风管导流片、风口及软管消声等，对于建筑物内的风管及支吊架采用相应的减振结构与措施。

（8）空调水系统除了在与设备接口的地方采用减振措施外，在管路系统中采用适当的支架，以防止管道的振动传递给结构。空调水管道与设备连接时均采用金属软接头或橡胶软接头。

2. 施工工艺流程及操作要点

超高层建筑由于其体量大，空调系统内各设备的功率均相对较大，所产生的振动也较剧烈，因此要规范各机组的减振降噪措施以减少噪声的产生，同时也要控制其传播和向外扩散途径。超高层建筑的消声减振主要控制对象如下：

1）制冷机组

冷水机组设置在地下 2 层和第 82 层设备层，为减少噪声的传递，在制冷机组下部又设置了弹簧减振器，极大地减少了机组的噪声。机组弹性减振机座安装图如图 14.2-1 所示，在机组四脚垫 4 只弹簧减振器。

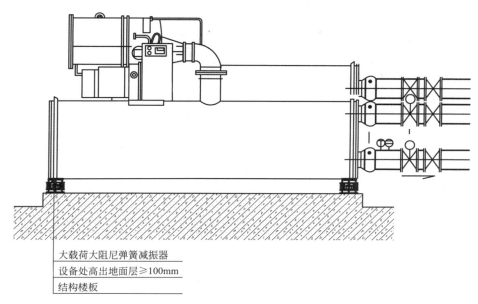

大载荷大阻尼弹簧减振器
设备处高出地面层≥100mm
结构楼板

图 14.2-1　机组弹性减振机座安装图

2）水泵

某超高层建筑工程循环水、消防水泵位于地下室及各个设备层的冷热源机房及水泵房，因设备层下部就是交易层，对噪声要求特别高，在做好浮筑楼板的情况下，继续采取以下措施：水泵底座下安装减振台座和弹簧减振器，减振器下设胶垫，水平出入口与管道相连处设置弹性连接关节，同时在水管道上设置弹性吊架。减振措施如图 14.2-2、图 14.2-3 所示。

3）落地式空调机组及风机

工程设备层、地下室等区域有多处使用了落地式空调机组和风机，这些设备是噪声控制的重点。首先，从设备选型入手减少设备本体产生的噪声；其次，从设备安装的角度考虑，利用安装手段减少噪声产生和传递。落地式空调机组及风机减振措施如图 14.2-4 所示。

4）悬吊式空调机组及风机

某工程大量使用吊顶式空调机组、新风机组及风机，为有效减振，悬吊式空调机组和新风机组均采用弹簧减振吊钩吊装于楼板下，悬吊式空调机组及风机减振措施如图 14.2-5 所示。

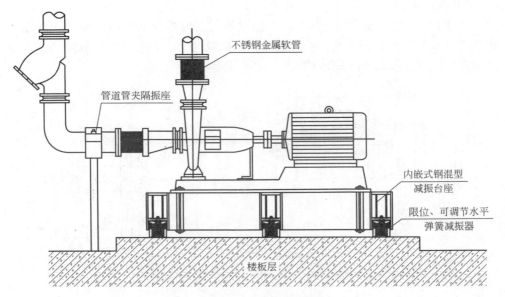

不锈钢金属软管

管道管夹隔振座

内嵌式钢混型减振台座

限位、可调节水平弹簧减振器

楼板层

图 14.2-2　卧式水泵的减振措施

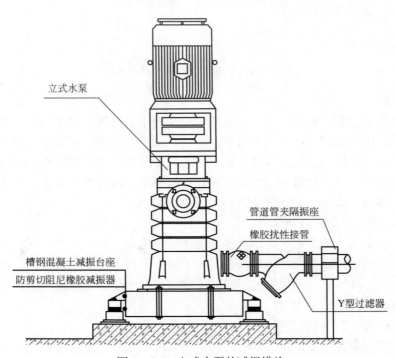

立式水泵

管道管夹隔振座

橡胶扰性接管

槽钢混凝土减振台座

防剪切阻尼橡胶减振器

Y型过滤器

图 14.2-3　立式水泵的减振措施

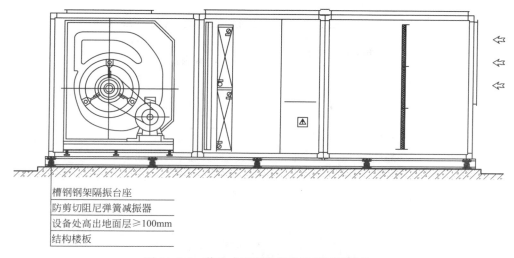

图 14.2-4　落地式空调机组及风机减振措施

槽钢钢架隔振台座
防剪切阻尼弹簧减振器
设备处高出地面层≥100mm
结构楼板

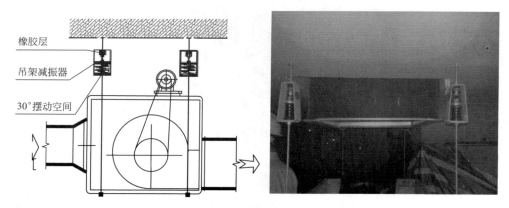

橡胶层
吊架减振器
30°摆动空间

图 14.2-5　悬吊式空调机组及风机减振措施

对于位于吊顶上的空调机组、新风机组和风机，为防止风机噪声传递至吊顶以下，装修时吊装风机下方的吊顶要进行封闭隔声处理。

5）风机盘管及末端格栅

某工程在地下室和大堂层大量使用了风机盘管，特别是大堂层是酒店和办公区的门面，所产生噪声直接影响客户。因此在安装时，每台盘管四个吊杆各设一只弹簧减振器，并在风机盘管进出风管处设置软接头，以防振动产生的噪声，具体设置方式如图 14.2-6 所示。

某工程在空调系统末端的风口格栅处，也贴附了相应的消声材料，以防各风口可能由于紊乱的气流而引起的噪声（图 14.2-7）。

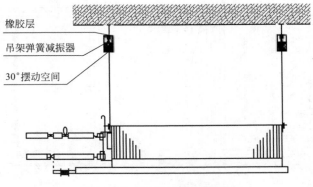

图 14.2-6 风机盘管减振措施

图 14.2-7 风口格栅粘贴吸声材料

6）冷却塔

冷却塔设置在塔冠和地面两处，特别是地面的冷却塔离用户较近。所以，噪声合格的设备本体产生的噪声可能会直接影响用户。为了防止冷却水系统的振动通过基础传递给结构，冷却塔增设弹簧减振支座。减振支座安放在 H 型钢上，设置方式如图 14.2-8 所示。

低区冷却塔增设 BAC 专利 Barrier Wall® 消声结构，根据德国声学家施罗德的"平方余数序列扩散体"（简称数论扩散体 QRD）发明，它是一种格栅型槽沟扩散体，在声波进入槽时会因为密封的槽底反弹向槽口，由于反弹的声波要经过较长的距离，与刚进入槽的声波出现时差，从而产生扩散。

此结构改变了传统消声器/消声屏障必须采用吸声棉的弊端（消声棉会对冷却塔的进、出风形成一定的遮挡，从而影响冷却塔的散热性能），不仅可以对低区冷却塔外围形成一定的遮挡，达到美观的目的，还由于其较大的透风率，不会影响冷却塔的进风及散热性能。一般情况可降噪 6～8dB。

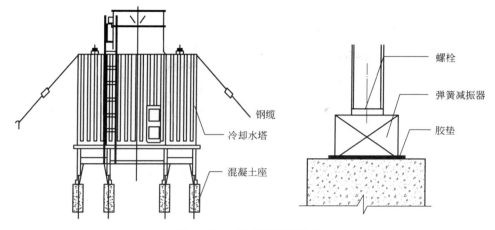

图 14.2-8　冷却塔减振措施

7）风管系统消声

工程的通风空调系统风管选型：送排风、排烟系统设计选用玻镁风管；空调风管设计选用薄钢板法兰风管。系统产生的噪声是通风空调系统一种主要的噪声，为减少此类噪声，本工程主要采用了以下几种措施：

（1）安装消声器

在管道拐弯处采用曲率半径大的弯头，保证在末端消声器之后的风管系统不再出现过高的气流噪声。

设备出口设置柔性接管，支吊架设置弹性材料，管道穿结构处采用岩棉填充，避免噪声和振动沿着风管向围护结构传递。

消声器内的穿孔板孔径和穿孔率符合设计要求，穿孔板钻孔或冲孔后将孔口的毛刺挫平，避免共振腔的隔板因空气流经而产生噪声。

对于送至现场的消声设备应严格进行检查，在安装时严格注意其方向是否正确。

（2）风管导流片

导流片设置的目的是让气流在风管内尽量少地产生紊流，因为紊流会产生振动，从而产生噪声，但导流片设置不好会增大阻力损失，噪声变强，影响气流的稳定性。内弧线或内斜线角弯头导流叶片的设置问题是主要原因，因此，导流片的片距、片数必须根据弯头的宽度 A 而定（图 14.2-9）。

（3）风口及软管消声

① 为防止风口叶片在气流扰动下振动产生二次噪声，采购时选择铝合金型材壁厚较厚的风口。条形送风口叶片均匀平直，中间支撑牢固，防止风口叶片抖动产生噪声。

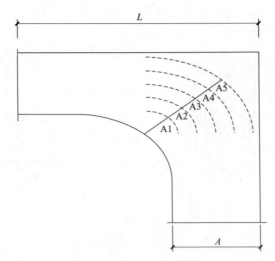

图 14.2-9　风管导流片设置

② 选用散流效果较好的散流器，风口铝合金型材壁厚符合要求，焊点牢固，中间支撑牢固，防止风口叶片抖动产生噪声。

③ 送回风口与风管相连均采用有一定消声效果的保温软节。

（4）风管系统安装

① 对于建筑物内的风管及支吊架采用相应的减振结构与措施。

② 严格风管的密封性措施，杜绝由于风管系统漏风的噪声形成。

③ 风管安装尽量保持平直，减少弯头及局部变径，以防紊流产生噪声。

8）空调水系统消声

（1）竖井内空调水管道的消声

空调水系统除了在与设备接口的地方采用减振措施外，还要在管路系统中采用适当的支架，防止管道的振动传递给结构。支架的位置必须根据图纸并且经过严格的计算和现场工程师确认后方可进行施工。如对于大口径的空调立管采用的固定支架，为了防止立管发生垂直位移及管道的振动传递给结构，具体设置方式如图 14.2-10 所示。

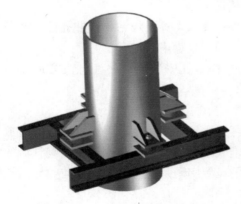

图 14.2-10　竖井内管道消声做法

（2）水平安装空调水管道的消声

对管径较大的管道（特别是主管道），应设法减少因水流速度大而造成的噪声向建筑结构传递，进而增加相应区域的噪声。

（3）水管软接头

为了减少设备的振动传递到管道而使管道抖动产生噪声，空调水管道与设备连接时均采用不锈钢金属软接头或橡胶软接头。不锈钢金属软接头的长度为10～15cm。

（4）水平空调水管道的消声

对于隔声要求较高的民用建筑（如酒店、写字楼），使用部位一般处于中央制冷机房内以及机房出墙处，在管道支架加设弹簧减振器（图 14.2-11），减少了传递至管道及楼板的机器振动，达到了降噪消声的效果。减振器选用时应充分考虑荷载，根据管道自重＋充水重量＋保温及外壳重量及荷载系数，一般按 1.1～12 考虑。应选用大小合适、与支架宽度匹配的减振器，并保证美观。

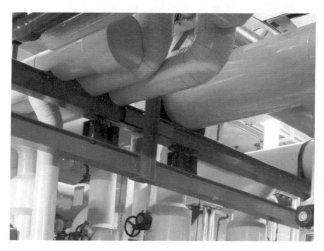

图 14.2-11　管道支架加设弹簧减振器做法

14.2.2　技术指标

《社会生活环境噪声排放标准》GB 22337—2008

《声环境质量标准》GB 3096—2008

14.2.3　适用范围

适用于工业及民用建筑，特别是超高层建筑中空调系统的各种减振降噪。

14.2.4　应用工程

上海中心大厦项目；张江科学之门项目。

14.2.5 应用照片

上海中心大厦项目 BAC 专利消声结构应用效果如图 14.2-12 所示。

图 14.2-12 上海中心大厦项目 BAC 专利消声结构应用效果

14.3 五星级酒店噪声控制技术

14.3.1 技术内容

客房的噪声源可以分为客房外传入的噪声和客房内产生的噪声。客房外传入的噪声包括公路上的汽车声、建筑工地的施工声、附件建筑的设备声、大自然的风雨声、走廊及相邻房间的谈话声、相邻房间的电视声、相邻楼层设备层的设备声；而客房内产生的噪声主要有设备运行的噪声，如风机盘管、排气扇等，还有给水排水管道的水流声等。通过对噪声源进行分析，在声源控制、传播途径等方面进行控制处理，确保五星级酒店对噪声控制的要求。

1. 技术特点

五星级酒店对环境标准要求相当高，因此必须对噪声进行控制，确保噪声符合舒适环境的要求。本技术通过对影响五星级酒店客房的噪声源进行分析，通过设备选型、系统优化、增加防噪声措施等技术手段，旨在达到五星级酒店噪声控制目的，确保客房的环境达到舒适生活的要求。

2. 工艺原理

1）外部噪声的控制技术原理

外部噪声传入客房，如隔声效果不好，会造成客房以外区域的噪声通过墙、门、窗等进入房间内。在客房噪声测试前一般会把所有机电设备关闭后进行客房背景测试，如背景噪声低于客房允许值 7～8dB，则认为背景噪声对客房噪声无叠加。

2）客房空调设备运行产生的噪声控制技术原理

客房内空调设备主要有卫生间内排风机和客房内风机盘管，设备运行时会产生噪声，可通过设备选型和方案优化，达到降低噪声的目的。

3）相邻楼层的客房噪声控制技术原理

设备层内的机电设备产生的噪声会影响上下两个楼层，把其中的空调箱列为主要的噪声源，进行技术处理以达到控制目的。

4）客房管道水流噪声控制技术原理

客房管道中的水在管道中流动会自然地发出声音，这是由于水在管道内流动时，水流截面大小改变、水流方向变化而产生的。如水流经过一些管道配件（弯管接头、十字形管、T 形管等）时，流向会发生变化，根据动量定理，水流会对管壁产生冲击而引起管道的振动。流水噪声随流速和局部阻力的增大而增加，随管道材料密度减小而提高，并因共鸣而增强。排水管道中的水流按非满流设计，有时会含有固体杂质，是水、气、固三种介质的复杂运动，相比给水而言，它的流动更为复杂。为了降低这种噪声，可以通过改变管道水流特性和增加隔声措施来实现。

3. 施工工艺流程及操作要点

1）施工工艺流程

噪声控制流程如图 14.3-1 所示。

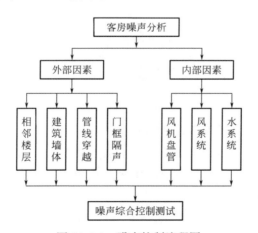

图 14.3-1　噪声控制流程图

2）操作要点

（1）外部噪声的控制技术操作要点

在客房样板房施工前，机电与装饰单位、业主一起协商，确定客房分隔墙体采用双排 50mm 分户隔墙，五层石膏板，管道穿越隔墙处采用 80K 岩棉填塞，进户门木门门底采用隔声刷，密封条采用隔声密封条。样板房经过反复测试，测得白天为 33dB，晚上为 29dB，满足设计要求。

（2）客房空调设备运行产生的噪声控制技术操作要点

① 考虑取消所有客房卫生间原设计图纸的辅助排风机，并且把风量调节阀改为定风量阀，通过核算，选用的新风机组的静压由原设计的 400Pa 增加至 450Pa，这样既可以减少辅助排风机带来的噪声，又能更好地平衡客房的风量。

② 客房吊顶内风机盘管机组运行时产生的噪声由送回风口直接传入室内，因此对风机盘管必须进行合理选型，在满足设计参数的前提下严格按照声学顾问的要求进行选型，采用低噪声风机盘管，其声功率级在低速时不大于 37dB，中速时不大于 40dB，采用直流无刷电动机比交流电动机降低 1～2dB，风机采用镀锌钢板离心式前曲叶轮，其低速噪声为 33dB，中速噪声为 39.5dB，满足声学顾问的要求。

③ 通过优化风机盘管的送回风形式进行噪声控制，对卫生间的排风系统以及风机盘管送回风形式采取了如下优化措施：将风机盘管的送风管改成宽度较大的送风静压箱，结合装饰面侧双层百叶送风口，风口内侧粘贴薄泡沫棉条，既防风口结露又降低了风口风速；回风由原来的集中回风优化成分散回风，大大增加了回风面积，通过这样的综合回风，即便设备的维修，也可以更好地降低风速来达到降噪的目的。同时，风机盘管吊装时均采用 100mm 长度帆布软接与风管连接，吊杆与风机盘管连接处增加隔振橡胶垫，起到隔振和减振作用。

④ 特殊房型的空调噪声控制：在满足设计参数和风机盘管选型的参数下，标准层的两头角房设置了两台风机盘管。但噪声叠加后，将超出噪声标准的要求。对于人耳，噪声的叠加也是通过对某点声压级的叠加来评价的。当 n 个噪声源对某点同时作用下，该点的声压级应按以下公式计算：

$$\sum L_p = 10\lg(100.1L_{p1} + 100.1L_{p2} + \cdots + 100.1L_{pn}) \tag{14.3-1}$$

式中：$\sum L_p$——该点叠加后的总声压级（dB）；

L_{p1}、$L_{p2}\cdots L_{pn}$——噪声源 1、2$\cdots n$ 对该点的声压级（dB）。

根据公式（14.3-1），n 个相同声压级的噪声源对某点同时作用下，该点声压级应按下式进行叠加计算：

$$\sum L_p = L_p + 10\lg_n \tag{14.3-2}$$

式中：L_p——单个噪声源对该点的声压级（dB）。

根据公式（14.3-2），可计算得出特殊房两台风机盘管噪声叠加为：$\sum L_p = 39.5 + 10\lg2 = 42.5dB > 40dB$。这种情况显然不满足噪声要求，所以采取在风机盘管的送风管内做消声处理的技术措施，即采用内消声风管形式。

风管内衬不燃材料 A 级离心玻璃棉，密度为 $48kg/m^3$，厚度为 30mm，再使用无纺棉布包裹离心玻璃棉，用专用胶水将玻璃棉与风管壁粘接，用穿孔率不低于 28% 的镀锌钢板压实，将内板与外板之间的支撑条分别固定在内层和外层，防止玻璃纤维溢出，最后咬口成型。通过采取措施，最终满足 40dB 的要求。

（3）相邻楼层的客房噪声控制技术操作要点

设备层设置新风空调处理机组，由设备层环管主管、分支立管送入高低区的客房，在空调机组进出口设置消声静压箱和消声器，选用低噪声离心风机的空调箱，采取风机弹簧减振和整体氯丁橡胶垫隔振。

新排风接至建筑静压箱，增加消声百叶，通过采用以上消声措施加强降噪处理。另外，严格把控风管的安装，风管与各部件咬口不可开裂，风管加固时不得让风管变形，风管与风口连接应紧密，确保送风口的有效面积，避免因气流作用产生振动和噪声，或者局部产生啸叫声。

（4）客房管道水流噪声控制技术操作要点

客房内水管有空调水供回水管、冷水给水管以及热水供回水管，给水管以及空调水管在吊顶内全部采用外保温，管道和管卡之间装设绝缘垫层。近年来，室内排水管采用普通 UPVC 塑料管，带来了排水噪声增大（比铸铁管高出约 10dB）、隔声效果差等缺点，本技术采取了柔性铸铁管作为客房内排水管道，排水水平支管与排水立管连接采用 45°弯头、三通，连接处的弯头由 2 个 45°弯头组成，并在弯头处设置支架，这样可以减缓排水水平支管中水流与排水立管中水流及其与排水立管管壁撞击所产生的噪声。

如图 14.3-2 所示，将下水管竖向安装改造成双 45°斜向安装，很明显下水落差 H_2 小于 H_1，减少了落水产生的噪声。这样既节省了客房吊顶的空间，又大大地减少了下水的噪声。

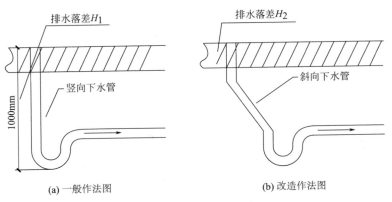

（a）一般作法图　　　　　　　（b）改造作法图

图 14.3-2　下水管消声做法

14.3.2　技术指标

《通风与空调工程施工质量验收规范》GB 50243—2016

《建筑给水排水及采暖工程施工质量验收规范》GB 50242—2002

14.3.3　适用范围

适用于对客房噪声控制标准较高的酒店。

14.3.4　应用工程

白玉兰广场 W 酒店项目；绍兴世茂假日酒店项目。

14.3.5　应用照片

白玉兰广场 W 酒店项目噪声控制应用效果如图 14.3-3 所示。

图 14.3-3　白玉兰广场 W 酒店项目噪声控制应用效果

14.4　管道打印标识应用施工技术

14.4.1　技术内容

超高层建筑总体量通常较大，涉及的设备房较多，系统极为复杂难辨，后期随着系统投入运行和使用，检修操作工作量会越来越多，难度也会越来越大。如何避免管道、设备系统误操作，提高工作效率，成了本项目施工的关注重点。为此开展了管道标识系统的标准化研究与应用，在管线综合布置的基础上，经过合理的标识策划，利用 BarTender 标签打印软件和专用设备将标识内容打印在聚烯烃贴纸上，提高了管线和设备辨识度，美化了管路，提升了观感效果，为项目质量观感验收、绿色施工及创优验收提供了条件。

1. 技术特点

（1）利用 BarTender 标签打印软件和专用设备，可以打印出富含内容、样式多样的标识。标识样本数字化，使得可根据需求制作各种标识内容，样式美观、实用且色彩丰富，技术水平较为先进。

（2）管道打印标识施工时，直接根据策划方案进行粘贴，使其施工过程无污染。

（3）管道打印标识粘贴时不受其他已安装设备及管道的限制，粘贴作业对已安装设备及管道不会造成破坏和污染，更有利于成品的保护工作。

（4）管道打印标识施工效率高，施工作业灵活性好，人工成本低，施工质量更可控。

（5）管道打印标识工艺做法新颖，成型效果好，社会效益优良，具备一定的推广价值。

2. 工艺原理

管道打印标识应用施工技术是在管线综合布置的基础上，综合规范、设计图纸及建设方要求，优先进行管道打印标识方案策划，利用 BarTender 标签打印软件进行标识设计，采用专用打印设备在聚烯烃贴纸上打印标识内容，根据策划方案进行标识粘贴。管道打印标识应用施工过程无污染，美观实用，提高了施工效率和质量。

3. 施工工艺流程及操作要点

1）施工工艺流程

管道打印标识应用施工工艺流程如图 14.4-1 所示。

图 14.4-1　管道打印标识应用施工工艺流程图

2）操作要点

管道打印标识应用施工与管线综合深化布置同步开展，管线设备施工完成前同步完成打印标识的方案策划，管线设备施工完成后即可进行管道打印标识的粘贴。

（1）方案策划

管道打印标识的方案策划首先以《工业管道的基本识别色、识别符号和安全标识》GB 7231—2003 为依据，并结合项目自身的机电管线特点进行管道标识的方案策划，方案策划主要从以下几点进行：

① 对机电安装管线进行 BIM 深化设计，通过 BIM 深化设计，使本项目的机电安装管线布置合理、科学、美观，便于管线维护，提升观感质量。

② 对所有系统管线进行汇总整理，主要提取系统管线名称、材质、保温、实际外径、管线表面颜色、规格、数量等数据信息。

③ 对汇总的系统管线信息进行分析，从而确定管道标识贴纸颜色、贴纸大小、贴纸长度、标识文字内容、标识文字颜色以及流向箭头指示的样式等。

④ 利用前期 BIM 深化设计完成的图纸，在图纸上模拟管道标识的张贴，确定管道标识的位置和数量，原则上要求管道标识在显眼部位张贴，标识在所有管道的起点、终点、交叉点、转弯处、阀门和穿墙孔两侧等的管道上和其他需要标识的部位，识别符号由物质名称、流向和主要工艺参数等组成，能够在不同的角度看到。

⑤ 结合管道标识设计制作阶段的工作，对方案策划阶段确定的管道标识方案进行适应性优化调整。

（2）材料设备准备

根据方案策划阶段确定的管道标识的数量、颜色、大小等信息，进行管道标识的材料和设备准备工作。当前市场上通用的管道打印标识规格有 60mm、100mm 及 220mm 三种，成品打印标识的原材料有聚烯烃贴纸和树脂基色带，根据热传印原理，标识文字由色带通过专用打印机在聚烯烃贴纸上形成文字或图案，并最终成型为成品管道打印标识。管道标识需用材料及设备见表 14.4-1。

管道标识需用材料及设备清单　　　　　　　　表 14.4-1

名称	规格型号	用途	备注
聚烯烃贴纸	60mm	标识贴纸	国标颜色可选
聚烯烃贴纸	100mm	标识贴纸	国标颜色可选
聚烯烃贴纸	220mm	标识贴纸	国标颜色可选
树脂基色带	100mm	打印标识文字用	常用白色、黑色
树脂基色带	220mm	打印标识文字用	常用白色、黑色
标签打印机	OS-214plus	最大可打印 100mm 宽标识	建议带自动切刀
标签打印机	G-220A	最大可打印 220mm 宽标识	建议带自动切刀

注：贴纸颜色可根据需要定制，一般为通用的国标八色（红、黄、蓝、绿、紫、棕、灰、黑），也可根据需要选用白色、透明色。色带颜色常用白色和黑色，也可选用红、黄、蓝、绿色等。

（3）设计制作

标签打印机使用专用标签打印软件进行打印，当前较常用的一款标签打印软件是 BarTender 标签打印软件。BarTender 标签打印软件与两种不同型号的标签打印设备（OS-214plus 及 G-220A）配套使用，根据方案策划阶段确定的管道标识的规格、内容、样式等要求，在 BarTender 标签打印软件界面进行标识的设计制作，并结合方案策划进行管道标识样本的修正。最终根据方案策划确定管道标识的规格和数量，进行管道标识成品的打印。

（4）校对完善

管道标识的校对完善主要是在标识张贴过程中和标识张贴完成后进行。在标识张贴过程中，应随时观察管道标识张贴的实际效果，对标识张贴位置及时做出合理调整，对局部因管线叠加而不易观察到标识的位置及时取消张贴，合理降低管道标识应用成本。在标识张贴完成后，在地面正常行走，多角度观察管道标识的实际张贴效果，对存在标识不清、缺失的位置进行补贴，确保整体系统的管道标识达到清晰、美观、合理。

（5）主要质量控制要点

① 标识的文字、箭头应与管道直径（有保温时考虑外径）相适应，一般情况下，字体为加粗宋体，字体大小按管道直径的 0.3～0.5 倍考虑，箭头的长度按 100～150mm 考虑。

② 所有箭头的方向与管线内"水"流或"气"流的方向一致，箭头在文字的前方或前后设置。

③ 标识直线段间距一般为 10～15m，管井内的标识间距不少于每层一道。

④ 所有的标识文字和箭头一律标识在醒目位置，管道标识应从设备的管接头、阀体上方醒目处开始标注，当管道和桥架穿墙、穿楼板时应在离墙或楼板上方 1m 左右进行标识。

⑤ 当标识粘贴在管道上较困难且不宜识别时，也可在所需要识别的位置挂设标牌，标牌上应标明流体名称、管径和方向。

⑥ 设备、阀门、线缆上的标牌尽可能采用塑料扎带绑扎，且绑扎牢固，标牌字体朝外，标识清晰、醒目。

⑦ 管道标识尽可能安装于正常视线高度，架空管道标识安装于通道上方，朝向应便于观察。

⑧ 管道、阀门较为密集复杂、易出差错的区域必须重点标识。

（6）环保控制

管道打印标识应用施工技术采用标准化聚烯烃贴纸、标识样本电子化制作，粘贴作业不需要其他材料，作业环境优良，绿色施工，零污染；施工作业对其他管道设备不造成破坏，更有利于成品保护。管道打印标识应用施工作业时，需注意标识废料的随手回收、集中处理。

14.4.2　技术指标

《通风与空调工程施工质量验收规范》GB 50243—2016

《通风与空调工程施工规范》GB 50738—2011

《建筑给水排水及采暖工程施工质量验收规范》GB 50242—2002

《工业管道的基本识别色、识别符号和安全标识》GB 7231—2003

14.4.3 适用范围

适用于所有建筑安装工程。

14.4.4 应用工程

国家动物疫病防控生物安全四级实验室建设项目；搬迁项目桥林冲压焊装公用动力安装项目。

14.4.5 应用照片

国家动物疫病防控生物安全四级实验室建设项目管道标识效果如图 14.4-2、图 14.4-3 所示。

图 14.4-2　国家动物疫病防控生物安全四级实验室建设项目管道标识效果一

图 14.4-3　国家动物疫病防控生物安全四级实验室建设项目管道标识效果二